Tim Peters

Ableitung einer Beziehung zwischen der Radarreflektivität, der Niederschlagsrate und weiteren aus Radardaten abgeleiteten Parametern unter Verwendung von Methoden der multivariaten Statistik

Wissenschaftliche Berichte des Instituts für Meteorologie und Klimaforschung des Karlsruher Instituts für Technologie
Band 49

Herausgeber: Prof. Dr. Ch. Kottmeier
Institut für Meteorologie und Klimaforschung
am Karlsruher Institut für Technologie
Kaiserstr. 12, 76128 Karlsruhe

Eine Übersicht über alle bisher in dieser Schriftenreihe erschienenen Bände finden Sie am Ende des Buchs.

Ableitung einer Beziehung zwischen der Radarreflektivität, der Niederschlagsrate und weiteren aus Radardaten abgeleiteten Parametern unter Verwendung von Methoden der multivariaten Statistik

von
Tim Peters

KIT Scientific Publishing

Dissertation, genehmigt von der Fakultät für Physik
der Universität Fridericiana zu Karlsruhe (TH), 2008
Referenten: Prof. Dr. K. D. Beheng, Prof. Dr. Ch. Kottmeier

Impressum

Karlsruher Institut für Technologie (KIT)
KIT Scientific Publishing
Straße am Forum 2
D-76131 Karlsruhe
www.ksp.kit.edu

KIT – Universität des Landes Baden-Württemberg und
nationales Forschungszentrum in der Helmholtz-Gemeinschaft

KIT Scientific Publishing 2012
Print on Demand

ISSN 0179-5619
ISBN 978-3-86644-323-5

Ableitung einer Beziehung zwischen der Radarreflektivität, der Niederschlagsrate und weiteren aus Radardaten abgeleiteten Parametern unter Verwendung von Methoden der multivariaten Statistik

Zur Erlangung des akademischen Grades eines
DOKTORS DER NATURWISSENSCHAFTEN
an der Fakultät für Physik der Universität (TH)
Karlsruhe

genehmigte

DISSERTATION

von

Dipl.-Met. Tim Peters
aus Buchholz in der Nordheide

Tag der mündlichen Prüfung:	21. November 2008
Referent:	Prof. Dr. K. D. Beheng
Korreferent:	Prof. Dr. Ch. Kottmeier

Kurzzusammenfassung

Die radargestützte Niederschlagsmessung erfolgt seit etwa 60 Jahren anhand sogenenanter Z-R-Beziehungen der Form $Z = aR^b$, die rigide unabhängig von dem vorherrschenden Niederschlagstyp (konvektiv, stratiform) angewendet werden. In der Anwendung dieser Z-R-Beziehungen ist eine der Hauptfehlerquellen bei der Ableitung von Niederschlagsintensitäten aus Radardaten zu sehen.
Eine Verbesserung der radargestützen Niederschlagsmessung wird durch die Klassifizierung der Niederschläge in Teilkollektive erreicht. Dazu werden aus den Volumendaten großräumig Parameter (z.B. radialer Reflektivitätsgradient, die Anzahl der Bright-Band-Signaturen und die mittlere Höhe der Radar-Bins mit einer Mindestreflektivität von 15 dBZ) abgeleitet, die eine Unterscheidung konvektiver und stratiformer Niederschläge ermöglichen. Die Einteilung der Niederschläge erfolgt nach einer Hauptkomponentenanalyse anhand der Faktorenwerte und dem partitionierenden Clusterverfahren k-means.
Für die entstandenen Niederschlagsklassen wird anhand neuronaler Netze eine Abbildungsvorschrift zwischen zehn lokal aus dem Vertikalprofil der Reflektivität abgeleiteten Parametern und der Niederschlagsrate entwickelt.
Durch die Kombination von Niederschlagsklassifizierung und der Anwendung neuronaler Netze kann der mittlere quadratische Fehler zwischen der am Boden gemessenen und anhand der Radardaten abgeleiteten Niederschlagsrate im Vergleich zur Ableitung anhand der vom Deutschen Wetterdienst operationell eingesetzten Z-R-Beziehung um 25 % reduziert werden.

Abstract

Since approximately 60 years rain rates R are derived from the radar reflectivity Z by the so-called Z-R-relations ($Z = aR^b$) that are applied regardless of the precipitation situation (convective, stratiform). The usage of the Z-R relations is one of the main error sources if rain rates are derived from radar data.
An improvement is achieved by the classification of rain events into three clusters. For this purpose several parameters are deviated from the volume data (e.g. radial reflectivity gradient, number of bright-band signatures and the mean height of radar-bins with a minimum reflectivity of 15 dBZ) that enable a discrimination between convective and stratiform events. The classification is performed on the factors derived from a principle component analyses with the k-means algorithm.
Neural networks are used to relate ten parameters obtained from the vertical profile of reflectivity derived above the stations recording the precipitation at ground with the rain rate.
The root mean squared error could be reduced by combination of classification of rain events and the usage of neural networks up to 25 % compared to the Z-R relation operationally used by the German Weather Service.

Inhaltsverzeichnis

Kapitel 1

Einleitung

Niederschlag ist eine sowohl zeitlich als auch räumlich sehr variable Größe, deren Kenntnis entscheidend für ein besseres Verständnis z.B der atmosphärischen Energie- und Wasserhaushaltszyklen ist. Durch seine starke Variabilität ist die Quantifizierung von Niederschlag - verglichen mit der Genauigkeit, mit der andere meteorologische Größen, wie z.B. die Temperatur oder der Druck, meßbar sind - problembehaftet und nicht befriedigend gelöst. Trotz oder gerade wegen dieser ungenügenden Möglichkeit, den Niederschlag quantitativ zu erfassen, ist die detaillierte Kenntnis über die Verteilung und Stärke des Niederschlags nicht nur für die angesprochenen meteorologischen Fragestellungen von großer Relevanz, sondern auch z.B. für die Energiewirtschaft oder Trinkwasserversorgung. Des Weiteren benötigen Hydrologen neben präziser Kenntnis über den Bodenzustand vor allem Niederschlagsmessungen hoher Genauigkeit für Abflussberechnungen.
Diese unterschiedlichen Anwendungsgebiete der Niederschlagsmessungen gepaart mit der angesprochenenen unzureichenden Quantifizierungsmöglichkeit geben bereits einen ersten Hinweis auf die Zielsetzung der vorliegenden Arbeit, deren Aufgabe die Verbesserung der radargestützten Niederschlagsquantifizierung ist.

Die klassische Methode, Niederschlag quantitativ zu messen, beruht auf dem Auffangen von Niederschlag in Regensammlern. Im einfachen Fall sind es zylindrische Geräte mit einer horizontalen Meßfläche von 200 cm^2 (Typ Hellmann), wie sie in vielen meteorologischen Meßnetzen auch heute noch verwendet werden. Es ist bekannt, dass diese Instrumente zum Teil ungenaue Niederschlagsmessungen liefern, z.B. wenn starker Wind herrscht. Durch diese und weitere systembedingte Messprobleme sind diese Niederschlagssammler nicht für Messungen über kurze Zeiträume geeignet, sondern liefern erst nach Mittelung der Messdaten über eine längere Periode verlässliche Daten.

Durch die starke räumliche Variabilität des Niederschlags sind die Daten, die an einzelnen Orten gemessen werden, zusätzlich bezüglich ihrer räumlichen Repräsentativität nur bedingt aussagekräftig. So können bei Verwendung klassischer Niederschlagssammler je nach vorherrschender Niederschlagssituation trotz räumlich dichter Aufstellung der Gefäße in einem Abstand von lediglich wenigen Metern Abweichungen in der Stunden- bzw. Tagessumme von über 10 Prozent auftreten (Aniol *et al.* 1980). Eine weitere Limitierung ist die geringe Auflösung des Messnetzes mit einem mittleren Messstellenabstand von bestenfalls 20 km, der für eine flächendeckende Messung vor allem der kleinskaligen konvektiven Niederschlägen nicht ausreichend ist.

Im Gegensatz zu den Punktmessungen mit Regensammlern wird seit etwa 60 Jahren versucht, Informationen über die flächenhafte und kurzzeitige Verteilung von Niederschlag aus Radardaten zu gewinnen. Die radargestützte Niederschlagsmessung basiert auf dem Aussenden gepulster elektromagnetischer Wellen, die an Hydrometeoren reflektiert werden. Aus diesem „Echo" lässt sich unter bestimmten Annahmen, wie z.B. über eine bestimmte Größenverteilung der Tropfen und über den Rückstreuquerschnitt der Streuer, ein Zusammenhang zwischen der Radarreflektivität Z und der Niederschlagsrate R in Form eines Potenzgesetzes $Z = aR^b$ mit den Konstanten a und b ableiten. Viele Untersuchungen, auf die im Folgenden noch eingegangen wird, zeigen jedoch, dass diese Beziehung nicht sehr zuverlässig ist. Der größte Vorteil des Niederschlagsradars ist, dass Messungen mit hoher zeitlicher und räumlicher Auflösung in einem relativ großen Gebiet durchgeführt werden können. Nachteilig ist, dass man keine Informationen über die Größenverteilung, Phase (Wasser, Eis) oder Form (bei Eispartikeln) hat, die die Reflektivitätseigenschaften bestimmen.

Die Abkürzung Radar (**R**adio **a**ircraft **d**etection **a**nd **r**anging) gibt einen Hinweis auf die ursprünglich militärische Nutzung von Radargeräten, die kurz vor Ausbruch des 2. Weltkriegs entwickelt und zur Ortung und Verfolgung feindlicher Flugzeuge und Schiffe verwendet wurden. Die Anfänge der radargestützten Niederschlagsmessung gehen ebenfalls bis in die Zeit des 2. Weltkriegs zurück, als amerikanische und britische Wissenschaftler zum ersten Mal Regenschauer auf dem Radarbildschirm entdeckten. Bereits kurze Zeit später konnte durch Ryde (1946) ein erster Zusammenhang zwischen der Radarreflektivität Z und der Niederschlagsrate R angegeben und erste Z-R-Beziehungen entwickelt werden (z.B Marshall *et al.*, 1947). Als Meilensteine der Radarmeteorologie müssen die Entwicklungen des Magnetrons, das die Konstruktion empfindlicher Messgeräte mit einer hohen Leistung ermöglichte, sowie des Doppler-Radars, das neben der Intensität und des Ortes der Streukörper auch deren Geschwindigkeit radial zum Radar bestimmen kann, gesehen werden. Eine vertiefende Zusammenstellung der geschichtlichen Entwicklung des Radars als meteorologisches Mess- und Forschungsgerät findet sich beispielsweise in Lhermitte (2002) oder Atlas (1990).

Zur Messung von Hydrometeoren verwendet man Radargeräte im Frequenzband von etwa 3 GHz (Wellenlänge 10 cm) bis 90 GHz (Wellenlänge 3 mm)[1]. Man kann dabei theoretisch abschätzen, dass bei gegebener Größe der Hydrometeore die rückgestreute Leistung um so größer ist, je höher die Frequenz ist (Gunn und East, 1954). Gleichzeitig nimmt aber auch der Effekt der Extinktion durch Hydrometeore zu, der für eine Abschwächung der Strahlungsintensität des Radarpulses und somit für eine systematische Verminderung des Empfangssignals sorgt (Sauvageot, 1992).

In Deutschland werden vom Deutschen Wetterdienst (DWD) 16 C-Band-Dopplerradare mit einer Wellenlänge von 5 cm operationell betrieben. Die 16 Dopplerradargeräte decken das Gebiet der Bundesrepublik Deutschland fast lückenlos ab. Während in Europa zumeist Geräte, die im C-Band arbeiten, verwendet werden, werden in den USA Geräte mit einer Wellenlänge von 10 cm (S-Band) verwendet. Wie beschrieben liegt der Vorteil bei Verwendung des S-Bands in der geringeren Dämpfung; dagegen ist die Empfindlichkeit im Vergleich zu Geräten, die im C-Band arbeiten, geringer.

Im Fokus der Forschungen in den vergangenen Dekaden stand neben der technischen Weiterentwicklung der Radargeräte auch die Ableitung von empirischen Z-R-Beziehungen der Form $Z = aR^b$. Trotz großer Anstrengungen im Rahmen der technischen Weiterentwicklung von Radargeräten und der dazugehörigen Datenauswertung ist festzustellen, dass die Anwendung von solchen Z-R-Beziehungen keine verlässlichen Ergebnisse liefert. Die Gründe für die ungenaue Abschätzung des Niederschlags sind mannigfaltig und reichen von Ungenauigkeiten der Radarkalibrierung über Annahmen über die Größenverteilung der Hydrometeore sowie deren Phase bis zur rigiden Anwendung einer einzelnen Z-R-Beziehung für alle Niederschlagssituationen.

[1] S-Band (Wellenlänge um 10 cm bzw. Frequenz um 3 GHz), C-Band ($\approx$ 5 cm bzw. 5 GHz), X-Band ($\approx$ 3 cm bzw. 10 GHz) und K-Band ($\approx$ 1 cm bzw. 30 GHz)

Um die Situation zu verdeutlichen, sei Battan (1973) zitiert. In seinem Buch führt er 70 Z-R-Beziehungen für verschiedene Niederschlagssituationen auf, wobei der Parameter a zwischen 62.5 und 520 sowie der Parameter b zwischen 1.16 und 2.87 variiert, wenn im Potenzgesetz $Z = aR^b$ - wie üblich - R in $\mathrm{mmh^{-1}}$ und Z in $\mathrm{mm^6m^{-3}}$ verwendet wird.

Um der großen Variabilität von Niederschlag Rechnung zu tragen, wurde die Variationsbreite der Niederschlagsereignisse durch Aniol (1975) anhand von Teilkollektiven eingeengt. Insgesamt wurden vier Niederschlagssituationen (Kaltluftzufuhr, Warmluftzufuhr, gradientschwache Lagen und Gewitter) extrahiert und die entsprechenden Z-R-Beziehungen abgeleitet. Aus weiterführenden Überlegungen wurde eine nach der Häufigkeit des Auftretens der jeweiligen Wetterlage eine gemittelte Z-R-Beziehung gebildet (Aniol et al., 1980). Diese Z-R-Beziehung, $Z = 256R^{1.42}$, wird noch heute im Radarverbund des DWD verwendet.

Obwohl die Problematik der Anwendung von Z-R-Beziehungen auf sehr große Gebiete wie das Areal der Bundesrepublik Deutschland hinreichend bekannt ist, sind bisher nur recht wenige Studien durchgeführt wurden, auch noch weitere, in den Radardaten vorhandene Parameter wie z.B. den vertikalen Gradienten der Reflektivität in die Ableitung von Niederschlagsraten aus Radarmessungen einzubeziehen oder von der Ableitung der Niederschlagsrate aus Radardaten anhand von Z-R-Beziehungen Abstand zu nehmen.
Die meisten älteren Studien verwenden vor allem neuronale Netze um eine Beziehung zwischen der Bodennniederschlagsrate R, der Radarreflektivität Z und eventuell weiteren Parametern abzuleiten. Trotz der Möglichkeit, eine Vielzahl aus den Radardaten abgeleiteter Größen als Eingangsparameter der neuronalen Netze zu verwenden, wird in diesen Studien auf diese Möglichkeit verzichtet. Beispielhaft seien u.a. die Arbeiten von Liu et al. (2001), die lediglich die Reflektivität im untersten Meßniveau verwendeten, sowie Orlandini und Morlini (2000), die Reflektivitäten in verschiedenen Höhen als Eingangsparameter der neuronalen Netze einfließen ließen, genannt. Lediglich Xiao und Chandrasekar (1997) verwendeten den Vertikalgradienten der Reflektivität als zusätzlichen Eingangsparameter neben der Radarreflektivität Z.
Arbeiten, die die Methodik der Anwendung neuronaler Netze benutzen, haben gemeinsam, dass ein größerer korrelativer Zusammenhang zwischen der am Boden gemessenen und der abgeleiteten Niederschlagsrate als bei Verwendung einer Z-R-Beziehung erhalten wurde. Allerdings stützen sich die

zitierten Auswertungen auf Niederschlagsdaten, die lediglich jeweils einen Zeitraum von wenigen Wochen umfassen. Sie sind somit nicht geeignet, um die durch die Jahreszeiten bedingten Schwankungen des Niederschlags in die Untersuchungen einfließen zu lassen und somit eine verlässlichere Aussage über die Möglichkeit der radargestützen Niederschlagsableitung mittels neuronaler Netze treffen zu können. Des Weiteren wird - wie bereits erwähnt - ausschließlich in Xiao und Chandrasekar (1997) von der Möglichkeit Gebrauch gemacht, weitere aus Radardaten abgeleitete Parameter als Eingangsgrößen für die neuronalen Netze zu verwenden.

Die vorliegende Arbeit nutzt einerseits die Methode der Anwendung neuronaler Netze, erweitert in einigen wesentlichen Punkten ihre Einsatzmöglichkeit, indem

- die Variabilität des Niederschlags durch eine Klassifizierung auf der Basis von qualifizierten Radardaten eines gesamten Jahres (2005) zunächst analysiert und der Niederschlag dann durch geeignete Parameter quantifiziert wird,
- mehrere Parameter, die aus dem Radarreflektivitätsfeld abgeleitet werden, verwendet werden, die als Eingangsgrößen für die Trainingsphase neuronaler Netze verschiedenen Typs dienen, und
- die aus der Trainingsphase gewonnenen Ergebnisse auf einen weiteren Datensatz eines gesamten Jahres (2006) angewendet werden.

In den ersten beiden Kapiteln werden zunächst die Grundlagen bezüglich der Niederschlagsentstehung sowie verschiedener Niederschlagssituationen beziehungsweise der Niederschlagsmessung mit dem C-Band-Doppler-Radar gelegt, wie sie für das Verständnis dieser Arbeit benötigt werden. Des Weiteren wird in Kapitel 3 auf die verwendeten Daten sowie deren Korrektur eingegangen.

Das vierte Kapitel widmet sich der Unterscheidung der Niederschläge in drei in sich homogene Gruppen (konvektiv, stratiform sowie einer Mischklasse) anhand von Parametern, die großflächig aus dem Messgebiet abgeleitet und mittels Methoden der multivarianten Statistik analysiert werden. Dieses Kapitel ist vor allem dadurch motiviert, dass die Ableitung der Niederschlagsrate R anhand einer einzelnen Z-R-Beziehung, die unabhängig von der vorherrschenden Niederschlagssituation verwendet wird, keine zufriedenstellenden Ergebnisse liefert. Aus diesem Grund werden 15 Parameter aus dem gesamten Meßgebiet des C-Band-Dopplerradars abgeleitet und anhand von Methoden der multivariaten Statistik Niederschlagsklassen abgeleitet. Die verwendeten Methoden sind die Hauptkomponentenanalyse und das Clusterverfahren k-means. Aus diesen Untersuchungen geht hervor, dass die Anzahl der Bright-Band-Signaturen, die mittlere Höhe der Radar-Bins mit einer Mindestreflektivität von 15 dBZ und der mittlere radiale Reflektivitätsgradient besonders geeignet sind, um die Klassifizierung durchzuführen.

Diese Einteilung der Niederschlagsereignisse wird im fünften Kapitel wieder aufgegriffen und für jede Niederschlagsklasse mit Hilfe neuronaler Netze eine Beziehung zwischen der Niederschlagsrate R und der Reflektivität Z sowie neun weiteren lokal abgeleiteten Parametern entwickelt. Des Weiteren werden in diesem Kapitel sowohl die aufgestellte Beziehung als auch die Niederschlagsklassifizierung, die jeweils anhand von Reflektivitäts- sowie Bodenniederschlagsdaten des Jahres 2005 entwickelt wurden, anhand eines zweiten Datensatzes - den entsprechenden Daten des Jahres 2006 - verifiziert. Aufgrund der Resultate der Verifizierung wird eine Generalsierung der neuronalen Netze mittels zweier Verfahren durchgeführt, da - wie in diesem Kapitel gezeigt wird - neuronale Netze dazu tendieren, überangepasst an den Trainingsdatensatz zu sein und somit eine Anwendung auf einen unbekannten Datensatz nicht möglich ist.
Außerdem werden in diesem Kapitel dynamische neuronale Netze entwickelt, deren Dynamik aus einer kontinuierlichen Anpassung der Gewichte besteht. Durch diese Gewichtsanpassung soll die starke Variabilität des Niederschlags dadurch stärker berücksichtigt werden, dass auch zeitlich „unmittelbar" vorher stattfindende - in der Arbeit wurden die Gewichte durch die Niederschlags- und Reflektivitätsdaten bis zum Vortag aktualisiert - Niederschlagsereignisse in die Ableitung einer Funktion zwischen den Eingangsparametern und der Niederschlagsrate als Ausgabeparameter einfließen.

Die Ergebnisse der Niederschlagsklassifizierung und der Ableitung der Niederschlagsrate anhand von neuronalen Netzen werden im sechsten Kapitel zusammengefasst.

Kapitel 2

Grundlagen

In diesem Kapitel werden die wolkenphysikalischen Grundlagen zum Verständnis der Arbeit gelegt. Dazu wird zunächst auf die Prozesse in konvektiven bzw. stratiformen Niederschlägen eingegangen, die zur Bildung und Anwachsen der Tropfen führen.
Im weiteren Verlauf des Kapitels werden die Eigenschaften der Hydrometeore beschrieben, die aus radarmeteorologischer Sicht relevant sind. Zu diesen Eigenschaften gehören u.a. die vom Durchmesser des Tropfens abhängige unbeschleunigte (End-)Fallgeschwindigkeit sowie die Form der Niederschlagspartikel als auch verschiedene Annahmen über ihre Größenverteilung.
Den Abschluss des Kapitels bildet eine Unterscheidung zwischen konvektiven und stratiformen Niederschlägen. Die beschriebenen Unterschiede beider Niederschlagstypen fließen in die Wahl der Parameter, die aus dem Reflektivitätsfeld abgeleitet und zur Klassifikation der Niederschläge (siehe Kapitel 4) herangezogen werden, ein.

2.1 Grundlagen der Wolkenmikrophysik

Das Kapitel gibt einen Einblick in die wolkenphysikalischen Prozesse, die zur Bildung und Wachstum der Wolkentropfen beitragen. Dabei wird aufgrund der unterschiedlichen Mechanismen zwischen warmen und Mischwolken, also Wolken deren Temperatur ober- bzw. unterhalb von 0°C liegt, unterschieden. Eine ausführliche Darstellung findet sich in Houze (1993) und Rogers (1979).

2.1.1 Tropfenbildung und -wachstum in warmen Wolken

Bei der Tropfenbildung muss zwischen der homogenen und der heteorogenen Nukleation unterschieden werden. Die homogene Nukleation bezeichnet die

Tropfenbildung aus reinem Wasserdampf. Die Energie ΔE, die zur Bildung eines Tropfens des Radius R benötigt wird, ist nach Houze (1993)

$$\Delta E = 4\pi R^2 \sigma_{vl} - \frac{4}{3}\pi R^3 n_l \left(\mu_v - \mu_l\right) \tag{2.1}$$

In Gleichung 2.1 ist σ_{vl} die Oberflächenspannung und n_l die Anzahl der Wassermoleküle je Einheitsvolumen des Tropfens. Der zweite Term auf der rechten Seite repräsentiert die Energie, die für den Phasenübergang der Wasserdampfmoleküle in die flüssige Phase aufgebracht werden muss und wird durch die Änderung der chemischen Affinität $a_{vl} = \mu_v - \mu_l = k_B T \ln \frac{e}{e_s}$ mit der Boltzmann-Konstante k_B sowie dem Sättigungsdampfdruck e_s über einer ebenen Oberfläche beschrieben.
Für $\Delta E > 0$ überschreitet die Energie, die zur Bildung der Oberfläche benötigt wird, die Änderung der Gibbs-Energie. Somit verdunstet der Tropfen. Erst für $\Delta E < 0$ kann der Tropfen bestehen. Somit lässt sich der kritische Radius R_c aus der Bedingung $\Delta E = 0$ bestimmen. Dieser Radius wird durch die Kelvin-Formel ausgedrückt

$$R_c = \frac{2\sigma_{vl}}{n_l k_B T \ln\left(e/e_s\right)} \tag{2.2}$$

Aus Gleichung 2.2 geht hervor, dass der kritische Radius R_c eine Funktion der Temperatur T und der Übersättigung, die als $(e/e_s - 1) \cdot 100$ % definiert wird, ist. Die Anzahl der Tropfen, die den kritischen Radius R_c überschreiten, wird als Nukleationsrate bezeichnet und zeigt einen starken Anstieg bei Übersättigungen von 300 - 400 %. Die Übersättigungen in der Atmosphäre dagegen übersteigen selten 1 %. Somit ist die homogene Nukleation von untergeordneter Bedeutung.

Im Gegensatz dazu steht die heterogene Nukleation, die mit deutlich geringeren Übersättigungen auskommt. Die Keimbildung erfolgt an bereits bestehenden Oberflächen wie Aerosolpartikeln. Ist die Oberflächenspannung zwischen Wasser und der existierenden Oberfläche hinreichend gering, bildet sich um den Nukleationskeim eine Wasserhülle aus. Ein derartiges Partikel wird als Kondensationskeim (CCN) bezeichnet.

Ist der Kondensationskeim wasserunlöslich, so sind die Mechanismen der Tropfenbildung vergleichbar mit der homogenen Nukleation. In diesem Fall kann R_c in Gleichung 2.2 als Krümmungsradius interpretiert werden. Daher ist die Wahrscheinlichkeit im Falle der heteorogenen Nukleation größer, dass die Partikel einen Tropfen mit einem Radius größer als R_c bilden als im Falle der homogenen Nukleation.

Ist der Kondensationskeim wasserlöslich, wird die Effizienz der Tropfenbildung durch Erniedrigung des Sättigungsdampfdrucks erhöht (Raoult Effekt). Nach Gleichung 2.2 wird daher der kritische Radius reduziert und somit die Nukleation vereinfacht.

Nach der Bildung des Tropfens wächst dieser durch Wasserdampfdiffusion an. Dieser Prozess kann durch den Fluß der Wasserdampfmoleküle $\vec{J} = -D_v \nabla \rho_v$ (1. Fick'sches Gesetz) mit dem Diffusionskoeffizienten D_v und der Partialdichte von Wasserdampf ρ_v beschrieben werden (Houze (1993))

$$\frac{\partial \rho_v}{\partial t} = \nabla \cdot \vec{J_v} = -D_v \nabla^2 \rho_v \tag{2.3}$$

Da die Konzentration des Wasserdampfs um einen Wassertropfen als kugelsymmetrisch angenommen werden kann und somit lediglich vom radialen Abstand r vom Tropfen abhängig ist, reduziert sich Gleichung 2.3 auf

$$\nabla^2 \rho_v(r) = \frac{1}{r^2}\frac{d}{dr}\left(r^2 \frac{d\rho_v}{dr}\right) = 0 \tag{2.4}$$

Die erforderlichen zwei Randbedingungen sind, dass die Dichte an der Tropfenoberfläche ($r = R$) $\rho_v = \rho_v(R)$ und für den Umgebungswert ($r \to \infty$) $\rho_v = \rho_v(\infty)$ ist. Die Lösung für Gleichung 2.4, die diesen Bedingungen genügt, lautet

$$\rho_v(r) = \rho_v(\infty) - \frac{R}{r}\left[\rho_v(\infty) - \rho_v(R)\right] \tag{2.5}$$

Für die Änderung der Tropfenmasse durch Diffusion gilt dann

$$\dot{m} = 4\pi R D_v \left[\rho_v(\infty) - \rho_v(R)\right] \tag{2.6}$$

Um eine Lösung von Gleichung 2.6 zu bestimmen, wird angenommen, dass die Umgebungsbedingungen bekannt sind, und dass die Wärme $\dot{q}$, die bei der Kondensation frei wird, vom Tropfen gemäß (quasi-stationäres Gleichgewicht)

$$\dot{q} = L\dot{m} = 4\pi \kappa_a R \left[T(R) - T(\infty)\right] \tag{2.7}$$

abgeführt wird. In Gleichung 2.7 bezeichnet L die Verdunstungswärme und κ_a die thermische Leitfähigkeit von Luft.

Mit der Gasgleichung $e = \rho_v R_v T$ für Wasserdampf und der Clausius-Clapeyron-Gleichung (e_s = Sättigungsdampfdruck)

$$\frac{1}{e_s}\frac{de_s}{dT} \approx \frac{L}{R_v T^2} \tag{2.8}$$

ergibt sich für die Massenänderung des Tropfens

$$\dot{m} = \frac{4\pi R\tilde{S}}{F_\kappa + F_D} \tag{2.9}$$

In Gleichung 2.9 bezeichnet $\tilde{S}$ die Übersättigung. Des Weiteren sind die Funktionen F_κ und F_D - außer von Materialparametern - im wesentlichen temperaturabhängig (Houze 1993).

Neben dem Wachstum durch Kondensation können Wassertropfen auch durch Koagulation, bestehend aus den beiden Teilprozessen Kollision und Koaleszenz, anwachsen. Unterschieden werden muss zwischen der Koagulation durch Diffusion, die kleine Tropfen betrifft und Analogien zum (Diffusions-)Wachstum eines Einzeltropfens aufweist, und der Koagulation infolge von Sedimentation, die im Folgenden beschrieben werden soll.

Ausgehend von den Annahmen

- ruhende Umgebung und laminare Strömung,
- unbeschleunigte Tropfenbewegungen,
- alle Tropfen, die sich in einem Kreiszylinder mit Radius $y \leq r_i + r_j$ befinden, werden aufgesammelt,

kann mit dem Ansatz, dass die Koagulationswahrscheinlichkeit proportional zur Geschwindigkeitsdifferenz $v(r_i) - v(r_j)$ der beteiligten Tropfen ist, die Koagulationsfunktion für Sedimentation wie folgt aufgestellt werden

$$K_{\text{Sed}}(r_i, r_j) = \pi(r_i + r_j)^2 \left|v(r_i) - v(r_j)\right| \tag{2.10}$$

Tatsächlich muss die Koagulation nicht erfolgreich sein. So können bestimmte Effekte das Zusammenstoßen der Tropfen verhindern. Diese Effekte sind beispielsweise gleiche Ladungen der Tropfen oder ein Luftfilm, der sich zwischen den Tropfen befindet. Diese und weitere Abweichungen von den Annahmen werden durch die Einführung der 'collection efficiency'-Funktion $E(r_i, r_j)$ korrigiert, wodurch sich für die korrigierte Koagulationsfunktion der nachstehende Ausdruck ergibt

$$K_{\text{Sed}}(r_i, r_j) = \pi(r_i + r_j)^2 E(r_i, r_j)\, |v(r_i) - v(r_j)| \tag{2.11}$$

Die 'collection efficiency' E ist das Produkt aus Kollisions- und Koaleszenzeffektivität, also $E = E_{\text{coll}} \times E_{\text{coal}}$. Meistens wird die Koaleszenzeffektivität Eins gesetzt, daher ist $E \equiv E_{\text{coll}}$. Die Kollisionseffektivität E_{coll} wiederum ist stark von den Radien der beteiligten Tropfen abhängig. Auf eine ausführliche Beschreibung der Kollisionseffektivität E_{coll} soll an diesr Stelle allerdings verzichtet werden.

2.1.2 Tropfenbildung und -wachstum in Mischwolken

Die Bildung von Eispartikeln kann sowohl über die flüssige als auch über die Dampfphase erfolgen. Die homogene Nukleation von Eispartikeln aus der flüssigen Phase erfolgt dabei analog zur Nukleation von Wolkentropfen aus der Dampfphase. In diesem Fall kann nach Houze (1993) der kritische Radius $R_{c,i}$ durch

$$R_{c,i} = \frac{2\beta_i \sigma_{il}}{\alpha_i n_i k_B T \ln(e_s/e_{si})} \tag{2.12}$$

mit dem Volumen $\alpha_i = \frac{4}{3}\pi R^3$ des Eispartikels und dessen Oberfläche $\beta_i = 4\pi R^2$ ausgedrückt werden. In beiden Größen entspricht R dem Radius einer Kugel, die gerade in das neu geformte Eispartikel passt. Des Weiteren ist σ_{il} die freie Energie der Grenzfläche zwischen flüssiger und gasförmiger Phase, n_i die Molekülanzahl pro Einheitsvolumen Eis und e_{si} der Sättigungsdampfdruck über einer ebenen Eisfläche.

Theoretische und empirische Untersuchungen zeigen, dass die homogene Eisnukleation bei Temperaturen $T \leq$ - 40 °C erfolgt. Bis zu dieser Temperatur können unterkühlte Wassertropfen existieren, bei einer weiteren Abkühlung werden diese dann durch homogene Nukleation in die Eisphase überführt.

Daneben kann ein Eispartikel nach Houze (1993) auch direkt aus der Gasphase durch homogene Nukleation gebildet werden. Die kritische Größe für diesen Phasenübergang ist ähnlich zum kritischen Radius R_c der Beziehung

(2.2) und zeigt eine starke Abhängigkeit von der Umgebungstemperatur und der vorherrschenden Feuchte. Allerdings kann gezeigt werden, dass die zur Aggregation benötigten Temperatur - 65 °C unter- und die Übersättigung etwa 1000 % überschreiten muss. Diese Randbedingungen machen die homogene Nukleation aus der Gasphase in der Atmosphäre unmöglich.

Die heterogene Nukleation von Eis setzt das Vorhandensein von Partikeln voraus, worauf sich Wasser oder Wasserdampf abscheiden kann und ist abhängig von der Gitterstruktur der beteiligten Substanz sowie der Umgebungstemperatur.
Die verschiedenen Mechanismen der Eisnukleation sind

Condensation Nucleation Das Wasser lagert sich an den Kondensationskeim an und ein Tropfen, der während der Kondensation gefriert, wird gebildet.

Immersion Freezing Der IN (*ice nucleus*) ist schon bei Temperaturen $T \geq 0$ °C im Tropfen enthalten und wird bei Reduzierung der Temperatur aktiviert, wodurch der Tropfen gefriert.

Deposition Mode Wasserdampf lagert sich bei Temperaturen $T < 0$°C an das Aerosolpartikel an und bildet auf dem Partikel Eis.

Contact Nucleation Keimbildung durch ein unterkühltes Tröpfchen, nachdem es mit einem Partikel in Kontakt gekommen ist.

Das Anwachsen von Eispartikeln durch Wasserdampfdiffusion wird als Deposition bezeichnet und entspricht somit der Kondensation im Falle von Wolkentropfen. Durch Ersetzen des Radius R durch einen Formparameter $\tilde{C}$, in Analogie zu der elektrischen Kapazität, gilt für die Diffusion von Wasserdampf

$$\dot{m} = 4\pi\tilde{C}D_V \left[\rho_V(\infty) - \rho_{V,sfc}\right] \tag{2.13}$$

mit der Wasserdampfdichte $\rho_{V,sfc}$ an der Partikeloberfläche (Houze 1993).

Die Form des durch Diffusion angewachsenen Eiskristalls ist eine Funktion der Temperatur T sowie der Übersättigung $\tilde{S}_i$ und wird grob in Säulchen und Plättchen unterteilt.
Den Prozess, dass Eispartikel durch Aufnahme anderer Eispartikel anwachsen, bezeichnet man als Aggregation. Dagegen wird das Anwachsen von

Eispartikeln durch Tropfen, die bei Kontakt gefrieren, als Bereifung bezeichnet.

Das Anwachsen von Eiskristallen durch Aggregation ist sowohl von der Temperatur als auch von der Form der Kristalle abhängig. So nimmt die Wahrscheinlichkeit für die Adhäsion kollidierender Partikel bei Temperaturen $\geq$ - 5 °C stark zu. Des Weiteren ergibt sich ein zweites Maximum der Adhäsionswahrscheinlichkeit bei Temperaturen zwischen - 10 und - 16 °C durch Verhaken der Kristalle. Für Temperaturen $\leq$ - 20 °C wird dagegen kein Wachstum durch Aggregation mehr beobachtet (Houze 1993).

2.2 Mikrophysikalische Eigenschaften von Niederschlagspartikeln

Im Rahmen dieses Unterkapitels werden die mikrophysikalischen Eigenschaften der Niederschlagspartikel, insofern sie für die Niederschlagsmessung mit einem C-Band-Radar von Bedeutung sind, diskutiert.
In diesem Zusammenhang wird auf die größenabhängige Form der Niederschlagspartikel, die in unterschiedlichen Größen (polydisperses System) und eventuell auch verschiedenen Aggregatzuständen (flüssig, fest) auftreten, eingegangen. Aufgrund ihrer unterschiedlichen Größe, die durch eine Anzahldichteverteilungsfunktion beschrieben wird, besitzen die Hydrometeore unterschiedliche Fallgeschwindigkeiten relativ zur umgebenden Luft. Neben der Form der Niederschlagspartikel werden daher auch die Fallgeschwindigkeit und die Größenverteilung der Hydrometeore in den nachfolgenden Abschnitten thematisiert.

2.2.1 Die Form von Regentropfen

Fallende Regentropfen besitzen nur so lange eine runde Form, wie die Oberflächenspannung sämtliche externe und interne Kräfte überwiegt und somit die Form des mininmalen Oberfläche/Volumen-Verhältnisses, also einer Kugel, aufrechterhalten werden kann. Im Allgemeinen gilt dies für Tropfen mit einem Durchmesser kleiner als 1 mm.
Bei größeren Tropfen spielen Druckgradient und aerodynamische Kräfte sowie interne Zirkulationen eine signifikante Rolle. Die Form des Tropfens kann bei Kenntnis der beteiligten aerodynamischen und hydrostatischen Kräfte berechnet werden, wird allerdings mit zunehmender Tropfengröße komplexer.

Ab einer gewissen Tropfengröße kann keine analytische Aussage mehr getroffen werden, sondern die Form nur noch durch Beobachtungen beschrieben werden (Pruppacher & Klett 1997).

Bereits Anfang des 20. Jahrhunderts konnten durch Beobachtungen, dass der Tropfen während des Fallens eine gewisse Zeit benötigt, um seine Gleichgewichtsform zu erreichen, diese auf interne Zirkulationen zurückgeführt werden (Lenard 1904).
Natürliche Regentropfen im freien Fall wurden von Jones (1959) beobachtet, der diese Tropfen mit zwei Kameras aufzeichnete und dabei feststellte, dass der Hauptanteil der großen Tropfen eine oblate Form aufwies. Durch frühere Arbeiten war bekannt, dass das Achsenverhältnis a/b der beiden Hauptachsen einen Wert von bis zu 0.5 annehmen kann. Neben den oblaten Tropfen wurde ebenfalls eine signifikante Anzahl an prolaten Tropfen detektiert und somit, da die oblate Form die stabilere ist, ein Hinweis dafür erhalten, dass der Tropfen konstant zwischen der oblaten und prolaten Form schwingt (Pruppacher & Klett 1997).

Dennoch gibt es Ansätze, die Tropfenform zu beschreiben. Diese beruhen darauf, dass sich die beteiligten Kräfte ausgleichen. So balanciert die den Tropfen umströmende Luft den aerodynamischen Druck. Der hydrostatische Druck innerhalb des Tropfens und die Druckerhöhung an der Tropfenoberfläche lassen sich aus der Oberflächenkrümmung sowie der Oberflächenspannung ableiten. Die Beziehung für die sich balancierenden Kräfte lautet nach Pruppacher & Pitter (1971)

$$\sigma\left(\frac{1}{R_1}+\frac{1}{R_2}\right)=g\rho_w(r_0+r\cos\theta)-[p_e(\theta)-p_\infty-p_{ic}(\theta)]+[p_i(\pi)-p(\infty)] \quad (2.14)$$

mit den beiden Hauptradien R_1 und R_2 des Tropfens. Des Weiteren kennzeichnet θ den Polarwinkel, p_i den Druck im Innern des Tropfens, p_e den Druck an der Tropfenoberfläche, p_∞ den statischen Druck r den Betrag des Tropfenradius an einer beliebigen Stelle des Tropfens und $r_0 = r(\theta = \pi)$. Zur Veranschaulichung der einzelnen Größen dient Abbildung 2.1.

Der erste Term auf der rechten Seite beschreibt den Beitrag des hydrostatischen Drucks innerhalb des Tropfens (ρ_w kennzeichnet die Dichte von Wasser). Der zweite Term, in dem $p_{ic}(\sigma)$ den Druck aufgrund von internen Zirkulationen beschreibt, wird durch $(p_e(\theta) - p_\infty) = (\rho_L U_\infty)/2\sum_{n=0}^{\infty} q_n \cos n\theta$ approximiert.

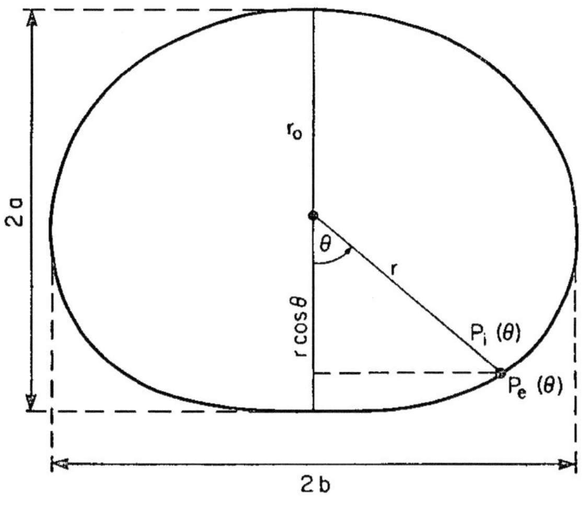

Abbildung 2.1: Schematische Darstellung der im Text benutzten Terminologie zur Beschreibung der Tropfenform (nach Pruppacher & Pitter, 1971)

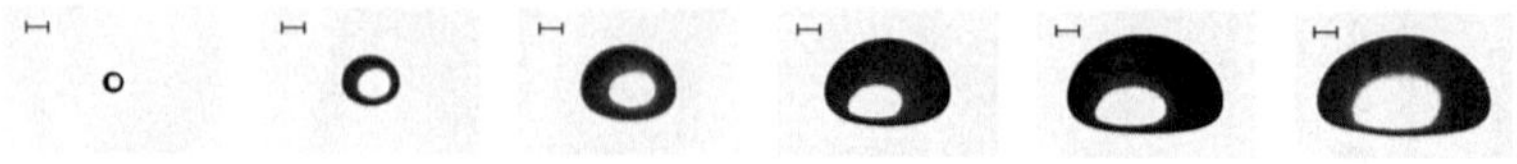

600 µm 2.6 mm 4 mm 5 mm 6 mm 7 mm

Abbildung 2.2: Fotos von Tropfen verschiedener Durchmesser. Als Größenvergleich ist das zusätzlich 1 mm-Maß eingefügt. (Aufnahmen von Dr. Miklos Szakal, die im Rahmen des DFG-Projekts AQUARadar im Mainzer Windkanal angefertigt wurden.)

Die empirische Beziehung für die Oberfläche von Tropfen mit einem Durchmesser kleiner als 5 mm lautet demnach

$$r(\theta) = a_0 \left(1 + \sum_{n=0}^{\infty} c_n \cos n\theta\right) \tag{2.15}$$

worin die Tropfenform zweidimensional in $r(\theta)$ ausgedrückt wird und c_n Koeffizienten darstellen, die die Deformation beschreiben.

Beard & Chuang (1987) erweiterten die Analysen der Tropfenform durch Einführung eines aerodynamischen Drucks. Die Änderung des Druckfeldes durch die Abweichung von der Kugelform der Tropfen wurde durch diejenige, die sich hinter einem entsprechendem oblaten Tropfen ergeben würden, angepasst. Vernachlässigt wurden in diesem Modell dagegen die interne Zirkulationen sowie die Luftreibung.
Eine Approximation dieser Berechnungen lautet nach Chuang & Beard (1990) für Tropfen mit $1 \leq D \leq 9$ mm

$$\frac{a}{b} = 1.101668 - 0.9806D - 2.52686D^2 + 3.75061D^3 - 1.68692D^4 \tag{2.16}$$

mit D in cm.

Abbildung 2.2 zeigt Fotos von Tropfen verschiedener Durchmesser, die im Mainzer Windkanal im Rahmen des DFG-Projekts AQUARadar gemacht wurden. Deutlich sichtbar ist die Kugelform für Tropfen mit Durchmessern kleiner als 1 mm und die zunehmende Abplattung, die sich bei größeren Tropfen einstellt. Anhand solcher Fotos konnten die Modellergebnisse von Beard & Chuang (1987) bestätigt werden. Dagegen konnte gezeigt werden, dass die modellierte Tropfenform von Pruppacher & Pitter (1971) die vertikale Ausdehnung der Tropfen überschätzt.

2.2.2 Die stationäre Fallgeschwindigkeit von Tropfen unterschiedlicher Durchmesser

Wie in Gleichung 3.28 gezeigt werden wird, enthält das Integral, mit dem die Regenrate bestimmt wird, die Fallgeschwindigkeit der Niederschlagspartikel. Bereits im voranstehenden Kapitel wurde beschrieben, dass Regentropfen ab einem Durchmesser von etwa 1 mm von der Kugelform abweichen. Dennoch wird zunächst eine Beziehung für kugelförmige Körper entwickelt und erst im weiteren Verlauf des Abschnitts auf die Abweichungen von der Kugelform eingegangen.

Unter Vernachlässsigung von Auftriebskräften erreicht ein Regentropfen seine unbeschleunigte stationäre (End-)Fallgeschwindigkeit, wenn die Gewichtskraft mg die Reibungskraft F_d balanciert, also wenn

$$mg = F_d \tag{2.17}$$

ist.
Die aus der Bewegung des Tropfens resultierende Reibungskraft F_d kann durch

$$F_d = \frac{C_d S v^2 \rho_L}{2} \tag{2.18}$$

mit dem Reibungskoeffizienten C_d, dem Tropfenquerschnitt (in Richtung der Bewegung) S, der Tropfenfallgeschwindigkeit v und der Luftdichte ρ_L ausgedrückt werden.
Im Falle eines kugelförmigen Regentropfens der Masse $m = \pi D^3 \rho_w / 6$ und der Oberfläche $S = \pi D^2/4$ ergibt sich für die Tropfenfallgeschwindigkeit v nachfolgende Lösung

$$v = \sqrt{\frac{4Dg}{3C_d\rho_L}} \tag{2.19}$$

Im weiteren Verlauf der Herleitung einer Beziehung für die durchmesserabhängige Tropfenfallgeschwindigkeit wird das Gesetz von Stokes verwendet. Daher wird vorausgesetzt, dass die Strömung laminar ist. Die Unterscheidung zwischen laminaren und turbulenten Strömungen erfolgt anhand der Reynoldszahl Re, die durch das Verhältnis von Trägheits- zu Zähigkeitskräften definiert ist:

$$Re = \frac{vD\rho_L}{\mu} = \frac{vD}{\nu}. \tag{2.20}$$

mit der dynamischen Viskosität μ und der kinematischen Viskosität ν, $\nu = \mu/\rho_L$. Für Reynoldszahlen kleiner etwa 0.1 kann die Reibungskraft folgendermaßen geschrieben werden

$$F_d = 3\pi\mu Dv \tag{2.21}$$

und

$$C_d = \frac{24}{Re} \tag{2.22}$$

Unter Annahme, dass der Tropfen eine starre Kugel ist, ergibt sich aus Gleichung 2.19 das Stokes'sche Fallgesetz

$$v = \frac{\rho_W g D^2}{18\mu}. \tag{2.23}$$

Unter Normbedingungen (p =1000 hPa, T = 20 °C) folgt für die Tropfenfallgeschwindigkeit v in cm/s

$$v = 3.0447 \times 10^5 D^2 \quad \text{und } D \text{ in cm} \tag{2.24}$$

Der angesprochene Reibungskoeffizient C_d in Gleichung 2.19 besitzt nur Gültigkeit für kugelförmige Körper und nicht für Regentropfen, deren Form von der Kugelform abweicht. Für größere Regentropfen ist es daher unmöglich, diesen Koeffizienten theoretisch zu bestimmen, daher muss die Fallgeschwindigkeit v dieser Tropfen aus Experimenten bestimmt werden.
Erste Experimente dieser Art wurden von Lenard (1904) durchgeführt, der die Tropfen ausschwebte und somit den Zusammenhang zwischen Geschwindigkeit sowie der Tropfengröße ermitteln konnte.
Weitere Ergebnisse solcher Messungen finden sich unter anderem bei Laws (1941), Davies (1942) sowie Gunn & Kinzer (1949). Laws konnte die Geschwindigkeit von fallenden Tropfen mit einem Durchmesser größer als 5 mm mittels einer Kamera durch Ausmessen der Strecke, die die Tropfen zwischen zwei Aufnahmen zurücklegten, bestimmen. Während die Größe von Tropfen mit einem Durchmesser größer als 5 mm direkt aus den Aufnahmen abgelesen werden konnte, konnte die Größe kleinerer Tropfen nicht aus den Bildern bestimmt werden. Als Ergebnis dieser Auswertungen konnte Laws festhalten, dass die Fallgeschwindigkeit v abhängig von der Distanz ist, die ein Tropfen zurückgelegt hat. Aus diesen Beobachtungen konnte auf die Strecke geschlossen werden, die ein Tropfen vom Durchmesser D benötigt, um seine

unbeschleunigte (End-)Fallgeschwindigkeit v zu erreichen. Diese Entfernung wurde später auf etwa 15 m festgelegt (vgl. Wang & Pruppacher 1977).

Gunn und Kinzer konstruierten für ihre Messungen einen Tropfengenerator, der Tropfen einer definierten Masse produzieren konnte. Zur Bestimmung der Fallgeschwindigkeit der Tropfen wurden diese elektrisch geladen und ihre Geschwindigkeit durch die Zeit zwischen der Passage zweier hintereinanderliegenden Ladungsdetektoren abgeleitet. Die Tropfen fielen in einen ölgefüllten Behälter, wodurch es möglich war, die Größe der Tropfen zu bestimmen.

Der Versuchsaufbau von Davies sah vor, dass Tropfen mit einem Durchmesser D zwischen 3.38 mm und etwa 6 mm durch zwei Lichtstrahlen fielen, die mit einer Photodiode verbunden waren. Die Fallstrecke während des Experiments betrug allerdings lediglich 11 m. Dadurch, dass Davies seine Versuche in Luft verschiedener Dichte durchführte, konnte dennoch ein Zusammenhang zwischen der Fallgeschwindigkeit v und der Luftdichte ρ konstruiert werden. Ein solcher Zusammenhang wurde beispielsweise von Foote & DuToit (1969) hergestellt, die für das Verhältnis v_z/v_0, mit der Fallgeschwindigkeit v_z in einer Höhe z über Grund und v_0 an der Erdoberfläche den Zusammenhang

$$\frac{v_z}{v_0} = \left(\frac{\rho_0}{\rho_z}\right)^n \tag{2.25}$$

mit $n \approx 0.4$ angaben.
Trotz der Unzulänglichkeiten des Meßaufbaus von Davies (keine ausreichend lange Fallstrecke und Tropfen lediglich mit einem Durchmesser zwischen 3.38 mm und 6 mm) sowie Foot und Du Toit (das n ist, wie später gezeigt werden konnte, eine Funktion des Tropfendurchmessers D) werden diese Korrekturen noch immer verwendet.
Sehr große Tropfen zeigen eine nahezu konstante Fallgeschwindigkeit, die nach Atlas *et al.* (1973) unabhängig vom Durchmesser der Tropfen ist und ebenfalls in vielen Bereichen Anwendung findet

$$v(D) = 965 - 1030e^{-6D} \ , \tag{2.26}$$

mit der unbeschleunigten (End-)Fallgeschwindigkeit in cm/s und dem Tropfendurchmesser in cm.

2.2.3 Größenverteilungen von Hydrometeoren

Die Größenverteilung von Niederschlagspartikeln ist, wie in Abschnitt 2.1 angesprochen, das Ergebnis verschiedenster wolkenphysikalischer Prozesse, die an der Niederschlagsbildung beteiligt sind. Durch das Aufbrechen von Tropfen, das aus turbulenten Umströmungen und Wirbelablösungen resultiert, sowie stoßinduzierten Tropfenzerfall (Low & List 1982) sind Tropfen ab einem Durchmesser von etwa 8 mm instabil. Somit ist die Tropfengröße in der Natur nach oben beschränkt.
Tropfengrößenverteilungen werden hier benötigt, um integrale Niederschlagsparameter wie die Niederschlagsrate R und den Radarreflektivitätsfaktor Z sowie eine Beziehung zwischen beiden (Z-R-Beziehungen) (siehe Abschnitt 3.1.4) abzuleiten.
In den nachfolgenden Paragraphen werden die wichtigsten Ansätze zur Beschreibung von Tropfengrößenverteilungen angesprochen.

Die Marshall-Palmer-Verteilung Bereits Ende des 19. Jahrhunderts gab es erste Versuche, die Größenverteilung von Regentropfen zu bestimmen, jedoch wurden diese Ergebnisse nicht quantitativ formuliert. Somit waren Laws & Parsons (1942) die Ersten, die über die Vermessung von Teigkügelchen, die durch das Auftreffen von Regentropfen in eine Mehlschicht entstanden, eine Aussage über die Massen- und Größenverteilung von Regentropfen tätigen konnten. Die bekannteste Arbeit über die Größenverteilung von Niederschlagspartikeln geht auf Marshall *et al.* (1947) zurück, die mittels Filterpapier Tropfengrößenverteilungen von Tropfen mit einem Durchmesser von größer als 1 mm bestimmten und aus diesen Messungen eine Aussage über die Verteilung trafen, die von Marshall & Palmer (1948) veröffentlicht wurde. Sie lautet

$$N(D) = N_0 e^{-\Lambda D} \tag{2.27}$$

mit $N(D)$ in $\mathrm{m}^{-3}\mathrm{mm}^{-1}$ und D in mm. Marshall und Palmer bestimmten N_0 zu 8000 $\mathrm{m}^{-3}\mathrm{mm}^{-1}$, also einen konstanten Wert bei einem Tropfendurchmesser von $D=$ 0 mm. Den zweiten Parameter Λ verknüpften Marshall und Palmer empirisch mit der Regenrate R in mm/h über $\Lambda = 4.1R^{-0.2}$ mm^{-1}. Diese Verteilungsfunktion wird auch heutzutage in sehr vielen Untersuchungen, bei denen Regentropfenverteilungen eine Rolle spielen, verwendet. Zudem wird sie auch häufig für die Beschreibung von Eispartikelgrößenverteilungen angewendet.

Wie erwähnt, hatten Marshall und Palmer keinerlei Informationen über Tropfen mit einem Durchmesser D kleiner als 1 mm, von daher kann der Wert N_0 lediglich als Extrapolation gesehen werden. Später wurde u.a. von Waldvogel (1974) gezeigt, dass der Wert für N_0 keine Konstante, sondern von der Regenrate abhängig ist. Zusätzlich fand man auch zwischen verschiedenen Niederschlagsereignissen eine Variation der funktionalen Beziehung zwischen N_0 und R sowie sprunghafte Änderungen von N_0. Diese plötzlichen Schwankung von N_0, die auch in kontinuierlichen Niederschlägen desselben konvektiven Charakters auftraten, wurden von Waldvogel auf Änderungen der mikrophysikalischen Prozesse in den generierenden Wolken zurückgeführt.

Der Nachteil der Marshall-Palmer-Verteilung ist, das für $D \to 0$ $N(D)$ stetig zunimmt, was in der Natur nicht beobachtet wird. Sinnvoller ist es, eine Verteilungsfunktion anzunehmen, die für $D \to 0$ auf geringe Werte absinkt. Dies wird durch eine Gamma- oder Lognormalverteilung gewährleistet.

Die Gamma-Verteilung Die Gamma-Verteilung erfüllt die angesprochene Bedingung für geringe Tropfendurchmesser auch nur geringe Werte anzunehmen. Die dreiparametrige Gamma-Verteilung ist folgendermaßen definiert

$$N(D) = N_0 D^{\mu} e^{-\Lambda D}. \tag{2.28}$$

Ulbrich (1983) zeigte, dass sich der Mediandurchmesser D_0 als Funktion von Λ ausdrücken lässt

$$D_0 \Lambda = 3.67 + \mu \tag{2.29}$$

wodurch sich für die Gamma-Verteilung ergibt

$$N(D) = N_0 D^{\mu} \exp\left[\frac{-(3.67+\mu)D}{D_0}\right] \tag{2.30}$$

Der Vorteil dieser Formulierung ist, dass sich D_0 einfacher aus Messungen ableiten lässt als Λ.
Neben der bereits angesprochenen erhöhten Flexibilität der Gamma-Verteilung gegenüber einer Exponentialverteilung wie der von Marshall und Palmer ist ein weiterer Vorteil, dass ihr Integral auf die eigentliche Gamma-Funktion $\int_0^{\infty} e^{-x} x^n dn = \Gamma(n+1)$ führt.

Die Lognormal-Verteilung Die Lognormal-Verteilung ist folgendermaßen definiert

$$N(D) = \frac{N_0}{\sqrt{2\pi}\ln\sigma D}\exp\left[-\ln^2(D/D_g)/2\ln^2\sigma\right] \tag{2.31}$$

und sagt aus, dass der Logarithmus des Tropfendurchmessers normalverteilt ist. In Gleichung 2.31 bezeichnet D_g den mittleren geometrischen Durchmesser, der durch das arithmetische Mittel des logarithmischen Durchmessers

$$\ln(D_g) = \overline{\ln D} \tag{2.32}$$

definiert ist und σ die geometrische Standardabweichung (vgl. Feingold & Levin (1986)) .
Da die Lognormal-Verteilung keinen praktischen Vorteil gegenüber der Gamma-Verteilung aufweist, wird sie hier nur der Vollständigkeit halber erwähnt, aber nicht genauer beschrieben.

2.3 Niederschlagsprozesse

Nachdem einige Eigenschaften von Hydrometeoren beschrieben wurden, die aus unterschiedlichen wolkenmikrophysikalischen Effekten während der Entstehungs- und Wachstumsphase von Wolken resultieren, wird im nachfolgenden Abschnitt des Kapitels diskutiert, wie u.a. anhand von Parametern, die aus dem Reflektivitätsfeld eines C-Band-Radars abgeleitet werden können, zwischen konvektiven und stratiformen Niederschlägen unterschieden werden kann.

Die flächenhafte Ausdehnung, die Intensität und die Lebensdauer eines Niederschlagsereignisses wird im wesentlichen durch Hebungsvorgänge gesteuert (vgl. Rogers, 1979). Demzufolge werden Niederschläge in Abhängigkeit von den Mechanismen, die für die vertikale Luftbewegung verantwortlich sind, im allgemeinen in zwei Klassen eingeteilt

Stratiformer Niederschlag Ausgedehnte Niederschlagssysteme, die durch orographische oder frontale (passive) Hebung sowie durch großräumige horizontale Konvergenz entstehen

Konvektiver Niederschlag Lokaler, schauerartiger Niederschlag verbunden mit Konvektion im Cumulus-Scale und labiler Luftschichtung (aktives Aufsteigen)

Auch wenn die Unterscheidung zwischen den angeführten Niederschlagstypen nicht eindeutig ist, weist der jeweilige Typ charakteristische Eigenschaften auf. Konvektive Niederschläge bestehen im Gegensatz zu stratiformen Ereignissen aus kleinräumigen Strukturen deren Regionen maximaler Intensität nur eine Ausdehnung weniger Kilometer besitzen und weiterhin räumlich durch Bereiche, die weitgehend frei von Niederschlag sind, getrennt sein können. Daneben verändern sich die charakteristischen Strukturen der konvektiven Niederschläge wesentlich schneller als dies im Fall von stratiformen Ereignissen der Fall ist.

Eine mögliche Art der Einteilung ist die Stärke des Vertikalwinds, dessen Betrag je nach Niederschlagsart charakteristische Wertebereiche abdeckt. So wird stratiformer Niederschlag mit geringen Werten des Vertikalwindes assoziiert, insbesondere wenn die Fallgeschwindigkeit von Schnee oder Eiskristallen betragsmäßig größer als die Luftgeschwindigkeit ist. Dementsprechend gilt für stratiforme Niederschläge

$$|w| < |v_{\text{Eis}}| \tag{2.33}$$

mit der Fallgeschwindigkeit $v_{\text{Eis}} \approx 1 - 3\ \text{ms}^{-1}$ von Eispartikeln und Schnee. Dagegen sind konvektive Niederschläge durch höhere Vertikalgeschwindigkeiten gekennzeichnet, die bis zu mehreren 10 m/s betragen können (Houze 1993).

Auch die Form der Wolke beziehungsweise deren vertikale Ausdehnung ist durch die unterschiedlichen Beträge der Vertikalgeschwindigkeiten beider Niederschlagstypen gekennzeichnet. So fallen konvektive Niederschläge meist aus Wolken mit einer ausgeprägten Vertikalausdehnung (Wolkengattung ist ‚Cumulus' und ‚Cumulonimbus'). Demgegenüber fallen stratiforme Niederschläge vor allem aus horizontal stark ausgedehnten Wolken der Gattung ‚Stratus'. Allerdings gibt es auch hier wieder Mischformen. So gibt es eine Reihe von Wolken, die der Gattung ‚Stratocumulus' zuzuordnen sind, die wiederum eine der meistgemeldeten Wolkentypen der Stationsmeldungen des Deutschen Wetterdienstes ist.

Niederschläge aus ‚stratiformen Wolken' in mittleren Breiten entwickeln sich meist über die Eisphase (Rogers 1979). Die anhaltenden Vertikalwinde erzeugen eine Übersättigung in der oberen Region der stratiformen Wolke und sorgen somit für ein Anwachsen der Eispartikel durch Wasserdampf-Diffusion. Dieses Wachstum in den oberen Wolkenschichten der Eispartikel dauert so

lange an, bis die Fallgeschwindigkeit größer als der sie tragende Vertikalwind ist: Die Eispartikel beginnen dann, in Richtung Erdboden zu fallen. Bei andauernder Sedimentation findet ein weiteres Anwachsen durch Aggregation und Riming statt, bis unter Umständen die 0 °C-Isotherme erreicht wird und aus dem Eispartikeln Tropfen werden.
Dagegen steht in konvektiven Wolken weniger Zeit, dafür aber ein höherer Flüssigwassergehalt, für das Tropfenwachstum zur Verfügung. So beträgt die Zeit zwischen Bildung der Wolke und Ausregnen in vielen Fällen lediglich etwa 30 Minuten. Aus diesem Grund muss die Bildung der Niederschlagspartikel direkt unterhalb der Wolkenbasis erfolgen. Aufgrund der kurzen Zeit, die für das Anwachsen der Tropfen zur Verfügung steht, erfolgt das Wachstum hauptsächlich durch Akkretion (Rogers, 1979).

Durch diese differierenden Mechanismen der Tropfen- und Eisbildung sowie der Wachstumsmechanismen bilden sich unterschiedliche Tropfenspektren aus, so sind stratiforme Niederschlagsereignisse meist durch einen großen Anteil kleiner Tropfen und wenige bis gar keine großen Tropfen gekennzeichnet. Im Gegensatz dazu ist das Spektrum in konvektiven Niederschlägen deutlich zu den größeren Tropfen verschoben. Wird die Größenverteilung wie in Kapitel 2.2.3 durch einen exponentiellen Ansatz der Form $N(D) = N_0 \exp(-\Lambda D)$ genähert, so findet man in stratiformen Niederschlägen einen größeren Wert des Achsenabschnitts N_0 sowie des Parameters Λ als in konvektiven Niederschlägen.

Anhand dieser Unterschiede konvektiver und stratiformer Niederschläge werden im Kapitel 4 großräumig aus dem Reflektivitätsfeld des C-Band-Dopplerradars abgeleitete Parameter entwickelt, die geeignet sind, die Niederschläge in die entsprechende Klasse einzuordnen.

Kapitel 3

Radarmeteorologie

Wie schon in der Einleitung beschrieben, ist der Niederschlag eine wichtige meteorologische Größe, an deren Auftreten, räumlicher und zeitlicher Verteilung und Stärke man im Rahmen von Messungen und bei der Wettervorhersage besonders interessiert ist.
Zur lokalen Niederschlagsmessung werden zahlreiche Meßinstrumente verwendet, z.B. Niederschlagsmesser nach Hellman, verschiedene Typen von Distrometern (siehe Joss und Waldvogel (1967) oder Löffler-Mang und Joss (2000)) oder das Mikro-Regen-Radar (Peters et al., 2002). Die aufgeführten Messgeräte haben gemeinsam, dass sie den Niederschlag nur lokal, d.h. am Aufstellungsort, messen und dadurch eine Aussage über die flächenhafte Verteilung des Niederschlags nur begrenzt möglich ist.
Das einzige Meßgerät, das den Niederschlag großflächig sowohl zeitlich als auch räumlich hoch aufgelöst in guter Näherung bestimmen kann, ist ein Radargerät, das im nachfolgenden Kapitel beschrieben wird[1]. Dabei soll allerdings lediglich eine verkürzte Darstellung der Grundlagen der Radarmeteorologie gegeben werden, für eine genauere Beschreibung der Zusammenhänge sei daher auf die bekannten Lehrbücher zu diesem Thema verwiesen, z.B. Battan (1973), Doviak & Zrnic (1993) oder auch Sauvageot (1992).

[1]In dieser Arbeit soll sich auf (Niederschlags-)Radargeräte, die mit C-Band senden und empfangen, beschränkt werden. Diese Beschränkung ergibt sich, weil im Folgenden nur auf ein solches, speziell vom Institut für Meteorologie und Klimaforschung (IMK) auf dem Gelände des Forschungszentrums Karlsruhe (FZK) betrieben wird, Bezug genommen wird. In den USA sind S-Band-Radargeräte die Regel. Für spezielle Messungen werden auch X-Band-Radargeräte eingesetzt. Für Untersuchungen von Wolken verwendet man Radargeräte, die im K-Band arbeiten.

3.1 Grundlagen der Radarmeteorologie

In diesem ersten Abschnitt wird die grundlegende Funktionsweise eines Doppler-Niederschlagsradars skizziert. Sie beruht darauf, dass aus der Charakteristik der vom Gerät ausgesandten und empfangenenen elektromagnetischen Strahlung eine quantitative Aussage über die Eigenschaften der Niederschlagsteilchen abgeleitet wird.

Dazu werden kurze Pulse von elektromagnetischen Wellen der Wellenlänge λ gebündelt abgestrahlt, und die von den Hydrometeoren rückgestreute Leistung ausgewertet. Aus Laufzeit und Antennenstellung kann der Ort der Streukörper bestimmt werden.
Die rückgestreute Leistung ist eine Funktion verschiedener Charakteristika der Streukörper, wie beispielsweise der Größenverteilung oder des Aggregatzustands der Hydrometeore. Dabei ist zu beachten, dass das rückgestreute Signal ein summarischer Wert ist, der durch die Rückstreueigenschaften unterschiedlicher Arten von Hydrometeoren, die der Größe nach verteilt sind sowie unterschiedliche Formen und Phasen haben, zustande kommt. Aus diesem Grund ist die Interpretation des Meßsignals nicht immer eindeutig. Daher versucht man, die Anzahl der Freiheitsgrade durch Annahmen (beispielsweise, dass es sich bei den Hydrometeoren um Regentropfen mit einer bestimmten Größenverteilung handelt) einzuschränken, um über eine aus der empfangenen Leistung berechneten Reflektivität z.B. die Niederschlagsrate zu bestimmen.
Bei der radargestützten Niederschlagsmessung werden typischerweise nacheinander Pulse in verschiedener Richtung (Azimutwinkel) bei gleichem Höhenwinkel (Elevation) ausgesandt. Dann wird der Höhenwinkel in diskreten Schritten variiert, bis alle Elevationswinkel abgearbeitet sind. Auf diese Weise wird das den Radarstandort umgebende Atmosphärenvolumen abgetastet und somit ein kompletter Volumendatensatz aus Meßsignalen auf Kegelmänteln erzeugt. Nach Ableitung der gewünschten Information, wie beispielsweise der Niederschlagsrate aus den Meßsignalen, werden diese Daten zur weiteren Verarbeitung in der Regel auf ein kartesisches Gitter interpoliert und z.B. in Horizontal- oder Vertikalschnitten flächig dargestellt. Die maximale Reichweite der Radarmessung ist durch den zeitlichen Abstand zweier Pulse bestimmt.

3.1.1 Strahlausbreitung

Zum Verständnis der radargestützten Niederschlagsmessung wird die Kenntnis einiger Eigenschaften elektromagnetischer Wellen und vor allem deren Ausbreitung in der Atmosphäre benötigt, die in diesem Abschnitt dargestellt werden. Zu diesem Zweck werden einige Ausführungen aus Doviak & Zrnic (1993) komprimiert beschrieben.

Elektromagnetische Wellen sind Wellen aus gekoppelten elektrischen und magnetischen Feldern **E** bzw. **H**, die sich mit Lichtgeschwindigkeit c ausbreiten. Im Vakuum breiten sich Wellen geradlinig mit der Geschwindigkeit

$$c = (\mu_0 \epsilon_0)^{-1/2} \tag{3.1}$$

aus. In Gleichung 3.1 bezeichnet μ_0 die magnetische Permeabilität und ϵ_0 die elektrische Feldkonstante. Die dielektrische Leitfähigkeit der Atmosphäre ϵ ist dagegen größer als ϵ_0, wodurch sich die Wellen mit einer Geschwindigkeit v, die kleiner als die Lichtgeschwindigkeit c ist. Des Weiteren breiten sich Wellen aufgrund der Schichtung der Atmosphäre auf gekrümmten Bahnen aus.
Die Strahlausbreitung ist vor allem von der Höhenabhängigkeit des atmosphärischen Brechungsindizes $n = c/v$ oder der relativen Permittivität $\epsilon_r = \epsilon/\epsilon_0 = n^2$ abhängig.
Die Permittivität eines Gases ist ausschließlich von der Molekülzahldichte N_V sowie einem Faktor α_T, der proportional zur Polarisierbarkeit der Moleküle ist, abhängig. Von Lorenz und Lorentz konnte gezeigt werden, dass

$$(\epsilon_r - 1) / (\epsilon_r + 2) = N_V \alpha_T / 3 \tag{3.2}$$

mit der Molekülzahldichte N_V gilt. Für Luft ist $\epsilon_r \approx 1.0003$, somit gilt

$$\epsilon_r = n^2 \approx 1 + N_V \alpha_T \tag{3.3}$$

Des Weiteren ist die Anzahl der Moleküle pro Einheitsvolumen bei konstanter Temperatur und Druck nach Avogadro unabhängig vom Gas. Mit der Avogadro-Zahl für Standarddruck und -temperatur $N_{V0} = 2.6873 \times 10^{25}\mathrm{m}^{-3}$ gilt

$$N_V = \frac{273}{1013} (N_{V0} P / T) \tag{3.4}$$

mit dem Druck P in hPa, der Temperatur T in K und N_V in m^{-3}.

Da sowohl die relative Permittivität ϵ_r als auch der Brechungsindex n für die Atmosphäre nahe 1 liegen, wird die Refraktivität N als

$$N \equiv (n-1) \times 10^6 \tag{3.5}$$

definiert (Bean & Dutton 1966). Die Kombination der Gleichungen 3.3 und 3.4 zeigt, dass n bzw. N von Druck und Temperatur abhängen. Für den Troposphärendruck P müssen nur trockene Luft und Wasserdampf berücksichtigt werden, somit ist N durch

$$N = c_1 \frac{p_d}{T} + c_2 \frac{p_w}{T} + c_3 \frac{p_w}{T^2} \tag{3.6}$$

mit den Konstanten $c_1 = 77.6$ K hPa^{-1}, $c_2 = 71.6$ K hPa^{-1} und $c_3 = 3.7 \cdot 10^5$ K^{2}hPa^{-1} und den Partialdrücken p_d und p_w für trockene Luft bzw. Wasserdampf approximativ darstellbar (ICAO-Standardatmosphäre).

Sowohl Temperatur als auch Luftdruck Funktionen der Höhe und bis in eine Höhe von etwa 10 km streng monoton fallend (Der Luftdruck ist immer, also auch für $z > 10$ km, monoton fallend). Da in der Troposphäre die höhenabhängige Druckabnahme größer als der Rückgang der Temperatur ist, nimmt die Refraktivität N mit der Höhe ab ($dN/dh \approx -40$ km^{-1}). Bei Abweichungen von diesem Wert muss zwischen drei Situationen unterschieden werden. Ist die Abnahme $dN/dh > -40$km^{-1}, so werden die Strahlen weniger als unter Normbedingungen in Richtung Erdboden gekrümmt (Subrefraktion). Ist dagegen $dN/dh < -40$km^{-1}, so ist die Strahlkrümmung größer als unter Normbedingungen (Superrefraktion). Übersteigt diese Abnahme von N, beispielsweise durch eine starke Inversion, einen bestimmten Wert ($dN/dh \approx 157$ km^{-1}), so wirkt eine solche Schicht als Wellenleiter (siehe Sauvageot (1992) und Blahak (2004)).

Der Strahlweg in einer geschichteten Atmosphäre kann durch

$$s(h) = \int_0^h \frac{aCdh}{R\sqrt{R^2 n^2(h) - C^2}} \qquad \text{mit} \tag{3.7}$$

$$C = an(0)\cos\Phi_e \tag{3.8}$$

ausgedrückt werden. In Gleichung 3.7 bzw. 3.8 bezeichnet a den Erdradius, h die Höhe, $s(h)$ die Kreisdistanz, R die radiale Distanz vom Erdmittelpunkt ($R = a + h$) sowie ϕ_e den Elevationswinkel und $n(0)$ den lokalen Brechungsindex.

Das Fermat'sche Prinzip, nach dem Lichtstrahlen immer auf dem zeitlich kürzesten Weg zwischen zwei Punkten A und B verlaufen, kann für einen kontinuierlichen Brechungsindexverlauf durch die Minimierung bzw. die Variation δ des Laufzeitfunktionals S beschrieben werden:

$$S = \int_A^B \frac{n'}{c} dl \stackrel{!}{=} \min \quad \Longleftrightarrow \quad \delta S = 0 \tag{3.9}$$

Für die Anwendbarkeit müssen nach Bean & Dutton (1966) die folgenden Vorstellungen erfüllt sein

- n' darf sich innerhalb einer Wellenlänge nur wenig ändern.
- Die relative Änderung des Abstands zweier „benachbarter" Strahlen muss ebenfalls klein innerhalb einer Wellenlänge sein.

Bei „normalen" atmosphärischen Bedingungen sind beide Bedingungen erfüllt; im Falle einer starken Inversion mit dem erwähnten Rückgang des Brechungsindex von mehr als 157 km^{-1} kann die zweite Bedingung verletzt sein. Des Weiteren wird angenommen, dass der Brechungsindex n' nur eine Funktion der Höhe h über der als kugelförmig angenommenen Erde ist. Dies ist für die Größenskala einer Radarmessung von etwa 100 km für die horizontalen Variationen von Temperatur, Luftdruck und -feuchte eine brauchbare Näherung. Nach Hartree *et al.* (1946) liefert die Lösung von

$$\frac{d^2h}{ds^2} - \left(\frac{2}{R} + \frac{1}{n}\frac{dn}{dh}\right)\left(\frac{dh}{ds}\right)^2 - \left(\frac{R}{a}\right)^2\left(\frac{1}{R} + \frac{1}{n}\frac{dn}{dh}\right) = 0 \tag{3.10}$$

mit den Randbedingungen

$$\begin{aligned} h(s=0) &= h_0 \\ \frac{dh}{ds}(s=0) &= \frac{R}{a}\tan\phi_e \end{aligned}$$

die gesuchte Ausbreitungskurve. Für Höhen kleiner als 20 km sowie der Annahme, dass $n \approx 1$ und mit Hilfe von Gleichung 3.10 kann die Krümmung eines Strahls in der Ebene durch

$$C_0 \approx -\frac{dn}{dh} \tag{3.11}$$

formuliert werden. Wird n durch eine lineare Funktion approximiert, breiten sich alle Strahlen auf Kreisbahnen mit einer konstanten Krümmung aus.

Bei einer linearen Abnahme von $dn/dh \approx -40 \times 10^{-6}\text{km}^{-1}$ sowie kleinen Elevationswinkeln ϕ_e ist es so, dass sich die Kreisdistanz s und die Höhe h über der Kugelfläche ungefähr so verhalten, als wenn sich der Strahl geradlinig relativ zu einer Kugel mit dem 4/3-fachen Radius der Erde ausbreiten würde („4/3-Erde-Modell"). Dieser Radius wird als effektiver Erdradius $a_e = 4a/3$ bezeichnet.

3.1.2 Streutheorie

Die von den Hydrometeoren zurückgestreute Energie ist, wie beschrieben, abhängig von der Partikelanzahl, ihrer Größe und Zusammensetzung, Form und Orientierung. Die gesamte Rückstreuenergie ist die Summe der Rückstreuleistung der einzelnen Streukörper.

Aufgrund der anisotropen Rückstreuung der Hydrometeore, führt man einen Rückstreuquerschnitt σ ein, der als die Fläche definiert ist, die ein äquivalenter isotroper Streuer, der ein Signal mit der von der Antenne empfangenen Leitung ausstrahlt, einnehmen würde.
Nach Mie (1908) lautet die Lösung für den Rückstreuquerschnitt σ von kugelförmigen Streuern

$$\sigma = \frac{\pi D^2}{4\alpha^2} \left(\sum_{n=1}^{\infty} (-1)^n (2n+1)(a_n - b_n) \right)^2 \tag{3.12}$$

In Gleichung 3.12 bezeichnet D den Tropfendurchmesser, $\alpha = \pi D/\lambda$ die elektrische Größe und λ die Wellenlänge. Die beiden Bessel-Funktionen a_n und b_n hängen von der elektrischen Größe sowie dem Brechungsindex ab.

Ist der Tropfendurchmesser D gegenüber der verwendeten Wellenlänge λ sehr klein, spricht man von Rayleigh-Streuung, und der Rückstreuquerschnitt σ vereinfacht sich zu

$$\sigma = \frac{\lambda^2 \alpha^6}{\pi} \left| \frac{m^2 - 1}{m^2 + 1} \right|^2 \tag{3.13}$$

wobei $m = n - ik$ den komplexen Brechungssindex darstellt.
Gleichung 3.13 kann zu

$$\sigma = \frac{\pi^5}{\lambda^4} \left| \frac{m^2 - 1}{m^2 + 1} \right|^2 D^6 \tag{3.14}$$

umgeschrieben werden. Durch Einführung des Dielektrizitätsfaktors $|K|^2$, der die Form und die elektrischen Materialeigenschaften der Hydrometeore beschreibt, erhält man

$$\sigma = \frac{\pi^5}{\lambda^4} |K|^2 D^6 \tag{3.15}$$

Der Dielektrizitätsfaktor $|K|^2$ beträgt für Wasser $\approx 0.91 - 0.93$ (leichte Temperaturabhängigkeit) und für Eis $\approx 0,18$.

3.1.3 Die Radargleichung

Zentrale Gleichung der Radarmeteorologie ist die Radargleichung, die einen Zusammenhang zwischen ausgesendeter Leistung P_t und empfangener Leistung P_r herstellt

$$P_r = \frac{P_t G^2 \lambda^2}{(4\pi)^3 r^4} \sum_{i=1}^{n} \sigma_i \tag{3.16}$$

In Gleichung 3.16 bezeichnet G den Antennengewinn, der das Verhältnis der Strahlungsintensität durch Fokussierung relativ zu einer isotropen Abstrahlung beschreibt, λ die Wellenlänge des Radars und r die Entfernung des Streupartikels.
Ersetzt man die Summe der Wirkungsquerschnitte $\sigma = \sum_{i=1}^{n} \sigma_i$ mit der Anzahl der Streuer n durch

$$\sum_{i=1}^{n} \sigma_i = \sigma = \eta V \tag{3.17}$$

mit dem mittleren Wirkungsquerschnitt η der Streuer pro Volumeneinheit. Mit Gleichung 3.17 ergibt sich folgende Form der Radargleichung

$$P_r = \frac{P_t G^2 \lambda^2}{(4\pi)^3 r^4} V \eta \tag{3.18}$$

Das durch das Radar ausgeleuchtete Volumen V ist das Produkt aus Strahlquerschnitt in der Entfernung r und der Tiefe des Rückstreuvolumens Δh. Der Strahlquerschnitt ist bei einer rotationssymmetrischen Antennenkeule ein Kreis, vertikaler und horizontaler Öffnungswinkel der Antenne ϕ und θ sind daher gleich, so dass

$$V = \frac{\pi}{4} r^2 \phi^2 \Delta h \tag{3.19}$$

Unter Annahme einer gaußförmigen Antennenkeule (Probert-Jones, 1962) ergibt sich

$$P_r = \frac{P_t G^2 L_A \lambda^2 \phi^2 \Delta h}{512(\ln 2)\pi^2 r^2}\eta \tag{3.20}$$

wobei L_A die Summe aller Verluste beschreibt (z.B. Hohlleiter, Radom) und die Abschwächung durch atmosphärische Gase und Niederschlag beinhaltet.

Die technischen Parameter des Radars werden in der Radarkonstanten C zusammengefasst

$$C = \frac{P_t G^2 L_A \lambda^2 \phi^2 \Delta h}{512(\ln 2)\pi^2} \tag{3.21}$$

und man erhält die nachfolgende Form der Radargleichung

$$P_r = C\frac{\eta}{r^2} \tag{3.22}$$

Wie in Abschnitt 3.1.2 angeführt, kann die Radarreflektivität für $D \ll \lambda$ im Falle von kleinen Streukörpern relativ zur Wellenlänge λ durch die Rayleigh-Näherung approximiert werden. In diesem Fall gilt

$$\eta = \frac{\pi^5}{\lambda^4}\left|K\right|^2 Z \tag{3.23}$$

mit dem Radarreflektivitätsfaktor Z. Er ist das sechste Moment des Tropfenspektrums $N(D)$ [mit der Anzahl von Tropfen $N(D)$ pro Einheitsvolumen und einem Durchmesser zwischen D und $D + dD$]

$$Z = \int_0^\infty N(D)D^6 dD \tag{3.24}$$

Somit ergibt sich die nachfolgende Form der Radargleichung

$$\overline{P_r} = \frac{P_t G^2 L_A \phi^2 \Delta h \pi^3 |K^2| Z}{512(\ln 2)\lambda^2 r^2} \approx \frac{C}{r^2}\frac{\pi^5}{\lambda^4}|K|^2 Z \tag{3.25}$$

Die Verwendung der Beziehung 3.25 zur Bestimmung des Radarreflektivitätsfaktors Z setzt voraus, dass der Radarstrahl gleichmäßig mit Streukörpern ausgefüllt und die Rayleigh-Näherung gültig ist. Des Weiteren müssen die Streukörper alle in der gleichen Phase, also in Form von Wasser oder Eis, vorliegen.

Da der Zahlenwert für Z (übliche Einheit $\mathrm{mm^6m^{-3}}$) über mehrere Größenordungen variiert, gibt man den Radarreflektivitätsfaktor Z als logarithmisches Maß an

$$dBZ = 10\log_{10}(Z/Z_0) \text{ mit } Z_0 = 1 \text{ mm}^6\text{m}^{-3} \tag{3.26}$$

Das Verhältnis zweier Z-Werte lässt sich somit als Differenz der entsprechenden dBZ-Werte auffassen und wird in dB angegeben. So entspricht ein Verhältnis von 10 dB einem Faktor 10 und ein Verhältnis von 3 dB einem Faktor 2. Der Vorteil an dieser Darstellung ist, dass die Bezugsgröße keine Rolle mehr spielt.

3.1.4 Ableitung von integralen Niederschlagsparametern

Nachdem der Radarreflektivitätsfaktor Z eingeführt wurde, wird im nachfolgenden Abschnitt die Ableitung integraler Niederschlagsparameter wie dem Radarreflektivitätsfaktor Z und der Niederschlagsrate R aus den verschiedenen Momenten des Tropfenspektrums $N(D)$ beschrieben.

Das i. Moment des Tropfenspektrums ist, soweit es als unabhängige Variable der Durchmesser D gewählt wird, durch

$$M_i = \int_0^\infty N(D)D^i dD \tag{3.27}$$

definiert. Für die Niederschlagsrate R gilt

$$R = \frac{\pi}{6}\int_0^\infty D^3 v(D)N(D)dD \tag{3.28}$$

und für den Radarreflektivitätsfaktor Z

$$Z = \int_0^\infty D^6 N(D)dD = M_6 \tag{3.29}$$

Wird für die Fallgeschwindigkeit $v(D)$ eine Beziehung der Form $v(D) = v_0(D/D_0)^P$ angenommen (z.B. Kessler, 1969) ($v_0 = 4.1$ $\mathrm{ms^{-1}}$, $D_0 = 1$ mm und $P = 0.5$), so kann die Niederschlagsrate folgendermaßen ausgedrückt werden

$$R = \frac{\pi}{6}\frac{v_0}{D_0^P}\int_0^\infty D^{3+P}N(D)dD \propto M_{3+P} \tag{3.30}$$

Während der Radarreflektivitätsfaktor Z (in $\mathrm{mm^6m^{-3}}$) dem sechsten Moment des Tropfenspektrums entspricht, ist die Niederschlagsrate R (in $\mathrm{mmh^{-1}}$)

nach Gleichung 3.30 also ungefähr zum dritten Moment der Tropfengrößenverteilung proportional.

In Kapitel 2.2.3 wurde die Gamma-Verteilung als

$$N(D) = N_0 D^{\mu} e^{-\Lambda D} \tag{3.31}$$

definiert. Das i. Moment der Tropfenverteilung $N(D)$ ist bei diesem Ausdruck für die Tropfengrößenverteilung durch

$$\begin{aligned} M_i &= \int_0^{\infty} N_0 D^{\mu} e^{-\Lambda D} D^i dD && (3.32) \\ &= N_0 \int_0^{\infty} D^{\mu+i} e^{-\Lambda D} dD && (3.33) \\ &= N_0 \frac{\Gamma(\mu + i + 1)}{\Lambda^{\mu+i+1}} && (3.34) \end{aligned}$$

mit dem Formparameter μ gegeben.

Somit kann der Radarreflektivitätsfaktor Z mittels der Gamma-Funktion Γ durch den nachstehenden Ausdruck dargestellt werden

$$Z \equiv M_6 = N_0 \frac{\Gamma(\mu + 7)}{\Lambda^{\mu+7}} \tag{3.35}$$

Bereits in Abschnitt 2.2.3 wurde die Marshall-Palmer-Verteilung

$$N(D) = N_0 e^{-\Lambda D} \tag{3.36}$$

eingeführt. Für das i. Moment der Marshall-Palmer-Verteilung gilt

$$M_i = N_0 \int_0^{\infty} e^{-\Lambda D} D^i dD = N_0 \frac{i!}{\Lambda^{i+1}} \tag{3.37}$$

und es resultiert der Ausdruck $Z = 720 N_0 / \Lambda^7$ für den Radarreflektivitätsfaktor Z.
Für die Regenrate R ergibt sich mit einem Ausdruck für die Tropfenfallgeschwindigkeit der Form $v(D) = v_0 (D/D_0)^P$ weiterhin

$$\begin{aligned} R &= N_0 \frac{\pi}{6} \frac{v_0}{D_0^P} \int_0^{\infty} e^{-\Lambda D} D^{3+P} dD && (3.38) \\ &= N_0 \frac{\pi}{6} \frac{v_0}{D_0^P} \frac{\Gamma(P + 4)}{\Lambda^{P+4}} && (3.39) \end{aligned}$$

Setzt man die resultierenden Relationen für den Radarreflektivitätsfaktor Z und die Niederschlagsrate R in Beziehung, so folgt

$$\left(\frac{Z}{720N_0}\right) = \left(\frac{6D_0^P R}{N_0 \pi v_0 \Gamma(P+4)}\right)^{\frac{7}{P+4}} \quad (3.40)$$

mit $N_0 = 8000\ \mathrm{mm^{-1}m^{-3}}$ und durch Einsetzen der als konstant angenommenen Größen N_0 und Λ die Marshall-Palmer-Beziehung $Z = 296R^{1.47}$ mit der Niederschlagsrate R in $\mathrm{mmh^{-1}}$ und dem Radarreflektivitätsfaktor Z in $\mathrm{mm^6mm^{-3}}$. Diese Einheiten sind für alle nachfolgenden Z-R-Beziehungen gültig und werden daher in der jeweiligen Beziehung nicht erneut angeführt.

3.1.5 Empirische Z-R-Beziehungen

Neben der demonstrierten Möglichkeit, Z-R-Beziehungen aus dem Tropfenspektrum $N(D)$ abzuleiten, gibt es noch die Möglichkeit, Z-R-Beziehungen empirisch zu bestimmen.

Erste Messungen stammen von Marshall *et al.* (1947), die Tropfen mit Hilfe eines Filterpapiers auffingen und die Tropfengrößenverteilung $N(D)$ über eine Beziehung zwischen „Abdruck" auf dem Filterpapier und dem originären Tropfen herstellten. Die Regenrate R wurde ebenfalls aus den Daten, die das Filterpapier lieferte, abgeleitet. Als Ergebnis bestimmten Marshall *et al.* (1947)

$$Z = 190R^{1,72} \quad (3.41)$$

Seit diesen ersten Versuchen wurden die Bemühungen, eine universell gültige Beziehung zwischen der Niederschlagsrate R und dem Radarreflektivitätsfaktor Z abzuleiten, intensiviert. Eine solche Beziehung konnte allerdings, obwohl bekannt ist, dass höhere Niederschlagsraten auch intensivere Rückstreuraten produzieren, nicht gefunden werden. So zeigten zahlreiche Messungen des Tropfenspektrums in verschiedenen Niederschlagssituationen und an verschiedenen Orten eine starke Variabilität von Z-R-Beziehungen. Selbst unter vergleichbaren Bedingungen wurden variierende Niederschlagsraten über Z-R-Beziehungen ermittelt (siehe u.a. Atlas & Chmela, 1957).

Untersuchungen für Deutschland wurden in den Jahren 1972 - 1974 durchgeführt und anhand der Messungen eines Joss-Waldvogel-Distrometers am

Observatorium Hohenpeissenberg Z-R-Beziehungen aufgestellt (siehe Aniol, 1975). Motivation dieser Untersuchungen war, die Variationsbreite der Z-R-Beziehungen durch Einführung von Teilkollektiven einzuengen und anschließend für diese Teilkollektive mittlere Z-R-Beziehungen abzuleiten. Als Ergebnis konnten die nachfolgenden Z-R-Beziehungen für vier verschiedene Niederschlagssituationen bestimmt werden.

Kaltluftzufuhr $Z = 316R^{1.38}$

Warmluftzufuhr $Z = 64R^{0.92}$

Gradientschwache Lagen $Z = 290R^{1.33}$

Gewitter $Z = 396R^{1.34}$

Auch hier zeigt sich eine starke Abhängigkeit der Werte für a und b von der von der vorliegenden Wettersituation deutlich in den mittleren Z-R-Beziehungen (Aniol, 1975).

In den Jahren 1976 - 1978 führten Aniol *et al.* (1980) ähnlich Experimente in der Lichtenau (Oberbayern, ebenes Gelände) durch und vermieden so den orographischen Einfluss, der noch am Hohen Peissenberg (einzeln stehender Hügel, der sich bis auf eine Höhe von 988 m über dem ebenen Flachland erhebt) die Messungen beeinflusst hatte. Wieder wurden die Wetterlagen in vier verschiedene Situationen unterteilt, jedoch konnte eine geringere Streuung der Parameter a und b beobachtet werden. Als Ergebnis konnte eine nach der Häufigkeit des Auftretens der jeweiligen Wetterlage gemittelte Z-R-Beziehung gebildet werden (Aniol *et al.*, 1980). Diese wird auch heute noch im Radarverbund des DWD verwendet und lautet

$$Z = 256R^{1,42} \tag{3.42}$$

Durch diese Darstellungen wird die Sensitivität der Z-R-Beziehungen auf die vorherrschende Wettersituation deutlich. Im Lehrbuch von Battan (1973) sind etwa 70 verschiedene Z-R-Beziehungen aufgeführt, die für unterschiedliche Niederschlagstypen und -situationen aufgestellt wurden.

Die Sensitivität der Z-R-Beziehung auf die Variation des Tropfenspektrums ist am Beispiel der Abbildung 3.1 demonstriert. In dieser Abbildung sind Z-R-Beziehungen dargestellt, die sich allein durch Variation des Formparameters μ ($-2 \leq \mu \leq 3$) der Gamma-Verteilung 2.28 für Niederschlagsraten

zwischen 0.5 und 50 mm/h ergeben.
Für die Berechnung der jeweiligen Reflektivität für die Niederschlagsrate R und dem durch μ variierten Tropfenspektrum wurde auf Ergebnisse von Ulbrich (1983) zurückgegriffen. Ausgehend von der Gammaverteillung 2.28 konnte über die Definition des Mediandurchmessers D_0 der Volumenverteilung $N(D)D^3$

$$2\int_0^{D_0} D^3 N(D)dD = \int_0^{D_{max}} D^3 N(D)dD \tag{3.43}$$

der über die unvollständige Gammafunktion $\gamma(a,x)$ auch durch

$$2\gamma(4+\mu, \Lambda D_0) = \gamma(4+\mu, \Lambda D_{\text{max}}) \tag{3.44}$$

beschrieben werden kann, sowie der Arbeit von Sekhon & Srivastava (1970), die für $\mu = 0$ zeigen konnten, dass $\Lambda D_0 = 3.672$ gilt, durch Ulbrich (1983) eine von μ abhängige Beziehung abgeleitet werden

$$\Lambda D_0 = 3.67 + \mu \tag{3.45}$$

Des Weiteren wird vorausgesetzt, dass alle integralen Niederschlagsparameter (wie z.B. Radarreflektivitätsfaktor Z, Niederschlagsintensität R u.a.) P aus dem Tropfenspektrum $N(D)$ durch

$$P = a_p \int_0^{\infty} D^p N(D)dD \tag{3.46}$$

abgeleitet werden können. Die numerischen Werte sowohl des Faktors a_p als auch des Exponenten p sind abhängig von dem zu bestimmenden integralen Parameter. Mittels der Beziehungen 2.28 und 3.45 sowie der vollständigen Gammafunktion kann der jeweilige integrale Parameter P auch durch

$$P = a_p \frac{\Gamma(p+\mu+1)}{(3.67+\mu)^{p+\mu+1}} N_0 D_0^{p+\mu+1} \tag{3.47}$$

bestimmt werden.
Wird die Beziehung 3.47 mit den entsprechenden Werten a_p und p nach D_0 aufgelöst, so erhält man einen Zusammenhang zwischen dem Mediandurchmesser D_0 und der Niederschlagsrate R der Form

$$D_0 = \epsilon R^{\delta} \tag{3.48}$$

mit

$$\epsilon = (3.67+\mu)[33.31 N_0 \Gamma(4.67+\mu)]^{-1/(4.67+\mu)}$$

und

$$\delta = \frac{1}{4.67 + \mu}$$

Die so bestimmten Werte für ϵ und δ entspechen der Bandbreite, die Atlas & Chmela (1957) für verschiedene Niederschlagssituationen ermittelt haben. Demnach werden hohe Werte für ϵ und geringe Werte für δ in konvektiven Niederschlägen gefunden, während kleine ϵ- und große δ-Werte typisch für orographische Niederschlagsereignisse sind.

Neben dem Zusammenhang zwischen D_0 und R konnte Ulbrich (1983) eine Proportionalität zwischen N_0 und μ aus den bei Battan (1973) gelisteten Z-R-Beziehungen ableiten. Durch einen „least-square-fit" wurde der Zusammenhang

$$N_0 = 1.52 \times 10^4 \exp(3.14\mu) \ \mathrm{m}^{-3}\mathrm{cm}^{-1-\mu} \tag{3.49}$$

ermittelt.

Wie beschrieben wurde für Abbildung 3.1 die Niederschlagsrate R zwischen 0.5 und 50 mm/h und μ zwischen -2 und 3 variiert. Bei Verwendung von Gleichung 3.47 mit $p = 6$ und $a_p = 10^6 \ \mathrm{mm}^6\mathrm{cm}^{-6}$ ergibt sich

$$Z = 10^6 \frac{\Gamma(7+\mu)}{(3.67+\mu)^{7+\mu}} N_0 D_0^{p+\mu+1} \tag{3.50}$$

Wird der Mediandurchmesser D_0 gemäß Gleichung 3.48 ersetzt und N_0 nach Gleichung 3.49 durch μ ausgedrückt, erhält man

$$Z = 10^6\Gamma(7+\mu)\left(\frac{\epsilon}{3.67+\mu}\right)^{7+\mu} 1.52\times 10^4 \exp(3.14\mu) R^{\delta(7+\mu)} = aR^b \tag{3.51}$$

die in Abbildung 3.1 dargestellte Z-R-Beziehung.

Die Abbildung zeigt die große Streuung der Reflektivität Z bei Variation der Niederschlagsrate und des Formparameters und verdeutlicht somit die resultierenden Schwierigkeiten der Niederschlagsmessung mit dem C-Band-Radar. Um die Streubreite zu quantifizieren, sind der Mittelwert und die Standardabweichung dargestellt. Zusätzlich werden zwei Z-R-Beziehungen, die beim Karlsruher C-Band-Radar für verschiedene Jahreszeiten verwendet

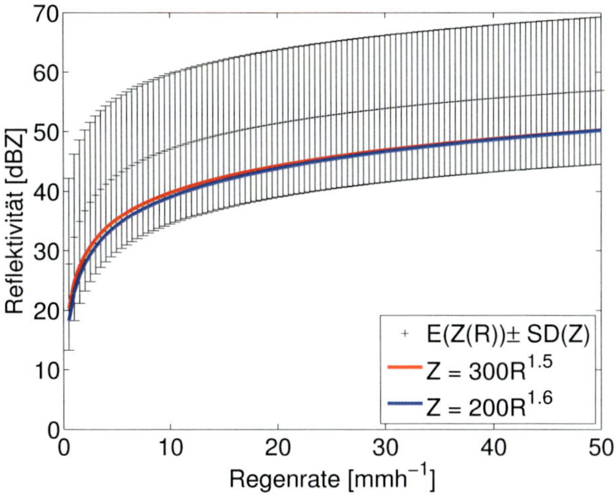

Abbildung 3.1: Radarreflektivität Z (in dBZ) als Funktion der Regenrate (in mmh^{-1}). Details siehe Text.

werden, präsentiert. Der Vergleich zwischen den beiden Z-R-Beziehungen, durch die bei konstanter Reflektivität Z beinahe identische Niederschlagraten R bestimmt werden, auf der einen und der Streuung der berechneten Reflektivitäten Z auf der anderen Seite zeigt, dass mit den beiden Z-R-Beziehungen die Niederschlagsrate R vieler Niederschlagssituationen, zumindest für kurze Zeiträume, mit nicht ausreichender Genauigkeit bestimmt werden können. So ergibt sich für eine Niederschlagsrate R von 10 mm/h sowohl eine Reflektivität von 30 dBZ als auch von 60 dBZ. Das angesprochene Verhältnis von 30 dB, das einem Faktor von 1000 entspricht, zeigt deutlich die Uneindeutigkeit der Reflektivität als singuläre Größe zur Ableitung der Niederschlagsrate R. Diese große Streuung kann, wie u.a. bei Aniol (1975) gezeigt, durch Einführung verschiedener situationsangepasster Z-R-Beziehungen verringert werden. Eine Schwäche ist, dass die Auswahl der „passenden" Z-R-Beziehung nicht anhand von Radarobservablen, und somit nicht anhand der vorherrschenden Niederschlagssituation, getroffen wird. So wird die Z-R-Beziehung beim IMK-Radar beispielsweise anhand der Jahreszeit gewählt.

3.2 Der Arbeit zugrundeliegende Daten und ihre Korrektur

Wie schon in der Einleitung angeführt, wird in dieser Arbeit untersucht, ob sich - außer aus dem Feld der Radarreflektivität $Z(\vec{r}, t)$ - noch andere Parameter finden lassen, durch deren Berücksichtigung sich die Niederschlagsrate $R(\vec{r}, t)$ besser bestimmen lässt.

Grundlage dieser Untersuchungen sind Reflektivitätsdaten, sogenannte Volumenscans, die mit dem C-Band-Dopplerradar des Instituts für Meteorologie und Klimaforschung (IMK) im Jahre 2005 aufgenommen wurden, sowie Niederschlagsdaten in einminütiger Auflösung von 76 Stationen des Deutschen Wetterdienstes (DWD). Die Zahl der berücksichtigten DWD-Stationen wurde durch die Einführung der maximalen Entfernung der Bodenstationen auf 60 km vom Radarstandort auf 16 beschränkt (siehe Abbildung 3.2). Diese Einschränkung wurde vorgenommen, um den Einfluss des Orographie sowie entfernungsabhängige systembedingte Fehler des Radars wie Strahlverbreiterung zu minimieren.

Die 16 betrachteten Bodenmessstationen sind mit Niederschlagsmessern vom Typ „Pluvio Ott" der Firma Ott mit einer Auffangfläche von 200 cm^2 bzw. 400 cm^2 ausgestattet. Die Niederschlagsmenge wird bei diesem Messgerät nach dem Wägeprinzip mit einer zeitlichen Auflösung von 1 Minute bestimmt. Die so ermittelten Werte werden im Bedarfsfall anhand von Messungen durch Niederschlagssammlern nach Hellmann korrigiert.

Neben diesen ausgewählten 16 Stationen sind in Abbildung 3.2 der maximale Abstand der Stationen von 60 km (weißer Kreis) sowie der Meßbereich des Radars (roter Kreis, Radius 120 km) eingefügt. Des Weiteren ist der Radarstandort durch das weiße '+' gekennzeichnet. Außerdem sind in Abbildung 3.2 die Stationen des DWD, die sich in einer Entfernung von mehr als 60 km des IMK-Radars befinden, durch ein rotes '+' symbolisiert.

Im vorliegenden Abschnitt wird auf mögliche Fehlerquellen, die in Verbindung mit der radargestützten Niederschlagsmessung auftreten, eingegangen und ihre Korrektur beschrieben. Zunächst werden die wesentlichen technischen Merkmale sowie der Scanmodus des IMK-C-Band-Dopplerradars, das (bis auf die Niederschlagshöhen der Bodenstationen) sämtliche Daten, die

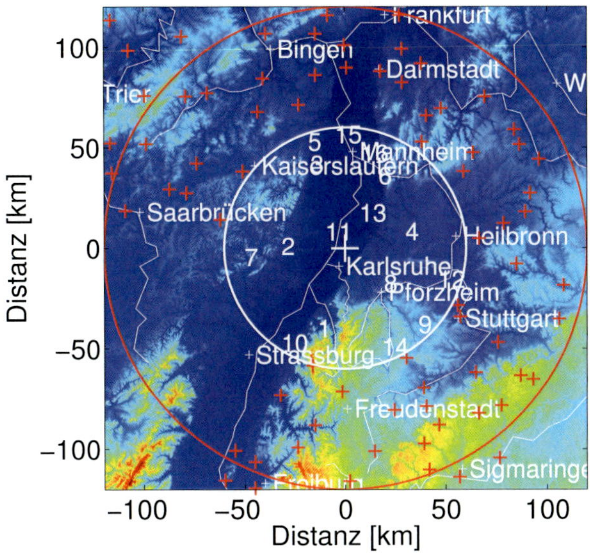

Abbildung 3.2: Die für die Auswertungen zur Verfügung stehenden DWD-Stationen. Der genaue Standort der jeweiligen Station ist der Tabelle 3.4 auf Seite 51 zu entnehmen.

Tabelle 3.1: Wichtige technische Daten des IMK-C-Band-Dopplerradars

Typ:	C-Band-Doppler-Radar METEOR 360 AC
Hersteller:	Gematronik GmbH, Neuss
Frequenz:	5.62 GHz
Wellenlänge:	5.4 cm
Keulenbreite bei 3 dB:	0.98 ° (Hauptkeule)
Pulsleistung:	255 kW
Pulsdauer:	0.8 bzw. 2.0 μs
Pulswiederholrate:	200 - 1200 Hz
Meßbereich:	120 bis 300 km (Entfernung)
	- 31.5 bis 95.0 dBZ (Reflektivität)
	- 48.0 bis 48.0 m/s (radiale Geschwindigkeit)
Auflösung:	1 ° (azimutal), 500 m (radial)

für die Auswertungen in den Kapiteln 4 und 5 verwendet wurden, lieferte, präsentiert.

3.2.1 Wichtige technische Eigenschaften und Scanmodus des IMK-C-Band-Radars

Wie angedeutet werden alle Reflektivitäten, die den nachfolgenen Analysen zugrunde liegen, durch das institutseigene C-Band-Radar geliefert, das seit 1993 vom Institut für Meteorologie und Klimaforschung (IMK) auf dem Gelände des Forschungszentrums Karlsruhe (FZK) betrieben wird. Die wichtigsten technischen Eigenschaften des Radars sind in Tabelle 3.1 zusammengestellt.

Das IMK-Radar wird im gleichen Scanmodus wie die Niederschlagsradare des DWD betrieben. Im zehnminütigen Rhythmus werden die folgenden Daten aufgenommen:

Volumen-Scan Reflektivitätsdaten und Dopplergeschwindigkeit mit einer radialen Auflösung von 500 m bis in eine Entfernung von 120 km in 14 verschiedenen Elevationen von 0.4 bis 30.0°.

Übersichts-Scan Reflektivität mit einer radialen Auflösung von 1 km bis in eine Entfernung von 250 km bei einer Elevation von 1.0°.

Niederschlags-Scan Reflektivität mit einer radialen Auflösung von 500 m bis in eine Entfernung von 120 km in 14 Elevationen zwischen 0.4 und 30°.

3.2.2 Korrektur der Reflektivitätsrohwerte

Die Rohwerte der Reflektivität sind mit diversen Fehlern behaftet. Die in der vorliegenden Arbeit durchgeführten Korrekturen werden im folgenden Abschnitt demonstriert. Zur Verifizierung der Korrekturverfahren werden die Effekte der Korrekturalgorithmen auf die abgeleiteten Niederschlagsintensitäten untersucht.

Die möglichen Fehler bei der Ableitung der Niederschlagsintensitäten aus Radarreflektivitäten können bei einem korrekt kalibriertem Radar zu vier Fehlerquellen zusammengefasst werden. Diese Fehlerquellen sind:

- Radarechos werden als Niederschlag interpretiert, obwohl die verursachenden Streukörper keine meteorologische Herkunft haben. Zu dieser Fehlerklasse gehören insbesondere Ground-Clutter und Anaprop-Echos (von '**an**om**a**lous **prop**agation')

- Die Echos des Radars sind aus unterschiedlichen Gründen zu schwach. Hier sind vor allem die Effekte durch Dämpfung sowie die (partielle) Abschattung des Radarstrahls an orographischen Hindernissen zu nennen.

- Die Echos des Radars sind zu stark. Die Überhöhung der Reflektivitäten ist vor allem auf Bright-Band-Effekte zurückzuführen.

- Die verwendete Z-R-Beziehung ist ungeeignet. Dieser Punkt wird im weiteren Verlauf dieser Arbeit aufgegriffen und eine Beziehung zwischen der Radarreflektivität Z sowie weiteren noch zu bestimmenden Parametern und der Bodenniederschlagsrate R abgeleitet.

In den folgenden Abschnitten wird das jeweilige Korrekturverfahren der Fehler, die sich aufgrund von Bright-Band-Effekten sowie partieller Abschattung ergeben, beschrieben und erläutert.

Tabelle 3.2: Anteile der verschiedenen Prozesse in der Schmelzschicht auf die Veränderung der Reflektivität, nach Wexler (1955)

Phase	Schmelzen	Fallgeschwindigkeit	Form	Kondensation	Summe
1	−6.5 dB	−1.0 dB	+1.5 dB	0.0 dB	+6.5 dB
2	+1.0 dB	−6.0 dB	−1.5 dB	+0.5 dB	−6.0 dB

Das Bright-Band

Bekannt ist das Helle Band schon aus den Anfangstagen der Radarmeteorologie (vgl. Ryde 1946) und bezeichnet das Auftreten einer erhöhten Reflektivität Z in Höhe der 0 °C-Isotherme. Es täuscht wegen seiner erhöhten Reflektivität auch eine erhöhte Niederschlagsrate vor. Im Wesentlichen resultiert der Anstieg der Reflektivität Z aus einer Erhöhung der dielektrischen Konstante K (siehe Gleichung (3.15)) beim Schmelzvorgang an der Oberkante der Schmelzschicht (Fabry & Zawadzki 1995).

Weitere Prozesse, die zu der beobachteten Überzeichnung der Reflektivität in der Schmelzschicht führen, analysierte Wexler (1955) und konnte anhand dieser Analysen die in Tabelle 3.2 aufgeführten Beiträge zur Veränderung der Reflektivität in der Schmelzschicht abschätzen.
In der Tabelle kennzeichnet Phase 1 das Aufschmelzen des Schnees bis zum Maximum der Reflektivität. Die Phase 2 bezeichnet die Entwicklung von dem Maximum der Reflektivität bis zum flüssigen Niederschlag.
Die stärkere Ausprägung des Bright-Band in den Beobachtungen im Vergleich zu seinen theoretisch bestimmten Effekten führte Wexler auf Aggregation von Eiskristallen zu Schneeflocken im oberen Teil der Schmelzschicht sowie auf den Zerfall von Tropfen unterhalb der Schmelzschicht zurück.

Das Helle Band erscheint in stratiformen Niederschlagsereignissen, in denen die vertikale Windgeschwindigkeit klein verglichen mit denen der Fallgeschwindigkeit der Hydrometeoren ist, stark ausgeprägt. Dagegen ist das Helle Band nicht in konvektiven Zellen zu beobachten, lediglich beim Absterben der konvektiven Zelle und dem einhergehenden Abklingen der Aufwinde, kann sich das Bright-Band ausbilden.

Um die Bright-Band-Effekte aus den Daten zu eliminieren, wurde analog zu der von Hannesen (1998) beschriebenen Methode vorgegangen. Das Korrekturverfahren gliedert sich daher in die nachfolgend beschriebenen Arbeitsschritte.

1. Zunächst wird längs des Radarstrahls nach einem Maximalwert der Reflektivität Z gesucht. Dieser muss die Eigenschaft haben, dass die Reflektivität mehr als 15 dBZ beträgt und in einer Höhe $\mathrm{h_M}$ zwischen 500 und 3000 m liegt.

2. Des Weiteren wird die Höhe $\mathrm{h_K}$ bestimmt, die die Untergrenze der Schmelzschicht kennzeichnet, unter der das Reflektivitätsprofil nahezu konstant, d.h. die Variation kleiner als 3 dB, ist.

3. Da die Schmelzschicht in der Regel nur geringe vertikale Ausmaße annimmt, soll für die gefundene Höhe $\mathrm{h_K}$ weiterhin gelten, dass die Differenz zwischen der Höhe des Maximums $\mathrm{h_M}$ und $\mathrm{h_K}$ kleiner als 700 m ist.

4. Abschließend muss noch die Obergrenze der Schmelzschicht gefunden werden. Dazu wird eine Höhe $\mathrm{h_O}$, $\mathrm{h_O} > \mathrm{h_M}$, gesucht, in der die Reflektivität den Wert aus der Höhe $\mathrm{h_K}$ annimmt. Eine weitere Bedingung ist, dass die Reflektivität in größeren Höhen als $\mathrm{h_O}$ monoton abnimmt.

Angemerkt werden muss noch, dass diese vier Arbeitsschritte entlang des Radarstrahls für Elevationen zwischen 6° und 20° durchgeführt werden. Die Beschränkung auf diesen Elevationsbereich ergibt sich dadurch, dass bei größeren Elevationen die äquidistanten Höhenschritte zu groß werden würden; bei kleineren Winkeln dagegen würde sich die mit der Zunahme der Höhe einhergehende Entfernung vom Radar über einen zu großen Bereich erstrecken.

Nachdem die Höhen $\mathrm{h_K}$, $\mathrm{h_M}$ und $\mathrm{h_O}$ des Bright-Band bestimmt wurden, werden die Reflektivitätsdaten korrigiert. Dazu werden die Reflektivitäten der Schmelzschicht auf den Wert der Unterkante des Bright Band, dBZ_k, gesetzt. Zusätzlich werden die Werte oberhalb der Schmelzschicht ($h > h_O$) um einem mit der Höhe linear zunehmenden Betrag mit einer Änderung von 6 dB/km erhöht. Die Reflektivitätswerte, die aus Schichten unterhalb der Schmelzschicht stammen, wo somit flüssiger Niederschlag fällt, werden unkorrigiert verwendet (vgl. Hannesen, 1998).
Die Berechnung der korrigierten Reflektivitätswerte $dBZ_{\mathrm{Korr}}(h)$ aus den un-

korrigierten Werten $dBZ(h)$ lässt sich demnach folgendermaßen zusammenfassen

$$dBZ_{\text{Korr}}(h) = \begin{cases} dBZ(h) & \text{für} \quad h < h_K \\ dBZ(h_K) & \text{für} \quad h_K \leq h \leq h_O \\ dBZ(h) + 6 \text{ dB/km } (h - h_O) & \text{für} \quad h > h_O \end{cases} \quad (3.52)$$

Wie beschrieben werden nur die Elevationen mit einem Winkel größer als 6° und kleiner als 20° den vorgestellten Analysen unterzogen. Dennoch können auch die Reflektivitäten der übrigen Elevationen durch das Bright-Band beeinflusst sein und werden daher unter Zuhilfenahme der abgeleiteten Mittelwerte für die Höhe h_O und h_K von Ober- und Unterkante sowie der mittleren Reflektivitätsamplitude korrigiert. Dazu werden

- die Reflektivitätsdaten aus Höhen unterhalb des Bright-Band unkorrigiert übernommen,
- die Reflektivitätsdaten aus Höhen oberhalb des Bright-Band mit dem folgenden höhenabhängigen Betrag korrigiert und

$$dBZ_{\text{Korr}} = dBZ(h) + 6dB/km(h - h_O)$$

- die Reflektivitätsdaten der Schmelzschicht werden um den Betrag einer Dreiecksfunktion $F_D(h)$ reduziert

$$dBZ_{\text{Korr}} = dBZ(h) - F_D(h) \qquad \text{mit } F_D(h) = dBZ_D f(h)$$

Die normierte Funktion $f(h)$ hat Nullstellen an Ober- und Unterkante des Bright-Band und erreicht ihr Maximum in der Mitte der Schmelzschicht. Die Amplitude dBZ_D der Funktion F_D ist die mittlere Amplitude des Hellen Bandes, die mit dem Quotienten aus der Anzahl der gefundenen Bright-Band-Signaturen und der maximal möglichen Bright-Band-Siganturen multipliziert wird.

Partielle Abschattung des Radarstrahls an orographischen Hindernissen

Auch wenn durch Hannesen (1998) gezeigt wurde, dass die partielle Abschattung an orographischen Hindernissen wie Gebirgszügen erst ab einer Entfernung von 60 km vom Radarstandort einen gravierenden Einfluss auf die Bestimmung der Bodenregenrate besitzt, werden die Reflektivitätsdaten

Tabelle 3.3: Korrektur der Reflektivitätswerte anhand des Grads der partiellen Abschattung des Radarstrahls, nach Fulton *et al.* 1998

Abschattung [%]	Korrektur der Reflektivität ΔdBZ
0 - 10	0
11 - 29	+ 1
30 - 43	+ 2
44 - 55	+ 3
56 - 60	+ 4

auf Abschattungseffekte untersucht.
Da in dieser Arbeit lediglich Daten von Bodenstationen, die in einer Entfernung von maximal 60 km vom IMK-C-Band-Radar liegen, herangezogen werden, wird lediglich eine vereinfachte Abschattungskorrektur durchgeführt (vgl. Fulton *et al.* 1998).

Zur Berechnung des Grads der Abschirmung wird zunächst der Strahldurchmesser D nach

$$D = 2R\tan(\Phi_{3\mathrm{dB}}) \tag{3.53}$$

mit dem Abstand R vom Radar und der 3dB-Keulenbreite $\Phi_{3\mathrm{dB}}$ ermittelt.

Des Weiteren wird die Höhe der Orographie durch Daten mit einer horizontalen Auflösung von 125 m bestimmt und mit der Höhe der Hauptachse des Radarstrahls bzw. des Durchmessers des Kegels verglichen. Anschließend wird die Differenz $\Delta h = h_{\mathrm{Strahl}} - h_{\mathrm{Orographie}}$ dieser beiden Höhen gebildet und mittels des Quotienten aus dem halben Strahldurchmesser D sowie der Höhendifferenz Δh der Grad der Abschattung berechnet.

Die Korrektur der Reflektivitätswerte wird gemäß der in Tabelle 3.3 dargestellten Korrekturwerte nach

$$\mathrm{dBZ}_{korr} = \mathrm{dBZ}_{gem} + \Delta\mathrm{dBZ} \tag{3.54}$$

vorgenommen.

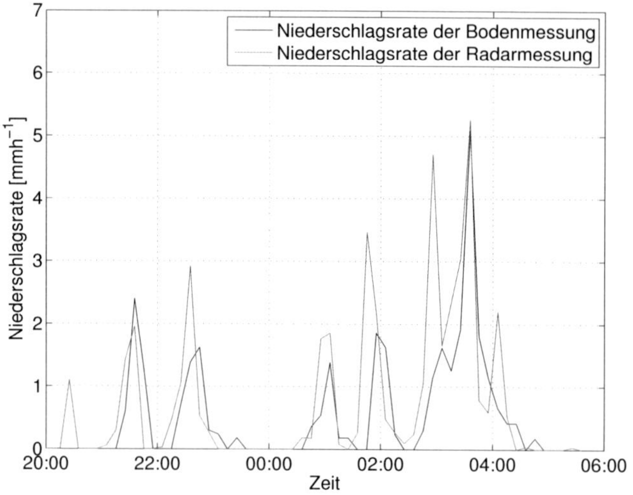

Abbildung 3.3: Vergleich von Niederschlagsraten für den Zeitraum vom 05.01.05, 20:00 bis 06.01.05, 06:00, die durch das Radar (blaue Kurve) bzw. durch die Bodenstation (schwarze Kurve) ermittelt wurden. Der zeitliche Versatz zwischen beiden Kurven beträgt 5 Minuten. Dennoch detektiert das Radar den einsetzenden Niederschlag deutlich früher als die Bodenstation.

3.2.3 Zeitlicher Versatz der Niederschlags-Reflektivitäts-Paare

Da die Reflektivität im Gegensatz zu den Vergleichsdaten der DWD-Niederschlagsstationen nicht am Boden, sondern in einer entfernungsabhängigen Höhe gemessen wird, tritt ein zeitlicher Versatz Δt zwischen beiden Messgrößen auf, der in diesem Abschnitt bestimmt wird. Dazu werden verschiedene Werte des zeitlichen Versatzes zwischen Radar- und Bodenmessung in die Ableitung der Niederschlags-Reflektivitäts-Paare eingebaut und anschließend der Korrelationskoeffizient bestimmt.

In Abbildung 3.3 ist der zeitliche Verlauf der Niederschlagsrate für den Zeitraum vom 05.01.05, 20:00 bis 06.01.05, 06:00 dargestellt. Ein zeitlicher Ver-

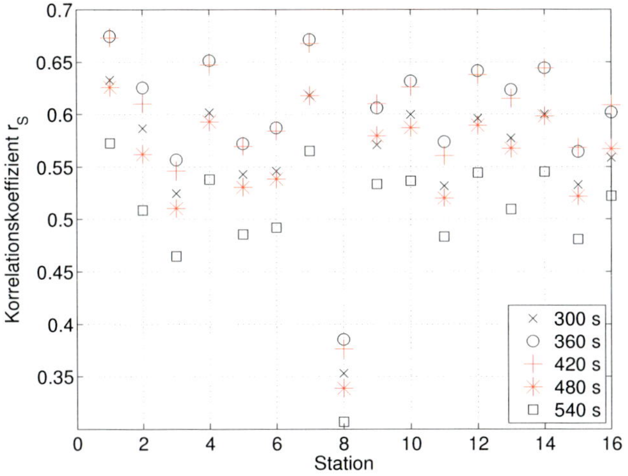

Abbildung 3.4: Die nach Spearman bestimmten Korrelationskoeffizienten für alle betrachteten Stationen mit einem zeitlichen Versatz beider Messwerte zwischen 5 und 9 Minuten

satz von 5 Minuten zwischen der Bodenmessung und der Messung der Reflektivität ist bereits berücksichtigt. Die Reflektivität Z wurde mit $Z = 300R^{1.5}$ in die Niederschlagsrate R umgerechnet. Aus der Abbildung geht deutlich hervor, dass die betrachtete Bodenstation die Niederschläge trotz des bereits verwendeten Versatzes von 5 Minuten verzögert registriert und ein zeitlicher Versatz $\Delta t = 5$ min daher noch nicht ausreichend ist.

Der genaue zeitliche Versatz Δt zwischen Bodenstation und dem Niederschlagsradar wurde durch den Rangkorrelationskoeffizienten nach Spearman r_S bestimmt. Zu diesem Zweck wurde der Korrelationskoeffizient r_S zwischen der aus den Reflektivitäten abgeleiteten Niederschlagsrate und der am Boden gemessenen Niederschlagsrate für jede der 16 Stationen für einen zeitlichen Versatz zwischen Radar- und Bodenmessung zwischen 5 und 9 Minuten berechnet.
Abbildung 3.4 zeigt die so bestimmten Korrelationskoeffizienten r_S. Aus ihr geht hervor, dass die maximale Korrelation zwischen Radar- und Bodenmessung bei einem zeitlichen Versatz zwischen 6 und 7 Minuten gefunden wird.

Für diese beiden zeitlichen Verschiebungen Δt liegt der Korrelationskoeffizient r_S je nach Station zwischen 0.55 und 0.7 ($\overline{r}_S \approx 0.61$), eine Ausnahme bildet die Station 8, für die eine deutlich verringerte Korrelation zwischen beiden Niederschlagsraten ermittelt wird. Diese Station wird daher für die Auswertungen ab Kapitel 5 nicht verwendet.

Durch Vergleich der Stationshöhen und der Höhe des Radarstrahls oberhalb der jeweiligen Station und unter Berücksichtigung des ermittelten zeitlichen Offsets Δt von im Mittel 6 Minuten kann eine mittlere Fallgeschwindigkeit der Tropfen $\overline{v}_{Fall}$ ermittelt werden. Diese Fallgeschwindigkeit ist nicht mit den experimentell ermittelten durchmesserabhängigen Fallgeschwindigkeiten der Tropfen, wie sie beispielweise durch Gleichung 2.26 approximiert sind, identisch, sondern wird u.a. durch Vertikalwinde beeinflusst und nimmt daher deutlich geringere Werte an.

Diese Ergebnisse sind in Tabelle 3.4 zusammengestellt und zeigen vor allem die niedrigen Fallgeschwindigkeit der Niederschlagspartikel, die über alle Stationen gemittelt bei etwa 2.3 m/s und somit etwa in der Größenordnung von Schnee liegt (vgl. Kapitel 2.3) liegt.
Trotz dieser ermittelten Fallgeschwindigkeiten, die allesamt zu niedrig für (flüssigen) Niederschlag sind, wird aufgrund der maximierten Korrelation zwischen Reflektivität und Niederschlagsintensität am Boden in den Auswertungen der folgenden Kapitel eine zeitliche Verschiebung vo $\Delta t = 6$ min verwendet.

3.2.4 Effekt der Korrekturen auf die Niederschlagsintensitäten

Nachdem die Einflüsse des zeitlichen Versatzes zwischen der am Boden gemessenen Niederschlagsrate und der Radarreflektivität auf die Korrelation zwischen den beiden Meßgrößen skizziert wurde, sollen in diesem Abschnitt die Effekte der kapiteleingangs beschriebenen Korrekturverfahren der Reflektivitätrohswerte in Bezug auf partielle Abschattung sowie Bright-Band-Effekte aufgeführt werden.

Dazu wurden Streudiagramme der Niederschlagsintensitäten, die einerseits an den Bodenstationen gemessen und andererseits aus den Radarrohdaten bzw. korrgierten Radarreflektivitäten abgeleitet wurden, für den Zeitraum

Tabelle 3.4: Lage der DWD-Niederschlagsstationen sowie Vergleich der Stationshöhe h_{Station} mit der Höhe des Radarstrahls h_{Strahl} an den Koordinaten der Station. Die mittleren Fallgeschwindigkeiten $\overline{v}_{Fall}$ wurden aus der Höhendifferenz Δh und dem ermittelten zeitlichen Versatz Δt bestimmt.

Nr.	Station	h_{Station} [m]	h_{Strahl} [m]	Δh [m]	$\overline{v}_{Fall}$ [m/s]
1	Baden-Baden Geroldsau	240	1052	812	2.26
2	Bad Bergzabern	252	817	565	1.57
3	Bad Dürkheim	107	1125	1018	2.83
4	Eppingen-Elsenz	220	794	574	1.59
5	Grünstadt	160	1401	1241	3.44
6	Heidelberg	110	992	882	2.45
7	Hirschthal	205	1261	1056	2.93
8	Pforzheim-Ispringen	333	681	348	0.97
9	Renningen Ihinger-Hof	478	1311	834	2.32
10	Rheinau Memprechtshofen	131	1427	1296	3.60
11	Rülzheim	105	402	297	0.83
12	Sachsenheim	250	1211	961	2.67
13	Waghäusel-Kirrlach	105	529	424	1.18
14	Neubulach-Oberhaugstett	570	1312	742	2.06
15	Worms	88	1414	1326	3.68
16	Mannheim (WEWA)	96	1199	1103	3.06

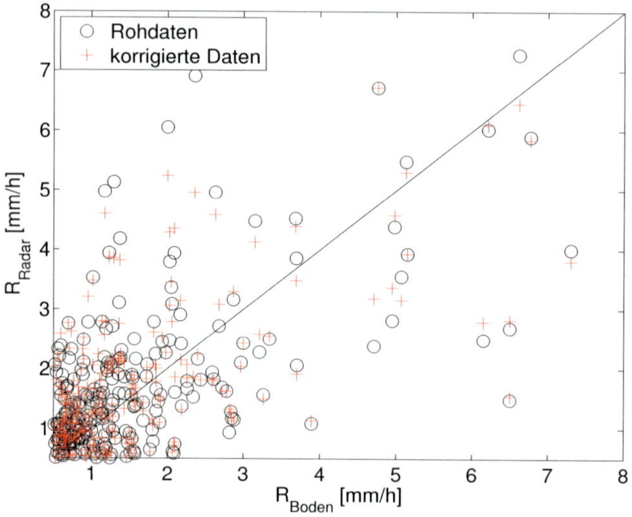

Abbildung 3.5: Streudiagramm der stündlichen Niederschlagsraten, die aus korrigierten Radarreflektivitäten bzw. den Radarrohdaten abgeleitet wurden, als Funktion der zugehörigen Bodenwerte für den Zeitraum vom 01.-31.01.05 für alle 16 betrachteten Stationen.

vom 01. bis zum 31. Januar 2005 dargestellt. Die Ableitung der Niederschlagsintensitäten aus den Radardaten erfolgte anhand der am IMK zu dieser Jahreszeit verwendeten Z-R-Beziehung $Z = 300R^{1.5}$. Des Weiteren wurden lediglich die Zeitintervalle verwendet, deren am Boden gemessene Niederschlagsrate einen Wert von 0.5 mm/h überstieg.

In Abbildung 3.5 sind die so ermittelten Niederschlagsintensitäten in einem Streudiagramm als Funktion der zugehörigen Bodendaten dargestellt. Deutlich wird, dass die Bright-Band- und Abschattungskorrektur die Übereinstimmung zwischen den aus Reflektivitäten abgeleiteten und am Boden gemessenen Niederschlagsintensitäten erhöht. Es stellt sich heraus, dass die abgeleiteten Niederschlagsintensitäten oberhalb der Winkelhalbierenden durch die Bright-Band-Korrektur tendenziell reduziert werden. Dagegen bewirkt vor

allem die Abschattungskorrektur eine Anhebung der Niederschlagsintensitäten, die im Vergleich zu den am Boden bestimmten Intensitäten zu geringe Werte aufweisen. Somit konzentrieren sich die Niederschlagspaare nach erfolgter Korrektur der Radarrohdaten stärker um die Winkelhalbierenden als ohne Korrektur und dokumentieren damit die bessere Übereinstimmung zwischen gemessener und abgeleiteter Niederschlagsintensität.
Diese bessere Übereinstimmung zeigt sich auch in der höheren Korrelation zwischen zwischen abgeleiteter und gemessener Niederschlagsrate, die sich durch die Korrektur der Rohwerte von 0.77 auf 0.80 erhöht. Neben der Korrektur der Radarrohwerte wurden systembedingte Fehler, wie z.B. Strahlverbreitung, durch die Entfernungslimitierung der Bodenstationen auf 60 km vom Radarstandort vermieden.
Für den weiteren Verlauf der Auswertungen gilt, dass alle verwendeten Reflektivitäten nach dem in diesem Kapitel vorgestellten Muster korrigiert und erst im Anschluss an die Korrektur die relevanten Parameter abgeleitet wurden.

Kapitel 4

Einteilung der Niederschlagsereignisse durch Radarobservable

Ziel der Untersuchungen dieses und des nachfolgenden Kapitels ist es, einen Algorithmus zu entwickeln, der die Niederschlagsrate $R(\vec{r}_0, t_0)$ an einem Ort $\vec{r}_0$ und zu einem Zeitpunkt t_0 unter Berücksichtigung weiterer Charakteristika, die aus dem Reflektivitätsfeld abgeleitet sind, besser aus dem Reflektivitätsfeld $Z(\vec{r}, t)$ bestimmt, als dies zur Zeit auf Basis einer einfachen Z-R-Beziehung der Form $Z = aR^b$ möglich ist.

In einem ersten Schritt wird daher zunächst eine Einteilung der Niederschläge anhand von Radarsignaturen in verschiedene Niederschlagsklassen durchgeführt. Dazu wird das gesamte Gebiet, das vom Radar erfasst wird, zur Charakterisierung des Niederschlagsereignisses zunächst großräumig analysiert. Motivation dieser Maßnahme ist, dass stratiforme Niederschläge im Reflektivitätsbild eine andere Struktur haben als konvektive. So erwartet man im stratiformen Fall relativ langanhaltenden Niederschlag mit einer eher flächigen, ausgedehnten Struktur mit geringerer Vertikalerstreckung als im konvektiven Fall, in dem kleinräumige hochreichende konvektive Zellen mit kräftigen kurzen Niederschlägen vorherrschen dürften. Eine detaillierte Beschreibung der unterschiedlichen Charakteristika konvektiver und stratiformer Niederschläge findet sich in Abschnitt 2.3.

Um die angestrebte Klassifikation zu erreichen, wird das Messgebiet zunächst in zusammenhängende Niederschlagsgebiete aus Radar-Bins mit einer Reflektivität größer als 15 dBZ eingeteilt, und innerhalb dieser Gebiete die Kriterien zur Einteilung der unterschiedlichen Niederschlagssituation direkt aus den Volumendaten abgeleitet.

4.1 Überblick über bisherige Arbeiten

Ein großer Anteil der ersten Arbeiten, die eine Unterscheidung zwischen konvektiven und stratiformen Niederschlägen behandelten, verwendeten Niederschlagsdaten, die aus Bodenmessungen abgeleitet wurden (vgl. Austin & Houze (1972) bzw. Houze (1973)). In diesen Arbeiten werden konvektive Bedingungen durch Übersteigen eines Grenzwertes der Niederschlagsrate festgelegt („background-exceedence-technique“, BET) und somit der Kern einer konvektiven Zelle detektiert.

Eine Erweiterung der BET präsentieren Churchill & Houze (1984) durch die Anwendung auf Radardaten zur Identifizierung von konvektiven Zellen. Während sie einen Kreis mit festem Radius um eine identifizierte Zelle legen, um deren Einflussbereich zu bestimmen, verwenden Steiner *et al.* (1995) einen variablen Radius, der von dem Betrag der Reflektivität abhängt. Ihre Analysen, die anhand von auf ein kartesisches Gitter interpolierten Radardaten in 1,5 und 3 km Höhe für Entfernungen von 100 bzw. 150 km vom Radar durchgeführt werden, umfassen drei Schritte. In einem ersten Durchgang werden alle auf ein kartesisches Gitter interpolierten Reflektivitätswerte größer als 40 dBZ als konvektiv eingestuft. Der zweite Arbeitsschritt vergleicht die einzelnen Reflektivitätswerte mit dem Mittelwert aller Werte innerhalb eines Radius von 11 km und stuft die Gitterpunkte als konvektiv ein, deren Reflektivitätswert oberhalb des Mittelwerts liegt. Abschließend wird für jeden Punkt, der durch eines der beiden Kriterien als konvektiv eingestuft wurde, ein vom Betrag der Reflektivität abhängiger Radius bestimmt und somit die Fläche um den konvektiven Punkt ebenfalls als konvektiv klassifiziert. Alle Gitterpunkte, die durch diese Klassifizierung nicht erfasst wurden, werden als stratiform eingestuft. In diesem Ansatz wird allerdings die vertikale Struktur des Niederschlags nicht berücksichtigt.

Eine alternatives Verfahren, das auch die vertikale Reflektivitätsstruktur in die Untersuchungen einbezieht, zeigen Biggerstaff & Listemaa (2000), deren Algorithmus auf dem von Steiner *et al.* (1995) aufbaut und nur in einigen Punkten modifiziert ist. Die wichtigste Änderung ist die Berücksichtigung des vertikalen Gradienten von Z, genauer gesagt die Abnahme der Reflektivität

in einer Schicht drei Kilometer oberhalb des Reflektivitätsmaximums. Darüber hinaus wird das generelle Einstufen von Reflektivitätswerten oberhalb von 40 dBZ als konvektiv verworfen und an dessen Stelle der radiale Gradient sowie ein Bright-Band Anteil (bright-band-fraction, BBF) ähnlich dem in Rosenfeld *et al.* (1995) eingeführt. Durch diese Modifikationen können zwei Schwachstellen des Algorithmus von Steiner *et al* (1995), die Klassifizierung von starken stratiformen Niederschlägen als konvektive Ereignisse sowie die Einordnung von Randbereichen konvektiver Zellen als stratiforme Anteile, beseitigt werden.
Durch Vergleich mit der Klassifizierung von Steiner *et al* (1995) ergeben sich folgende Kriterien für die Einstufung der Niederschlagsereignisse. So werden Punkte als stratiform bezeichnet wenn

- der horizontale Reflektivitätsgradient kleiner als 3,5 dB/km, der vertikale Gradient der Reflektivität größer als 3.5 dB/km und die lokale Reflektivität kleiner als 35 dBZ **oder**
- die Reflektivität kleiner als 28 dBZ, der horizontale Reflektivitätsgradient kleiner als 3 dB/km sowie der BBF größer als 0.6 ist.

Demgegenüber werden Punkte als konvektiv eingestuft, wenn entweder der horizontale Gradient der Reflektivität größer als 3 dB/km ist oder sowohl BBF kleiner als 0.4 als auch der horizontale Reflektivitätsgradient kleiner als 0.4 dB/km ist.

Einen weiteren Ansatz verfolgen Rosenfeld *et al.* (1995), die das vom Radar erfasste Gebiet in mehrere Sektoren der Größe 7 km $\times$ 11° einteilen und verschiedene Parameter für diese Sektoren, nämlich den radiale Gradienten der Reflektivität, den BBF sowie ein Maß für die Wolkentiefe („effective efficiency", E_e), das sich aus den Wasserdampfmischungsverhältnissen an der Wolkenbasis und -obergrenze bestimmt, ermitteln. Die zum Vergleich herangezogenen Niederschlagsdaten werden aus drei Bodenmessungen, die jeweils drei Minuten umfassen und um den Zeitpunkt des Radar-Scans zentriert sind, gewonnen. Rosenfeld *et al.* (1995) finden dabei, dass insbesonders die durch E_e ausgedrückte Echotop-Höhe einen großen Einfluß auf die Verteilung der Niederschlagsintensität besitzt. Daneben kann gezeigt werden, dass, unabhängig von E_e, Niederschlagsintensitäten $R < 10$ mm/h mit großem Bright Band-Anteil sowie radialen Gradienten < 6 dB km^{-1} einhergehen und somit als stratiform eingestuft werden.

Awaka *et al.* (1997) präsentieren eine weitere Methode der Klassifizierung von Niederschlagsereignissen wird durch den PR 2A23-Algorithmus des TRMM-Satelliten (Tropical Rainfall Measuring Mission). Dessen wichtigste Klassifizierungsparameter sind die Existenz eines Bright-Band sowie die Reflektivität unterhalb des Bright-Band. Liegt ein Bright-Band zusammen mit einer geringen Reflektivität in Bodennähe vor, so wird das Ereignis als stratiform eingestuft. Als konvektiv werden dagegen die Ereignisse klassifiziert, die entweder keine Bright-Band-Signaturen aufweisen oder durch große Reflektivitäten unterhalb der Bright-Band-Höhe gekennzeichnet sind. Neben den Bright-Band-Signaturen wird die horizontale Variabilität der Reflektivität als Klassifizierungsparameter herangezogen.

Anagnostou (2004) entwickelt eine zusätzliche Möglichkeit der Einteilung von Niederschlägen in konvektive, stratiforme und weitere Ereignisse. Dazu werden aus dem Reflektivitätsfeld sechs Parameter abgeleitet. Diese sind: die Höhe der Echotops, die Reflektivität in einer Höhe von 2 km, die Höhendifferenz zwischen dem Echotop und der Höhe der maximalen Reflektivität, die horizontale Standardabweichung der Reflektivität, der vertikale Gradient der Reflektivität sowie das Produkt aus Echotop und der maximalen Reflektivität. Anschließend werden die normierten Parameter mittels neuronaler Netze auf Muster analysiert und somit die Einteilung der Niederschläge in die drei Klassen vorgenommen.

4.2 Beschreibung der charakterisierenden Parameter

In der vorliegenden Arbeit werden zur Klassifizierung insgesamt 15 Parameter aus den Volumendaten abgeleitet, die am Boden mit mindestens 5 % der gesamten Meßfläche (Radius 120 km) mit Niederschlag, das heißt mit einer Reflektivität von mindestens 15 dBZ, bedeckt sind. Mit der Einführung dieses Schwellenwertes wird verhindert, dass Niederschlagsereignisse, die sich noch in der Entstehungsphase befinden oder bereits am Absterben sind, einen zu großen Einfluss auf die Klassifizierungsparameter ausüben. Durch diese Einschränkung stehen noch 12305 der insgesamt etwa 26000 Volumenscans für die Auswertungen zur Verfügung. Damit wird in etwa 25 % der insgesamt 8760 Stunden, die der Auswertezeitraum von einem Jahr umfasst, die erforderten Bedingungen von einem flächenhaften Anteil des Niederschlags von 5 % des Meßgebiets erfüllt.

Bevor im weiteren Verlauf des Kapitels die Einteilung der Niederschlagsklassen anhand einer Auswahl der vorgestellten Parameter sowie Methoden der multivariaten Statistik vorgenommen wird, wird im folgenden Unterkapitel zunächst die Ableitung der Klassifizierungsparameter aus den Volumendaten beschrieben.

4.2.1 Anzahl und Größe zusammenhängender Niederschlagsgebiete

Bei der Bildung zusammenhängender Niederschlagsgebiete wurden nur Radar-Bins mit Reflektivitäten größer als 15 dBZ berücksichtigt, da die Echos ansonsten nicht von Niederschlag sondern auch von anderen Quellen, beispielsweise Klarluftechos, stammen könnten.
Das Reflektivitätsfeld wird dazu nach folgendem Muster analysiert:

1. Die Daten von einzelnen Elevationen werden zunächst rigide getrennt behandelt, eine Zusammenfassung der Daten aller Höhenwinkel erfolgt erst im letzten Schritt.

2. Entlang eines einzelnen Radarstrahls ($\theta, \phi = \text{const.}$) werden radial nebeneinander liegende Messpunkte gesucht und diese verbunden. Durch diesen Schritt werden „Stäbchen" gebildet, die alle gleichen Azimutwinkel und den gleichen Elevationswinkel haben.

3. Im nächsten Schritt werden die „Stäbchen" benachbarter Radarstrahlen verbunden wenn mindestens ein Messpunkt der „Stäbchen" den gleichen Abstand r zum Radar aufweist.

4. Um die Anzahl und den Einfluss sehr kleiner Gebiete zu minimieren, werden Niederschlagsgebilde, deren minimaler Abstand kleiner als 10 km ist, zusammengefügt, obwohl stellenweise das Kriterium $Z > 15$ dBZ nicht erfüllt ist.

5. Im nächsten Schritt werden die Polarkoordinaten (r, ϕ, θ) der Niederschlagsgebilde in kartesische Koordinaten (x, y, z) umgerechnet und, falls sich die bisher lediglich auf dem Kegelmantel bei konstanter Elevation ϕ ausgedehnten Gebiete benachbarter Elevationswinkel überschneiden, diese Flächen zu den Niederschlagsgebieten zusammengefügt.

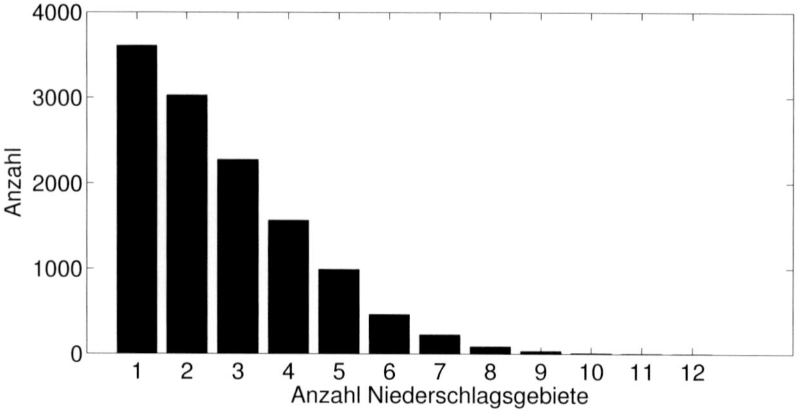

Abbildung 4.1: Histogramm der für das Jahr 2005 bestimmten Anzahl zusammenhängender Niederschlagsgebiete pro Volumenscan.

Nachdem die Niederschlagsgebiete so gebildet wurden, werden diejenigen Gebiete, die lediglich in einer Elevation gefunden werden oder nur eine geringe Anzahl an Azimutwinkeln überdecken, von den weiteren Untersuchungen ausgeschlossen.
Die aus dieser Analyse der Volumendaten abgeleiteten Parameter sind die Fläche und Anzahl der Niederschlagsgebiete. Ferner wird die Fläche der Niederschlagsgebiete kumuliert und somit der Flächenanteil des Meßgebiets bestimmt, der von Niederschlag bedeckt ist.

In Abschnitt 2.3 sind die Unterscheidungsmerkmale zwischen konvektiven und stratiformen Niederschlägen aufgeführt, wobei erwähnt wurde, dass stratiforme Niederschlagssysteme räumlich stärker ausgedehnt sind als konvektive Systeme, die aus einer größeren Anzahl konvektiven Zellen bestehen. Somit können sowohl die Fläche als auch die Anzahl der Niederschlagsgebiete als Unterscheidungsmerkmal zwischen beiden Niederschlagsarten herangezogen werden.
In Abbildung 4.1 ist die Verteilung der Anzahl der gefundenen Gebiete pro Volumenscan dargestellt. Aus dieser Abbildung geht hervor, dass das Auftreten einer großen Anzahl an Niederschlagsgebieten annähernd exponentiell abnehmend ist, und somit in den meisten Volumenscans lediglich wenig zu-

sammenhängende Niederschlagsgebiete gefunden werden. So werden bei Verwendung des Algorithmus lediglich in etwa 15 % der ausgewerteten 12305 Volumenscans mehr als vier Niederschlagsgebiete aufgefunden.

Der nächste Parameter, der aus den zusammenhängenden Niederschlagsgebieten abgeleitet wird, ist die Fläche der Niederschlagsgebiete. Eine Schwierigkeit bei der Flächenberechnung ist, dass das Radar mit zunehmender Entfernung schlechter auflöst. Daher wurden für die Flächenberechnung der Niederschlagsgebiete die Messpunkte zunächst nach der Entfernung sortiert und somit die „radiale Fläche” A_{rad} eines Messpunktes bestimmt

$$A_{rad} = \frac{\pi \Delta\theta}{360^\circ} \left[(r + 0.5dr)^2 - (r - 0.5dr)^2 \right] \tag{4.1}$$

mit dem Radius r und der radialen Auflösung dr. $\Delta\theta$ entspricht der Anzahl von Messpunkten mit gleichem radialen Abstand r vom Radar sowie benachbarten Azimutwinkeln θ, daher muss nicht zwingend $\Delta\theta = 1^\circ$ sein.
Diese „radialen Flächen” werden für alle Radar-Bins gebildet und anschließend die radialen Flächen A_{rad} eines Gebietes aufsummiert und somit die Fläche für das jeweilige Gebiet erhalten.

Im nächsten Schritt werden die so erhaltenen Flächen der Niederschlagsgebiete aufsummiert und durch die gesamte Meßfläche des Radars

$$A_{\text{Radar}} = \pi(120\text{km})^2 \approx 4.52 \times 10^4 \text{km}^2$$

dividiert, und somit der Flächenanteil der Niederschlagsgebiete an der gesamten Messfläche gebildet.

Aus Abbildungen 4.2 und 4.3 geht hervor, dass, obwohl nach Abbildung 4.1 in den meisten Volumenscans nur wenige Gebiete gefunden werden, die Größe der Gebiete dennoch relativ klein ist. Somit werden im Großteil der Volumenscans eine geringe Anzahl an Niederschlagsgebieten gebildet, deren maximale Größe eine Fläche von weniger als 5000 km^2 aufweist. Des Weiteren geht aus Abbildung 4.3 hervor, dass in einem Großteil der Volumenscans, die in die Untersuchungen eingeflossen sind, der Flächenanteil der Niederschlagsgebiete am gesamten vom Radar erfassten Meßgebiet weniger als 15 % ausmacht.

Aus diesen Abbildungen lässt sich daher ableiten, dass sich ein Niederschlagsgebiet langsam aufbaut, bis es seine maximale Ausdehnung erreicht hat und

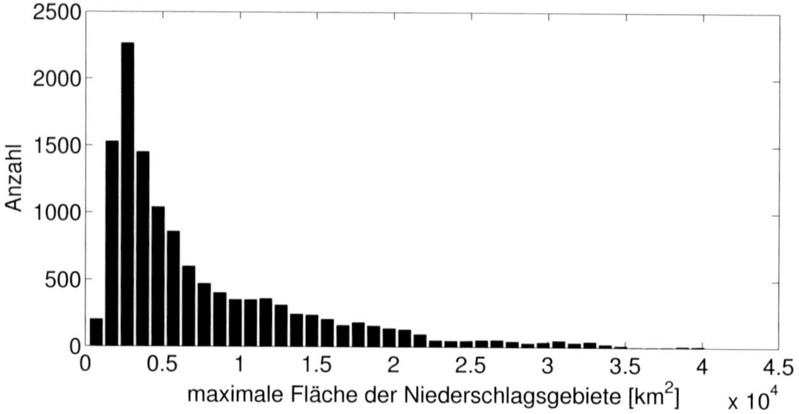

Abbildung 4.2: Histogramm der maximalen Fläche zusammenhängender Niederschlagsgebiete für das Jahr 2005.

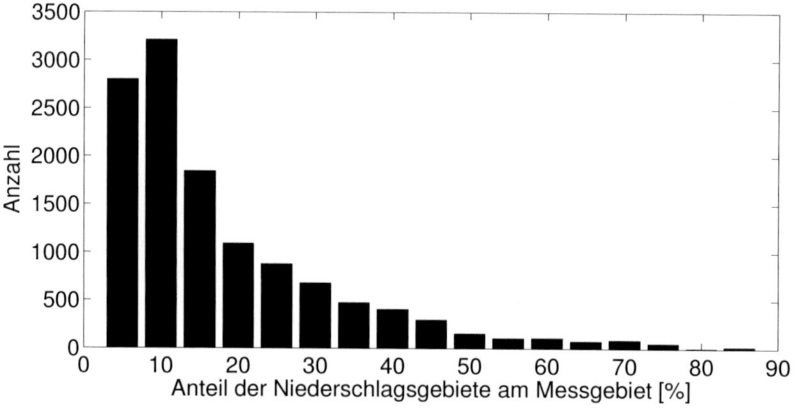

Abbildung 4.3: Histogramm des Flächenanteils der Niederschlagsgebiete an der gesamten Messfläche des Radars für das Jahr 2005.

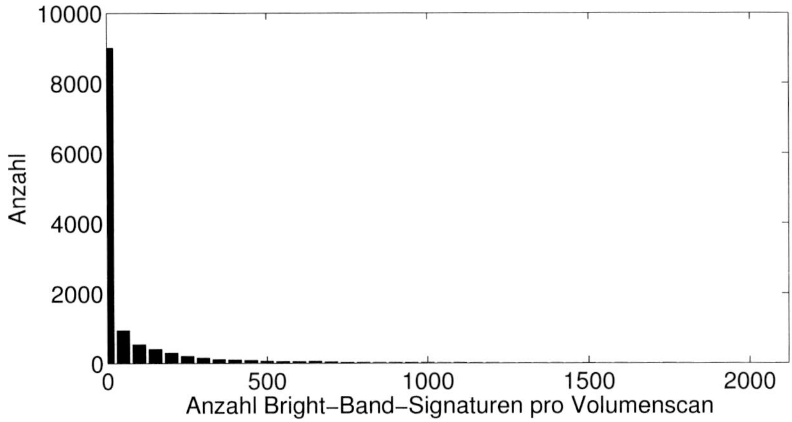

Abbildung 4.4: Histogramm der Anzahl der Bright-Band-Signaturen für das Jahr 2005

diese maximale Größe nur für eine kurze Zeitspanne aufrechterhalten werden kann, bis das Niederschlagsgebiet sich entweder aufgelöst hat oder aus dem Messbereich des IMK-Radars entfernt hat.

4.2.2 Das Bright-Band

Die Arbeitsschritte zur Detektion des Bright-Band wurden in Abschnitt 3.2.2 beschrieben. Neben dem korrigierten Reflektivitätsfeld erhält man die Amplitude, die Höhe und die Stärke des Hellen Bandes, die folgendermaßen bestimmt werden:

Die Stärke des Bright-Band ergibt sich aus der Differenz der Höhen der Ober- und Untergrenze der Schmelzschicht, also $\mathrm{h_O} - \mathrm{h_k}$.

Die Amplitude des Bright-Band ergibt sich durch die Differenzen der Reflektivitäten in den Höhen h_M und h_k, also $\mathrm{dBZ_M} - \mathrm{dBZ_k}$.

Die Höhe des Bright-Band ist in den weiteren Ausführungen die Höhe der maximalen Reflektivität $H_{Z_{max}}$.

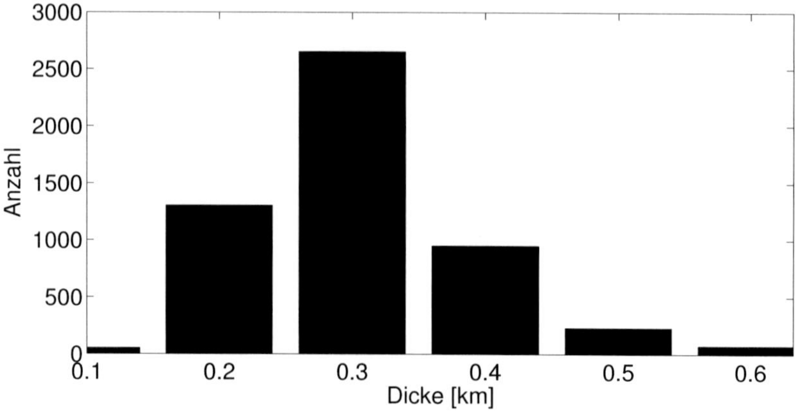

Abbildung 4.5: Histogramm der Stärke der gefundenen Bright-Band-Signaturen für das Jahr 2005

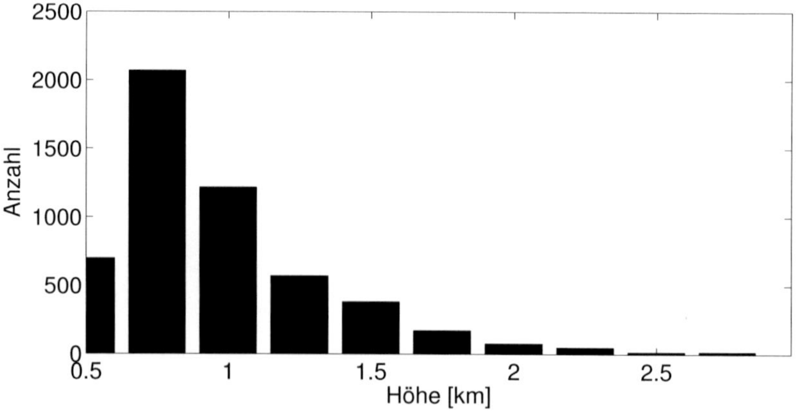

Abbildung 4.6: Histogramm der Höhe des Reflektivitätsmaximums der gefundenen Bright-Band-Signaturen für das Jahr 2005

In der Abbildung 4.4 ist die Anzahlverteilung der Bright-Band-Signaturen in allen Radardaten des Jahres 2005 dargestellt. Wie in allen Auswertungen wurden lediglich Volumenscans berücksichtigt, in denen die kumulierte Fläche der Niederschlagsgebiete mindestens 5 % der gesamten vom Radar erfassten Fläche beträgt. Aus der Abbildung geht hervor, dass in etwa 9000, also 2/3 der Volumenscans, die diese Bedingung erfüllen, keine Bright-Band-Signaturen aufgefunden werden. Diese Bright-Band-Signaturen weisen im Mittel eine Stärke von 300 m auf, in denen der Schmelzvorgang stattfindet (vgl. Abbildung 4.5). Als dritter Parameter, der aus den Bright-Band-Signaturen bestimmt wurde, ist in Abbildung 4.6 die Höhe des Bright-Bands, genauer des Maximums der Reflektivität, dargestellt. Dieses charakteristische Reflektivitätsmaximum wird in Höhen zwischen 500 und 3000 m und im Mittel in einer Höhe von 820 m aufgefunden.

4.2.3 Statistische Kennwerte der Reflektivität

Um das Niederschlagsereignis weiter zu charakterisieren, wurden drei statistische Maßzahlen, nämlich die maximale Reflektivität, die mittlere Reflektivität sowie die Standardabweichung der Reflektivität, gewählt, deren Bestimmung aus den Volumendaten im Folgenden näher beschrieben wird.
Für die Ableitung der statistischen Maße wird, wie auch für weitere Parameter, die im weiteren Verlauf des Kapitels diskutiert werden, mit der dritten Elevation bei 2° eine geringe aber von Bodenechos weitestgehend freie Elevation herangezogen.

In jedem Niederschlagsgebiet wird die maximale Reflektivität $Z_{max,\mathrm{Gebiet}}$ ermittelt, und aus diesen Einzelmaxima anschließend so die maximale Reflektivität des gesamten Volumenscans Z_{max} ermittelt. Dieses Vorgehen in zwei Schritten hat den Vorteil, dass die maximale Reflektivität des jeweiligen Gebietes auch noch mit anderen Größen, wie beispielsweise der Gebietsgröße, kombiniert und somit Korrelationen zwischen den einzelnen Kenngrößen bestimmt werden können.
Durch dieses Vorgehen bestünde des Weiteren die Möglichkeit, nicht den kompletten Datensatz eines Volumenscans zu klassifizieren, sondern jedes einzelne Niederschlagsgebiet einer Niederschlagsklasse zuzuordnen und somit eine klassenabhängige Relation zwischen der Niederschlagsrate am Boden und den im Kapitel 5 lokal abgeleiteten Parametern für jedes einzelne Gebiet zu entwickeln. Durch die geringe Anzahl der zur Verfügung stehenden Bodenstationen (siehe Abbildung 3.2) wird allerdings von dieser Möglichkeit

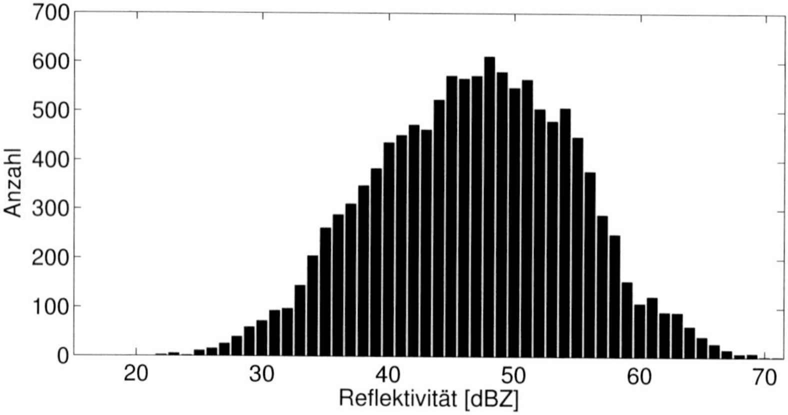

Abbildung 4.7: Histogramm der maximalen Reflektivitäten für das Jahr 2005

im weiteren Verlauf der Arbeit kein Gebrauch gemacht, sondern in den weiteren Ausführungen lediglich der komplette Volumenscan betrachtet.

Abbildung 4.7 zeigt die Anzahlverteilung der maximalen Reflektivitäten Z_{max}. Auffällig ist, dass das Anzahlmaximum der Reflektivität bei einer Reflektivität von fast 50 dBZ aufgefunden wird und in einem signifikanten Anteil der ausgewerteten Volumenscans maximale Reflektivitäten von über 53 dBZ detektiert werden. Reflektivitäten, die diesen Wert überschreiten, können durch Regen nicht mehr erklärt werden und sind charakteristisch für Hagelereignisse. In Fulton *et al.* (1998) werden daher Reflektivitäten dieser Größenordnung bei der Ableitung der Niederschlagsrate gefiltert. Dennoch sollen zur Verifikation der Niederschlagsklassen dieser Arbeit auch Reflektivitäten dieser Größenordnung betrachtet werden.

Die mittlere Reflektivität $\overline{Z}$ wird zunächst für jedes Niederschlagsgebiet durch

$$\overline{Z}_{\text{Gebiet}} = \frac{1}{n} \sum_{i=1}^{n} Z_{i,Z \geq 15\text{dBZ}} \tag{4.2}$$

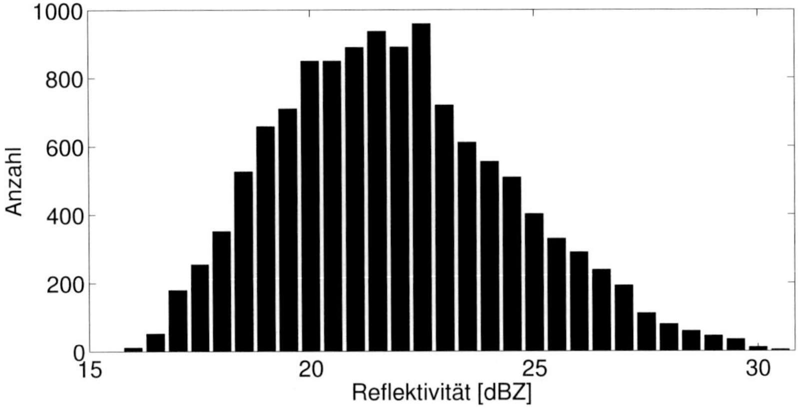

Abbildung 4.8: Histogramm der mittleren Reflektivitäten für das Jahr 2005

separat für eine Elevation von 2.0° gebildet. Die mittlere Reflektivität des Volumenscans ist dann ein mit der Gebietsgröße gewichtetes Mittel aus den gefundenen Einzelmittelwerten.

$$\overline{Z} = \sum \overline{Z}_{\text{Gebiet}} \frac{A_{\text{Gebiet}}}{\sum A_{\text{Gebiete}}} \tag{4.3}$$

Die Verteilung der mittleren Reflektivität (siehe Abbildung 4.8) erstreckt sich über einen Wertebereich zwischen 16 und 31 dBZ und weist ein Anzahlmaximum bei einer Reflektivität von 22 dBZ auf. Die zu größeren Reflektivitäten stark abgeflachte Verteilung resultiert daher, dass die hohen Reflektivitäten von über 50 dBZ, wenn überhaupt, nur sehr kleinräumig vorliegen, und der Großteil der Radar-Bins der Niederschlagsgebiete deutlich kleinere Reflektivitäten aufweist.

Die mittlere Reflektivität wird aufgrund der geringen Variabilität als nicht geeigneter Klassifizierungsparameter eingestuft und daher im weiteren Verlauf des Kapitels lediglich verwendet, um die vorgenommene Klassifikation zu verifizieren.

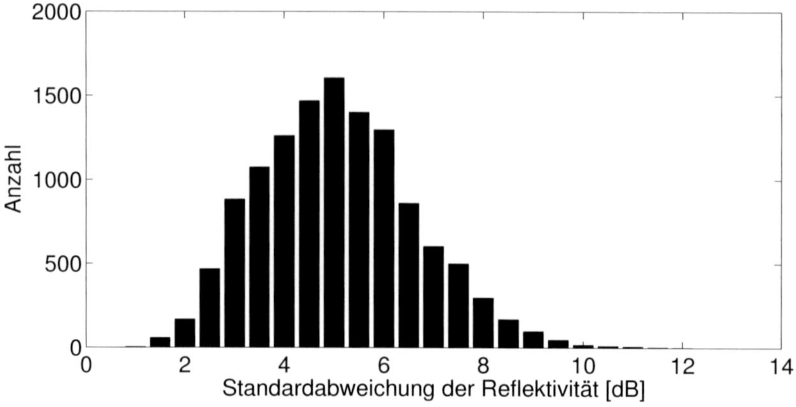

Abbildung 4.9: Histogramm der Standardabweichung der Reflektivität für das Jahr 2005

Die Standardabweichung $SD(Z)$ ergibt sich über

$$SD(Z) = \sqrt{\frac{1}{n-1}\sum_{i=1}^{n}\left(Z_{i,Z\geq 15\text{ dBZ}} - \overline{Z}\right)^2} \tag{4.4}$$

und ist ein Maß für die Streuung der Reflektivitäten um den Mittelwert $\overline{Z}$ und somit für die Homogenität des Niederschlagsereignisses.

Die Verteilung der Standardabweichung ist in Abbildung 4.9 dargestellt und zeigt, dass das Anzahlmaximum der Standardabweichung bei etwa 5 dB liegt. Daneben zeigt sich, wie auch schon für die mittlere Reflektivität $\overline{Z}$, eine enge Verteilung mit Werten bis maximal 12 dB, die auf eine geringe Variabilität der Reflektivitätswerte in den Volumenscans hinweist.

Im weiteren Verlauf des Kapitels wird u.a. die Anzahl der Bright-Band-Signaturen herangezogen um konvektive von stratiformen Niederschlägen zu trennen. Bei der Interpretation wird davon ausgegangen, dass konvektive Niederschläge eine relativ geringe Anzahl an Bright-Band-Signaturen aufweisen und in einem Großteil der Volumenscans, die einem konvektiven Ereignis zugehören, kein Bright-Band detektiert wird.
In diesem Abschnitt sollen daher Streudiagramme der Anzahl der Bright-

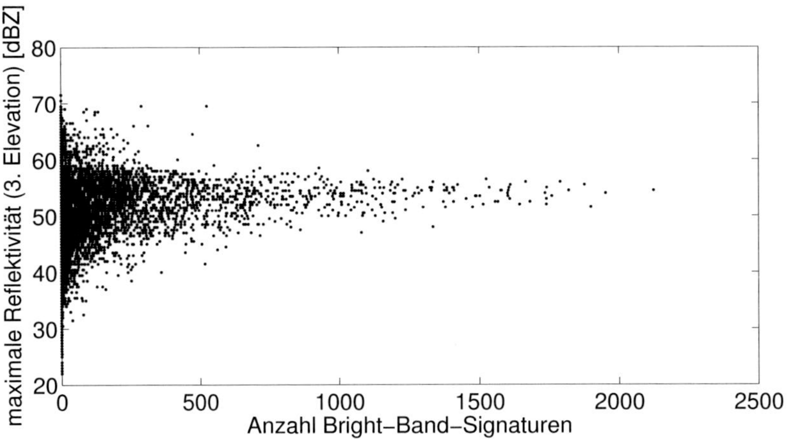

Abbildung 4.10: Streudiagramm der Anzahl der Bright-Band-Signaturen gegen die maximale Reflektivität für das Jahr 2005

Band-Signaturen gegen den jeweiligen betrachteten Parameter präsentiert werden. Diese Streudiagramme sollen einen ersten Hinweis auf das Verteilung des jeweiligen Parameters in konvektiven bzw. stratiformen Niederschlägen geben.

Entgegen der Vermutung, dass die maximale Anzahl der Bright-Band-Signaturen für geringe maximale Reflektivitäten Z_{max} zu finden ist, wird die maximale Anzahl an Signaturen für Reflektivitäten von etwa 53 dBZ aufgefunden (siehe Abbildung 4.10). Daneben zeigt die Abbildung, dass sich ein Bright-Band nahezu unabhängig von der maximalen Reflektivität des Volumenscans entwickeln kann. So werden vergleichbare Anzahlen an Bright-Band-Signaturen sowohl für sehr große als auch sehr kleine Werte der maximalen Reflektivität aufgefunden. Eine Erklärung der in Abbildung 4.10 dargestellten Zusammenhänge ist die eingelagerte Konvektion, die man auch in stratiformen Niederschlagsereignissen finden kann und somit den Wert für die maximale Reflektivität erhöht (vgl. Houze, 1997). Dagegen gibt es auch schwach konvektive Ereignisse, die lediglich geringe maximale Reflektivitäten aufweisen.

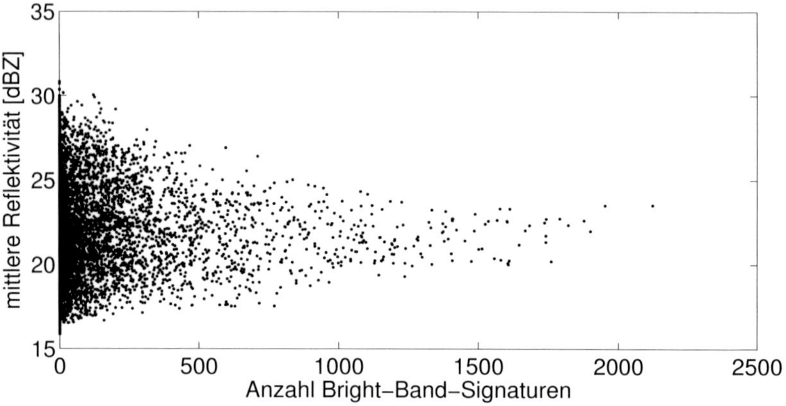

Abbildung 4.11: Streudiagramm der Anzahl der Bright-Band-Signaturen gegen die mittlere Reflektivität für das Jahr 2005

Auch in Abbildung 4.11 ist der erwartete Zusammenhang, geringe mittlere Reflektivitäten $\overline{Z}$ im Falle hoher Anzahl an Bright-Band-Signaturen, nicht auszumachen. So ist der Abbildung zu entnehmen, dass beinahe über den gesamten Wertebereich, über den sich die mittlere Reflektivität erstreckt, eine große Anzahl an Radarstrahlen vorliegen, die Bright-Band-Charakteristika aufweisen. Erneut muss als Erklärung für die große Streuung die eingelagerte Konvektion, durch die sich die maximale Anzahl der Bright-Band-Signaturen zu größeren mittleren Reflektivitäten verschiebt, herangezogen werden.

Das Streudiagramm 4.12 zwischen der Anzahl der Bright-Band-Signaturen sowie der Standardabweichung der Reflektivität $SD(Z)$ zeigt trotz der ebenfalls großen Streuung einen klaren Zusammenhang. So werden die größten Anzahlen an Bright-Band-Signaturen für Standardabweichungen kleiner als 6 dB gefunden. Für größere Standardabweichungen wird dagegen eine deutlich geringere Anzahl an Radarstrahlen je Volumen-Scan aufgefunden, die die in Abschnitt 3.2.2 geforderten Eigenschaften aufweisen. Dieser Zusammenhang bestätigt die Erwartung, dass stratiforme Ereignisse durch eine homogenere Reflektivitätsverteilung gekennzeichnet sind, und somit auch die Standard-

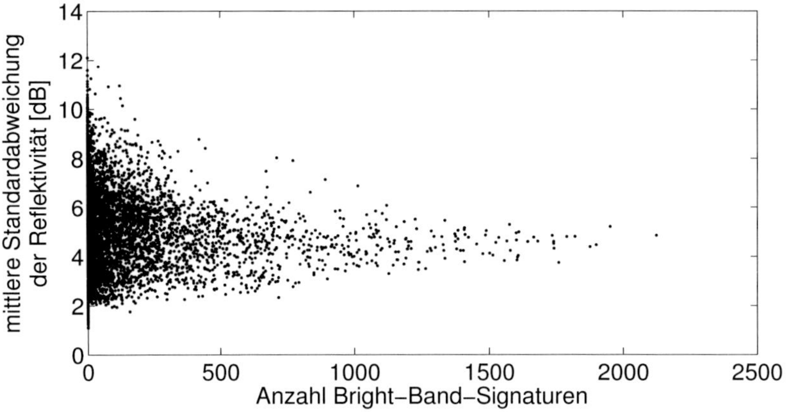

Abbildung 4.12: Streudiagramm der Anzahl der Bright-Band-Signaturen gegen die Standardabweichung der Reflektivität für das Jahr 2005

abweichung der Reflektivität geringere Werte aufweist, als in konvektiven Niederschlägen.

4.2.4 Der radiale Gradient der Reflektivität

Der radiale Gradient wird, wie einleitend beschrieben, in einigen Arbeiten als Klassifizierungsparameter zwischen stratiformen und konvektiven Ereignissen verwendet und auch in dieser Arbeit zur Einteilung der Niederschlagsereignisse herangezogen. So werden für stratiforme Niederschläge durch die homogenere Reflektivitätsverteilung, die sich, wie gezeigt, unter anderem in der Verteilung der Standardabweichung widerspiegelt, geringere radiale Gradienten als für konvektive Ereignisse erwartet.

Für jedes zusammenhängende Niederschlagsgebiet wird ein mittlerer radialer Gradient berechnet. Dazu wird entlang eines Radarstrahls der dritten Elevation bei 2.0° der Betrag der durchschnittlichen Differenz benachbarter

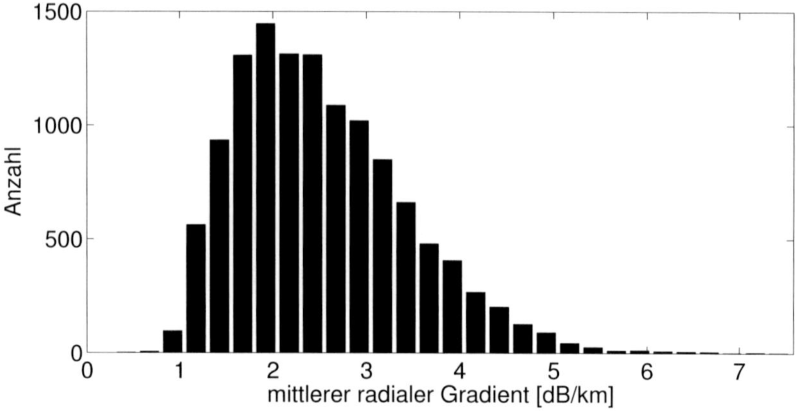

Abbildung 4.13: Histogramm des radialen Reflektivitätsgradienten für das Jahr 2005

Radar-Bins mit einer Mindestreflektivität von 15 dBZ gebildet und durch ihren Abstand D dividiert,

$$\frac{\partial Z}{\partial D} \approx \frac{1}{n-1} \sum_{i=1}^{n} \frac{|Z_{i,Z\geq 15\mathrm{dBZ}} - Z_{i+1,Z\geq 15\mathrm{dBZ}}|}{D_{Z_{i,Z\geq 15\mathrm{dBZ}},Z_{i+1,Z\geq 15\mathrm{dBZ}}}} \tag{4.5}$$

Wie die Verteilung der mittleren Reflektivität (Abb. 4.8) ist auch die Verteilung in Abbildung 4.13 sehr eng mit einem Maximalwert von 7 dB/km. Das Häufigkeitsmaximum liegt bei etwa 2 dB/km. Dieser Wert ist kleiner als die radialen Gradienten, die in anderen Arbeiten angegeben werden und die ebenfalls eine Trennung verschiedener Niederschlagssituationen beinhalten (Rosenfeld *et al.* 1995), deckt sich aber sehr gut mit den Werten von Hannesen (1998).

In Abbildung 4.14 ist die Anzahl an Bright-Band-Signaturen als Funktion des radialen Gradienten aufgetragen. Aus dieser Abbildung wird deutlich, dass die maximale Anzahl an Bright-Band-Signaturen für geringe radiale Gradienten zwischen 1 und 2 dB/km zu finden ist, während sich für große radiale Gradienten nur noch sehr wenige Signaturen auffinden lassen. Dieses Ergebnis bestätigt eingangs angenommenen Zusammenhang zwischen Niederschlagstyp sowie mittlerem radialen Gradienten und verdeutlicht die

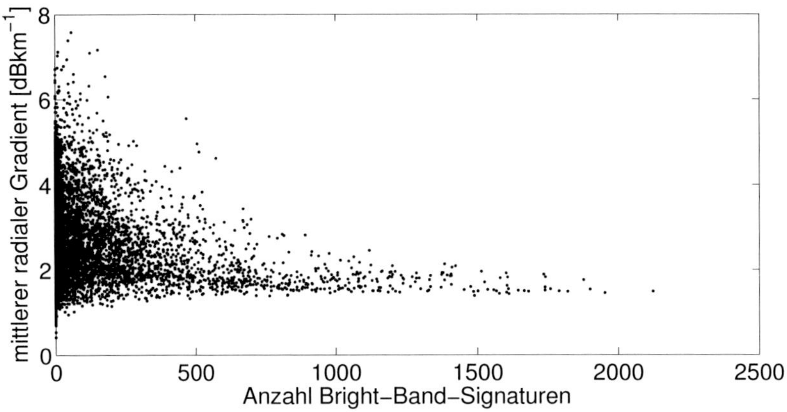

Abbildung 4.14: Streudiagramm der Anzahl der Bright-Band-Signaturen gegen den radialen Reflektivitätsgradienten für das Jahr 2005

Möglichkeit, anhand der beiden in Abbildung 4.14 dargestellten Parameter Niederschlagsereignisse in Klassen einzuteilen.

4.2.5 Differenzen der Reflektivität für verschiedene Höhen

Die Differenzen der Reflektivität zwischen 7 km bzw. 4 km und 2 km Höhe wurden gebildet, um die Vertikalstruktur des jeweiligen Niederschlagsereignisses erfassen zu können. Die Möglichkeit der Unterscheidung zwischen den Niederschlagsregimen durch die beiden Parameter wird dadurch ermöglicht, dass konvektive und stratiforme Niederschläge, wie in Abschnitt 2.3 skizziert, eine unterschiedliche Vertikalstruktur besitzen. Während konvektive Niederschläge in der Regel hochreichend sind, sind stratiforme Ereignisse vor allem durch geringe Echotop-Höhen und somit durch eine wenig ausgeprägte vertikale Ausdehnung gekennzeichnet. Aus diesem Grund sollte die Differenz bei konvektiven Niederschlägen zwischen 4 km und 2 km gering sein, bei starker Konvektion auch die zwischen 7 km und 2 km Höhe. Im Gegensatz dazu ist in stratiformen Niederschlägen besonders in 7 km ein deutlich geringerer Wert der Reflektivität als in 2 km zu erwarten.

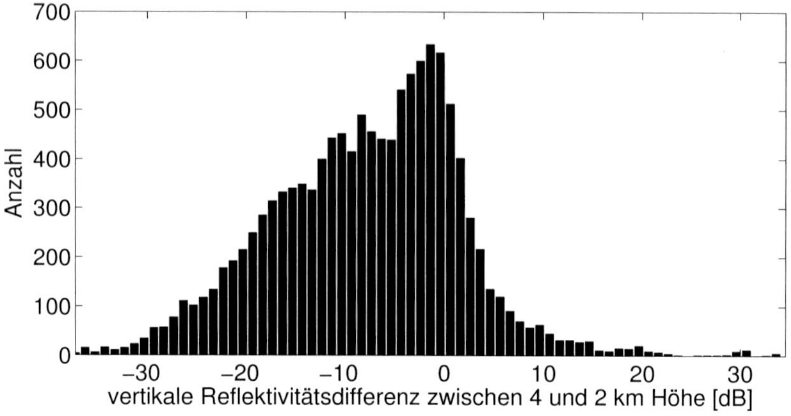

Abbildung 4.15: Histogramm der vertikalen Differenzen der Reflektivität zwischen 4 km und 2 km Höhe für das Jahr 2005

In Abbildung 4.15 sind die Differenzen der Reflektivität zwischen 4 km und 2 km als Histogramm dargestellt. Die Differenzen sind in nahezu allen Niederschlagsereignissen negativ, die Reflektivität nimmt also wie zu erwarten mit der Höhe ab und nehmen meist Werte zwischen 0 und - 15 dB an. Diese Werte entsprechen somit einem vertikalen Gradienten zwischen 0 und - 7.5 dB/km. Allerdings werden auch einige Volumenscans aufgefunden, in denen die Differenz zwischen 4 km und 2 km positive Werte, in Extremfällen sogar über 30 dB, annimmt. Solche Differenzen können nach den voranstehenden Überlegungen lediglich in konvektiven Niederschlägen mit hochreichenden Zellen, in denen das Maximum in großen Höhen liegt, vorkommen.

Abbildung 4.16 zeigt die Reflektivitätsdifferenzen zwischen 7 km und 2 km Höhe. Die Abbildung zeigt ebenfalls, dass ein Großteil der Werte, die sich bis zu einem minimalen Wert von - 50 dB erstrecken, negativ sind. Somit ergibt sich erneut ein mittlerer Vertikalgradient zwischen 0 und - 8 dB/km.

Um einen ersten Überblick über das unterschiedliche Verhalten der beschriebenen Reflektivitätsdifferenz zwischen 7 km und 2 km Höhe in konvektiven beziehungsweise stratiformen Niederschlagsereignissen zu erhalten, werden im Folgenden Streudiagramme der vertikalen Reflektivitätsdifferenzen gegen

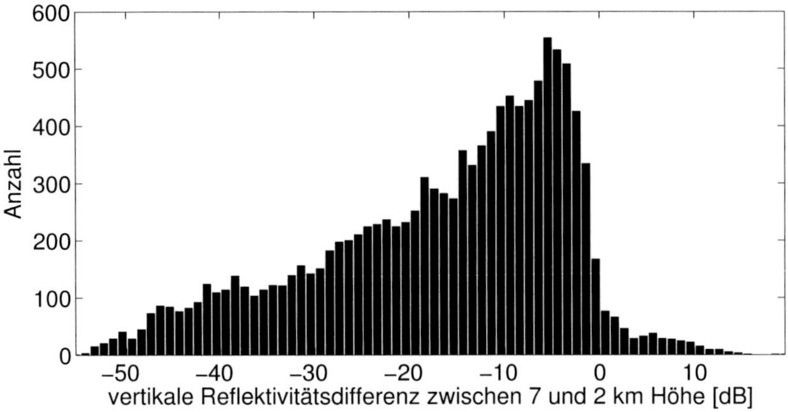

Abbildung 4.16: Histogramm der vertikalen Differenzen der Reflektivität zwischen 7 km und 2 km Höhe für das Jahr 2005

den radialen Gradienten der Reflektivität sowie der Anzahl von Bright-Band-Signaturen präsentiert.

In Abbildung 4.17 ist der mittlere radiale Gradient als Funktion der vertikalen Reflektivitätsdifferenz zwischen 7 km und 2 km dargestellt. Man sieht, dass hohe Anzahlen von Bright-Band-Signaturen vor allem in Kombination mit großen negativen Differenzen der Reflektivität zwischen 7 km und 2 km auftreten. Dieser Bezug verdeutlicht sich, wenn man in Betracht zieht, dass stratiforme Niederschlagsereignisse weniger hochreichend als konvektive Niederschläge sind. Daher wird für stratiforme Niederschläge in sieben Kilometern in der Regel auch eine geringere Reflektivität als für konvektive Ereignisse gemessen. Dagegen sind die Reflektivitäten, auch wenn ein Korrekturansatz für das Bright-Band vorgenommen wurde, in 2 Kilometern Höhe unter Umständen dennoch durch das Bright-Band erhöht. Durch diese Überschätzung der Reflektivität infolge des Schmelzprozesses wird die Reflektivitätsdifferenz zwischen den beiden Höhen noch verstärkt.

In stratiformen Niederschlägen nimmt der radiale Gradient, wie in Abschnitt 2.3 beschrieben und in Abbildung 4.14 dargestellt, niedrigere Werte als in konvektiven Ereignissen an. Aus der Abbildung 4.18 geht hervor, dass die grö-

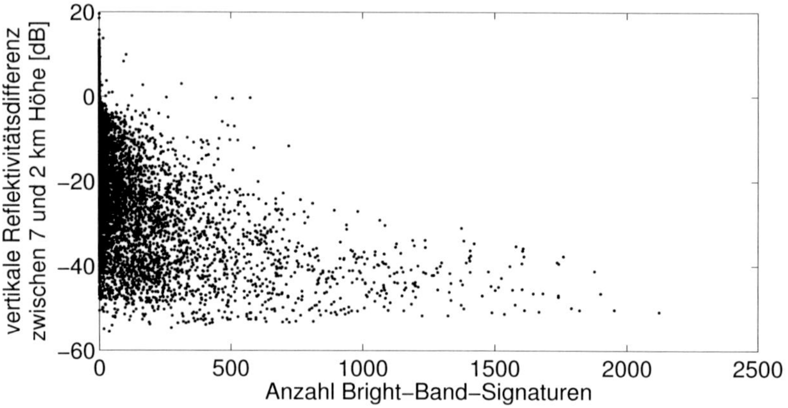

Abbildung 4.17: Streudiagramm der Anzahl der Bright-Band-Signaturen gegen die vertikalen Differenzen der Reflektivität zwischen 7 km und 2 km Höhe für das Jahr 2005

ßere Variabilität der negativen Differenzen für radiale Gradienten von etwa 2 dB/km gefunden werden. Niederschlagsereignisse, die radiale Gradienten dieser Größenordnung aufweisen, werden in den in Abschnitt 4.1 vorgestellten Arbeiten durchweg als stratiform eingestuft.

Durch diese Auswertungen zeigt sich, dass die vertikale Reflektivitätsdifferenz, insbesondere zwischen 7 km und 2 km Höhe, ein geeigneter Parameter zur Klassifizierung der Niederschlagsereignisse ist. Wie besonders aus Abbildung 4.17 hervorgeht, werden hohe negative Differenzen der Reflektivität in Niederschlagsereignissen mit einer hohen Anzahl an Bright-Band-Signaturen gefunden, die wiederum als stratiform eingestuft werden.

4.2.6 Charakteristische Höhen

Bereits durch die Analyse der Reflektivitätsdifferenzen zwischen verschiedenen Höhen konnte eine Aussage über die Vertikalstruktur des Niederschlagsfeldes unterschiedlicher Niederschlagtsypen getroffen werden (siehe Abschnitt 4.2.5). Eine weitere Aussage kann über drei aus den Volumendaten abgeleitete Höhen getroffen werden. Diese sind die Echotops $ET_{15\mathrm{dBZ}}$, die Höhe

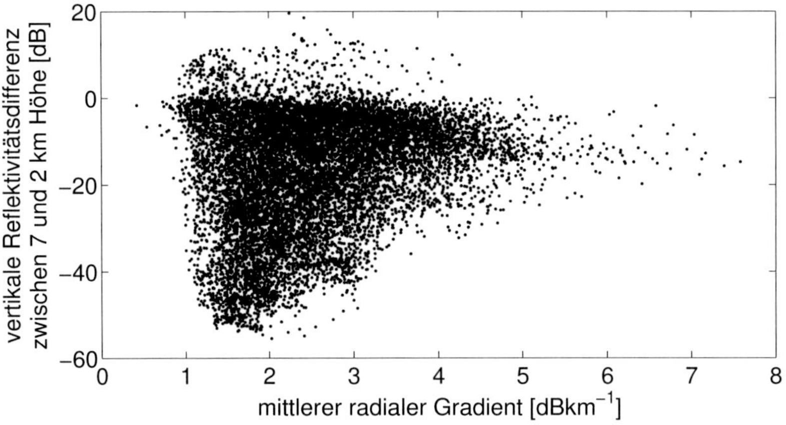

Abbildung 4.18: Streudiagramm des radialen Reflektivitätsgradienten gegen die vertikalen Differenzen der Reflektivität zwischen 7 km und 2 km Höhe für das Jahr 2005

der maximalen Reflektivität $H_{Z_{max}}$ sowie die mittlere Höhe aller Radar-Bins $\overline{H}_{Z \geq 15\mathrm{dBZ}}$, die eine Reflektivität von mindestens 15 dBZ aufweisen. Diese drei Höhen haben gemeinsam, dass sich für konvektive Ereignisse größere Werte als für stratiforme Niederschläge ergeben sollten, wie schon in Abschnitt 2.3 beschrieben wurde.
Neben den Histogrammen werden, wie für die bereits diskutierten Parameter auch, noch die Streudiagramme zwischen diesen Höhen und der Anzahl an Bright-Band-Signaturen als verwendeten Klassifizierungsparameter dargestellt, um die Zusammenhänge zwischen den Werten der verschiedenen Höhen und dem Niederschlagsregime zu verdeutlichen.

Neben dem Betrag der maximalen Reflektivität $Z_{\max}$ wird aus den Daten, die bezüglich des Bright-Band korrigiert sind, auch deren Höhe $H_{Z_{max}}$ bestimmt. Während die Höhe der maximalen Reflektivität $H_{Z_{max}}$ in stratiformen Niederschlägen aufgrund der Vertikalstruktur in geringen Höhen vermutet wird, kann sich der maximale Wert der Reflektivität in konvektiven Ereignissen, die aus kleinen Zellen bestehen, unter Umständen in größeren Höhen befinden.

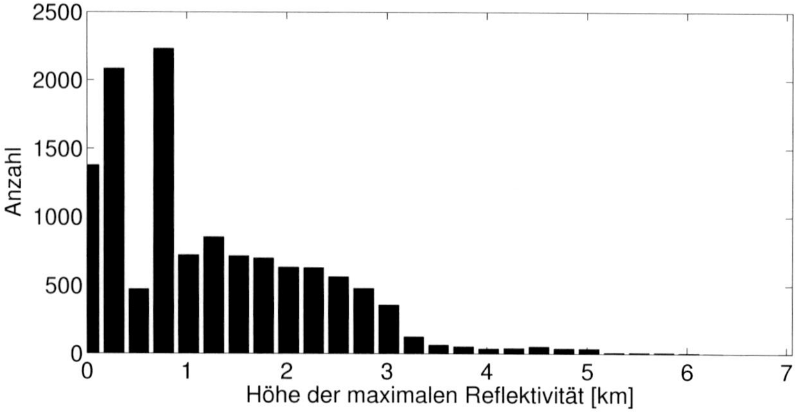

Abbildung 4.19: Histogramm der Höhenverteilung der maximalen Reflektivität für das Jahr 2005

Die Verteilung der Höhe der maximalen Reflektivität ist in Abbildung 4.19 dargestellt. Aus der Abbildung geht hervor, dass die maximale Reflektivität in einem Großteil der analysierten Volumenscans in sehr geringen Höhen (unterhalb von 1 km) liegt. Neben der meistens geringen Höhe der maximalen Reflektivität ist besonders die Anzahlabnahme ab einer Höhe von 3 km signifikant: Das jeweilige Reflektivitätsmaximum des Volumenscans wird nur in wenigen Ausnahmen in einer Höhe größer als 3 km aufgefunden. Des Weiteren dokumentiert Abbildung 4.19 ein lokales Minimum für Höhen von etwa 500 Metern, das sich, trotz der vorgenommenen Bright-Band-Korrektur, aufgrund des (nicht gänzlich eliminierten) Bright-Band ergibt. So liegt die mittlere Höhe der maximalen Reflektivität im Bright-Band bei etwa 820 Metern (siehe Abbildung 4.6) und erklärt somit das globale Maximum in Abbildung 4.19 in dieser Höhe. Das lokale Maximum in einer Höhe von etwa 250 Metern resultiert ebenfalls aus der Bright-Band-Korrektur. So werden die überhöhten Reflektivitäten innerhalb der Schmelzschicht auf den Wert der Höhe H_K (siehe Abschnitt 3.2.2) reduziert, der somit auch die maximale Reflektivität des Volumen-Scans ist. Aus diesen Überlegungen lässt sich schließen, dass Niederschlagsereignisse, die durch große Höhen der maximalen Reflektivität gekennzeichnet sind, vor allem der konvektiven Klasse zuzuordnen sein sollten.

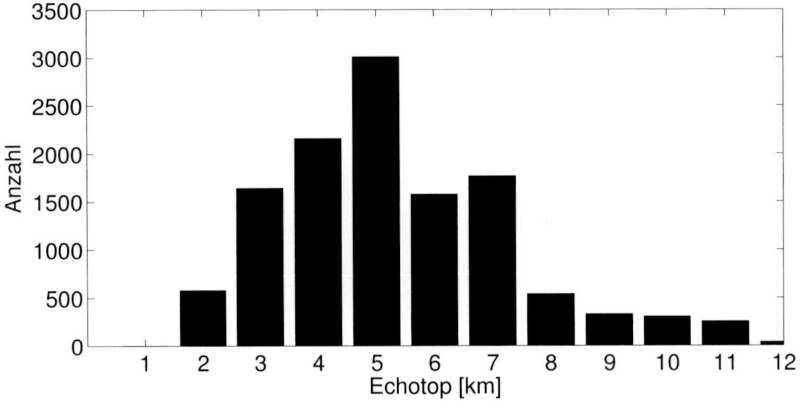

Abbildung 4.20: Histogramm der Verteilung der Echotops mit dem Schwellenwert 15 dBZ

Der nächste betrachtete Parameter sind Echotops, die die maximale Höhe eines bestimmten Reflektivitätsschwellenwerts kennzeichnen. Wie für andere Untersuchungen im Rahmen dieser Arbeit wurde auch für die Echotops der Schwellenwert von 15 dBZ, so dass noch von Niederschlag ausgegangen werden kann, gewählt. Des Weiteren wurde gefordert, dass in der Echotop-Höhe mindestens drei beieinanderliegende Radar-Bins diesen festgelegten Schwellenwert überschreiten.

Wie aus Abbildung 4.20 hervorgeht, liegt das Häufigkeitsmaximum der Echotop-Werte bei etwa 5000 Metern. Daneben wird eine signifikante Abnahme ab einer Höhe von 7 km gefunden. Ab dieser Höhe werden deutlich seltener Reflektivitäten oberhalb von 15 dBZ aufgefunden. Wie schon im Fall der Höhe der maximalen Reflektivität sind solche Volumenscans konvektiven Niederschlägen zuzuordnen.

Die Verteilung der mittleren Höhe der Radar-Bins mit einer minimalen Reflektivität von 15 dBZ ist in Abbildung 4.21 dargestellt. Die Abbildung zeigt, dass die mittlere Höhe der entsprechenden Radar-Bins eines Großteils der

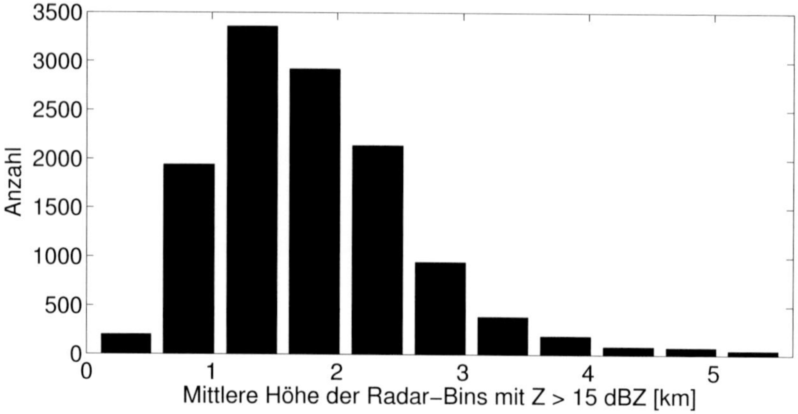

Abbildung 4.21: Histogramm der mittleren Höhe der Radar-Bins mit einer Reflektivität größer als 15 dBZ für das Jahr 2005

Niederschlagsereignisse zwischen 1 und 2 km liegt, und die Anzahl der Ereignisse, die größere mittlere Höhen aufweisen, schnell abnimmt. Dennoch existieren Ereignisse, in denen die mittlere Höhe $\overline{H}_{Z\geq 15\mathrm{dBZ}}$ Werte von bis zu 5 km erreichen kann. Diese Ereignisse stammen aus stark konvektiven Niederschlagsereignissen, in denen Zellen großer Reflektivität bis in Höhen von 12 km reichen können.

Durch Abbildung 4.22 wird der Zusammenhang zwischen der Anzahl an Bright-Band-Signaturen und der Höhe der maximalen Reflektivität verdeutlicht. So geht eine hohe Anzahl an Bright-Band-Signaturen mit niedrigen Höhen der maximalen Reflektivität einher. Dieses Ergebnis ist durch die Vertikalstruktur stratiformer Niederschläge, die in geringen Höhen mäßige Reflektivitätswerte aufweisen, erwartet worden. Neben diesem Zusammenhang zeigt die Abbildung (wie auch schon Abbildung 4.19), dass die Höhe der maximalen Reflektivität „bevorzugte" Werte annimmt. Diese liegen bei etwa 0.25 und 0.75 km und ergeben sich vermutlich, wie bereits ausgeführt, aus der Bright-Band-Korrektur.

Durch die hochreichenden Zellen wird für konvektive Ereignisse eine größere mittlere Höhe $\overline{H}_{Z\geq 15\mathrm{dBZ}}$ der Radar-Bins mit einer Reflektivität von min-

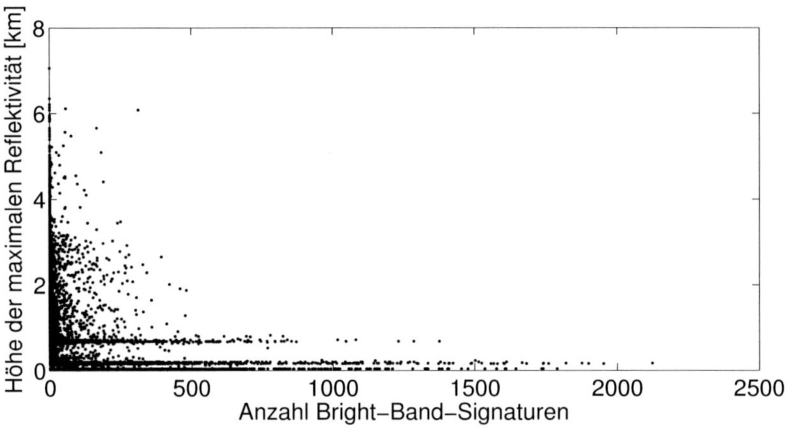

Abbildung 4.22: Streudiagramm der Anzahl der Bright-Band-Signaturen gegen die Höhe der maximalen Reflektivität für das Jahr 2005

destens 15 dBZ erwartet. Durch Abbildung 4.23 wird dieser Zusammenhang bestätigt: So ergíbt sich die maximale Anzahl an Bright-Band-Signaturen für mittlere Höhen von etwa 1.5 km. Dagegen können die mittlere Höhen, wie auch in Abbildung 4.21 gezeigt, bis zu 6 km betragen. Diese Werte werden aber nicht für Ereignisse gefunden, die Bright-Band-Signaturen aufweisen und sind somit den konvektiven Niederschlägen zuzuordnen.

In Abbildung 4.24 wird der Zusammenhang zwischen der Anzahl an Bright-Band-Signaturen und den Echotops verdeutlicht. Die maximale Anzahl an Signaturen des Bright-Band werden für Echotops von 5.5 km gefunden. Hier ist der Zusammenhang nicht so ausgeprägt wie in Abbildungen 4.22 und vor allem in 4.23. So werden auch Niederschläge aufgefunden, die keinerlei Bright-Band-Strukturen aufweisen und dennoch durch geringe Höhen der Echotops gekennzeichnet sind.

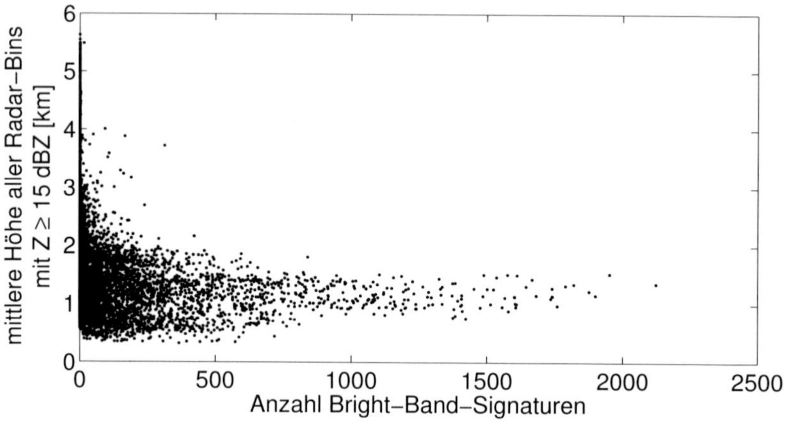

Abbildung 4.23: Streudiagramm der Anzahl der Bright-Band-Signaturen gegen die mittlere Höhe der Radar-Bins mit einer Reflektivität von mindestens 15 dBZ für das Jahr 2005

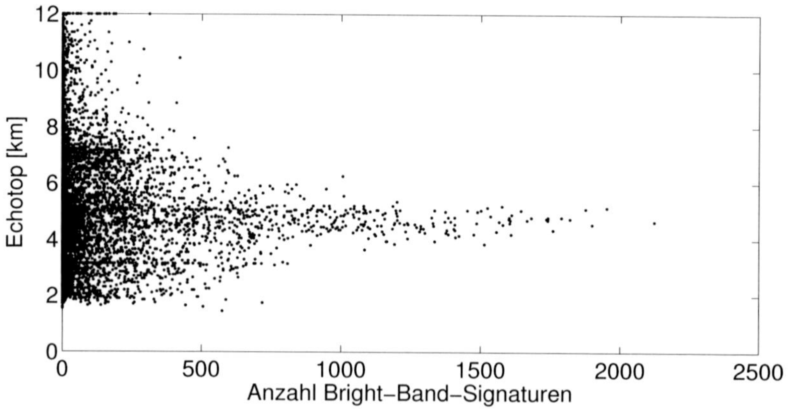

Abbildung 4.24: Streudiagramm der Anzahl der Bright-Band-Signaturen gegen die Echotops für das Jahr 2005

4.3 Korrelationen zwischen den Klassifizierungsparametern

Wurden in Kapitel 4.2 die Anzahlverteilungen aller abgeleiteten Parametern dargestellt sowie die Zusammenhänge zwischen den Parametern und der Anzahl der Bright-Band-Signaturen - einem Parameter, der in vielen Arbeiten als Klassifizierungsparameter verwendet wird - diskutiert, sollen im folgenden Kapitel die Korrelationen und damit die Zusammenhänge zwischen allen aus den Volumen-Scans abgeleiteten Parametern dargestellt und bewertet werden.

Alle in Tabelle 4.1 dargestellten Korrelationen wurden mit der Rangkorrelation nach Spearman (siehe Bahrenberg 1990) bestimmt. Dieses Verfahren eignet sich, weil die betrachteten Parameter ordinalskaliert sind und von der Normalverteilung abweichen (vgl. Borz 2005). Zur Berechnung des Rangkorrelationskoeffizienten werden die betrachteten Größen nach ihrem absoluten Wert sortiert und der jeweiligen Größe ein Rang zugewiesen. Somit entstehen Rangpaare $rg(x_i)$ und $rg(y_i)$. Bei Berücksichtigung, dass sich der Mittwelwert der Zahlen (der Ränge) $1, 2, ..., n$ zu $\overline{x} = (n+1)/2$ und die Varianz zu $s^2 = (n^2-1)/12$ ergibt, erhält man für den Rangkorrelationskoeffizienten nach Spearman den folgenden Ausdruck

$$r_S = 1 - \frac{6\sum_{i=1}^{n} d_i^2}{n(n^2-1)} \tag{4.6}$$

mit $d_i = rg(x_i) - rg(y_i)$.
Des Weiteren wurden, wie in den voranstehenden Untersuchungen auch, lediglich Niederschlagsereignisse verwendet, deren Niederschlagsgebiete eine kumulierte Fläche von mindestens 5 % der gesamten Messfläche aufweisen.

Zunächst werden die drei Parameter, die in den nachfolgenden Abschnitten zur Klassifizierung der Niederschlagsereignisse verwendet werden, nämlich die Anzahl der Bright-Band-Signaturen, die mittlere Höhe aller Radar-Bins mit einer Reflektivität von mindestens 15 dBZ sowie der mittlere radiale Gradient, auf Zusammenhänge mit den weiteren Parametern, die zur Verifizierung der Klassifzierung verwendet werden sollen, untersucht.

Die Anzahl der Bright-Band-Strukturen korreliert neben der Höhe und Stärke des gefundenen Bright-Band betragsmäßig besonders hoch mit der Höhe

Tabelle 4.1: Rangkorrelationskoeffizienten zwischen den zur Einteilung der Niederschlagsklassen verwendeten Parametern.

Parameter		1	2	3	4	5	6	7	8
N_{Gebiete}	1	1	- 0.22	- 0.11	- 0.23	- 0.38	- 0.53	- 0.08	-0.08
$N_{\text{B-B}}$	2		1	0.85	0.93	0.37	0.39	0.45	-0.14
$\overline{D}_{\text{BB}}$	3			1	0.88	0.25	0.26	0.35	-0.08
$\overline{H}_{\text{BB}}$	4				1	0.38	0.40	0.40	- 0.10
$\frac{A_{15\text{ dBZ}}}{A_{\text{Radar}}}$	5					1	0.95	0.31	0.27
$A_{\text{Gebiete,max}}$	6						1	0.29	0.24
Z_{max}	7							1	0.39
$ET_{15\text{dBZ}}$	8								1

Parameter		9	10	11	12	13	14	15
N_{Gebiete}	1	0.33	0.01	0.10	0.13	- 0.01	0.09	0.32
$N_{\text{B-B}}$	2	0.06	0.04	- 0.01	- 0.60	- 0.52	- 0.56	- 0.63
$\overline{D}_{\text{BB}}$	3	0.17	0.08	0.06	- 0.46	- 0.41	- 0.45	-0.49
$\overline{H}_{\text{BB}}$	4	0.02	0.04	- 0.02	- 0.56	- 0.46	- 0.53	-0.63
$\frac{A_{15\text{ dBZ}}}{A_{\text{MF}}}$	5	- 0.28	0.25	0.14	-0.25	0.02	- 0.20	-0.62
$A_{\text{Gebiete,max}}$	6	- 0.32	0.21	0.10	- 0.27	0.01	- 0.22	- 0.63
Z_{max}	7	0.37	0.61	0.60	- 0.18	0.02	- 0.13	- 0.22
$ET_{15\text{dBZ}}$	8	0.09	0.61	0.57	0.43	0.80	0.52	0.23
$\overline{\partial Z/\partial D}$	9	1	0.53	0.63	- 0.03	- 0.11	- 0.08	0.17
$\overline{Z}$	10		1	0.94	0.15	0.37	0.17	0.06
$SD(Z)$	11			1	0.17	0.34	0.18	0.13
$H_{Z_{\text{max}}}$	12				1	0.69	0.62	0.63
$\overline{H}_{Z\geq 15\text{dBZ}}$	13					1	0.79	0.54
$\Delta Z_{4,2\text{ km}}$	14						1	0.74
$\Delta Z_{7,2\text{ km}}$	15							1

Die Parameter bedeuten im Einzelnen:
Anzahl der Niederschlagsgebiete N_{Gebiete}, Anzahl der Bright-Band-Signaturen $N_{\text{B-B}}$, mittlere Vertikalerstreckung des Bright-Band $\overline{D}_{\text{BB}}$, mittlere Höhe des Bright-Band $\overline{H}_{\text{BB}}$, Anteil der mit Niederschlag bedeckten Fläche $\frac{A_{15\text{ dBZ}}}{A_{\text{Radar}}}$, maximale Fläche der Niederschlagsgebiete $A_{\text{Gebiete, max}}$, maximale Reflektivität Z_{max}, Höhe der Echotops $ET_{15\text{dBZ}}$, mittlerer radialer Gradient $\overline{\partial Z/\partial D}$, mittlere Reflektivität $\overline{Z}$, Standardabweichung der Reflektivität $SD(Z)$, Höhe der maximalen Reflektivität $H_{Z_{\text{max}}}$, mittlere Höhe der Radar-Bins mit einer Mindestreflektivität von 15 dBZ $\overline{H}_{Z\geq 15\text{dBZ}}$, Differenzen der Reflektivität zwischen 7 km und 2 km bzw. 4 km und 2 km $\Delta Z_{7,2\text{ km}}$ bzw. $\Delta Z_{4,2\text{km}}$

der maximalen Reflektivität sowie mit den Reflektivitätsdifferenzen zwischen 4 km und 2 km beziehungsweise zwischen 7 km und 2 km. Zwischen diesen letztgenannten Parametern und der Anzahl der Bright-Band-Signaturen liegen die Korrelationskoeffizienten zwischen - 0.56 und - 0.63.
Diese Zusammenhänge entsprechen der Erwartung, dass beispielsweise die maximale Reflektivität in stratiformen Ereignissen in geringeren Höhen als in konvektiven Niederschlägen gefunden wird, oder dass die Reflektivitätsdifferenz zwischen den betrachteten Höhen bei Existenz eines Bright-Band (betragsmäßig) höher als in konvektiven Ereignissen ohne Auftreten eines Bright-Band ist.
Die Korrelationen mit den übrigen Merkmalen der jeweiligen Niederschlagsereignisse sind lediglich schwach ausgeprägt. Besonders der radiale Gradient zeigt nahezu keinerlei Korrelation mit der Anzahl der Bright-Band-Signaturen ($r_S = 0.06$). Aufgrund der Abbildung 4.14 hätte hier ein deutlicherer Zusammenhang erwartet werden können.

Als weiteres Merkmal zur Einteilung der Niederschlagsgebiete wird, wie in den Ausführungen in Abschnitt 4.4 näher erläutert werden wird, der mittlere Radialgradient der Reflektivität ausgewählt. Neben der bereits erwähnten und nahezu nicht vorhandenen Korrelation mit der Anzahl der Bright-Band-Signaturen korreliert der radiale Gradient $\overline{\partial Z/\partial D}$ vor allem mit der mittleren Reflektivität und der Standardabweichung der Reflektivität ($r_S = 0.53$ bzw. $r_S = 0.63$).
Diese Zusammenhänge entsprechen der Theorie derzufolge konvektive Ereignisse, die durch große radiale Gradienten gekennzeichnet sind, ebenfalls höhere mittlere Reflektivitäten als stratiforme Ereignisse aufweisen und als Folge die Standardabweichung dieser Ereignisse ebenfalls größere Werte annimmt.
Ansonsten werden lediglich geringe Korrelationen zwischen dem mittleren radialen Gradienten und den weiteren abgeleiteten Parametern aufgefunden, so übersteigen die Korrelationskoeffizienten für keinen der weiteren Parameter einen Wert von $r_S = 0.4$, wodurch die wenig ausgeprägten Zusammenhänge zwischen dem radialen Gradienten und den weiteren Parametern belegt sind.

Als letzter Parameter zur Einteilung der Niederschlagsereignisse wurde die mittlere Höhe aller Radar-Bins, die eine Reflektivität von mindestens 15 dBZ aufweisen, verwendet. Dieses Merkmal zeigt betragsmäßig die größte Korrelation mit den Echotops ($r_S = 0.8$), der Reflektivitätsdifferenz zwischen 4 und 2 km ($r_S = 0.79$) sowie mit der Höhe der maximalen Reflektivität ($r_S = 0.69$).

Die Werte der Korrelation stimmen mit der Annahme überein, dass für eine niedrige mittlere Höhe der entsprechenden Radar-Bins, die einem stratiformen Ereignis entspricht, auch niedrige Echotops zu erwarten sind.

Die weiteren Parameter weisen untereinander nur noch geringe Korrelationen auf. Ausnahmen sind hier vor allem Parameter, die zur gleichen Kategorie der Merkmale gezählt werden können. Beispielhaft dafür sind die maximale Größe der Niederschlagsgebiete und der Flächenanteil der Niederschlagsgebiete an der gesamten Meßfläche, die zur Kategorie „Fläche" zählen, oder die Höhe und Stärke des Bright-Band, die ebenfalls stark miteinander korrelieren und in die Kategorie „Bright-Band" einsortiert werden können.

Allerdings gibt es einige Parameter, die lediglich schwach korrelieren und nicht den erwarteten Zusammenhang zeigen, wie beispielsweise die maximale Reflektivität und der Flächenanteil der Niederschlagsgebiete an der gesamten Messfläche. Zwischen diesen Merkmalen wird ein negativer Zusammenhang erwartet. So sollte die maximale Reflektivität mit zunehmender Größe der Niederschlagsgebiete geringer werden und somit eine Unterscheidung zwischen konvektiven und stratiformen Ereignissen ermöglichen. Die Werte in Tabelle 4.1 weisen aber aus, dass die Korrelation der beiden Merkmale $r_S = 0.29$ beträgt und sich somit für eine größere Ausdehnung der Niederschlagsgebiete auch eine erhöhte maximale Reflektivität einstellt. Zur Erklärung dieses Zusammenhangs muss erneut die eingelagerte Konvektion herangezogen werden, die ein rein stratiformes Niederschlagsereignis (wie auch aus späteren Analysen hervorgehen wird) sehr selten werden lässt.
Da sich zwischen der maximalen Reflektivität und weiteren Parametern, wie beispielsweise der Anzahl an Bright-Band-Signaturen oder dem radialen Gradienten, positive Korrelationen ergeben, die der Theorie widersprechen, wird die maximale Reflektivität nicht als Klassifizierungsparameter herangezogen und kann auch nur eingeschränkt verwendet werden, um die Klassifizierung zu verifizieren.
Ein ähnlich widersprüchlicher Zusammenhang stellt sich zwischen den Echotops und der maximalen Fläche der Niederschlagsgebiete ein. Auch hier wird eine negative Korrelation erwartet und in Tabelle 4.1 eine positive Korrelation gefunden.
Dagegen zeigt besonders die Reflektivitätsdifferenz zwischen 7 km und 2 km Höhe mit den übrigen Merkmalen betragsmäßig hohe Korrelationen. Diese Zusammenhänge sind besonders mit der maximalen Fläche der Niederschlagsgebiete sowie mit der Höhe der maximalen Reflektivität ausgeprägt.

Im Gegensatz zu den vorangestellten Beispielen, die vor allem die maximale Reflektivität $Z_{\max}$ betragen, werden die erwarteten Zusammenhänge durch das Vorzeichen des Korrelationsfaktors bestimmt. So wird beispielsweise bei einem Niederschlagsereignis, dessen Niederschlagsgebiete einen großen Anteil an der Gesamtmessfläche einnehmen und somit ein stratiformes Ereignis kennzeichnen, eine hohe negative Reflektivitätsdifferenz zwischen 7 und 2 km erwartet. Aufgrund der dargestellten Zusammenhänge mit den weiteren Parametern scheint vor allem die Differenz der Reflektivitäten zwischen 7 und 2 km Höhe ein geeignetes Merkmal, um die Klassifizierung zu verifizieren.

4.4 Einteilung der Niederschlagsklassen

Die Einteilung der Niederschlagsklassen erfolgt anhand einer Auswahl der vorgestellten Parameter, die aus den Volumendaten des IMK-C-Band-Radars abgeleitet wurden. Als Methoden der multivariaten Statistik wurden die Cluster- (vgl. Anhang A.1) sowie die Hauptkomponentenanalyse (siehe Anhang A.2) verwendet.

Die besten Ergebnisse der Clusterung mit dem k-means-Algorithmus ergeben sich, wenn die verwendeten Parameter keinerlei oder eine zumindest geringe Korrelation zueinander aufweisen. Dieses Verhalten erklärt sich dadurch, dass bei hoher Korrelation der verwendeten Parameter bestimmte gemeinsame Eigenschaften der Parameter stärker repräsentiert sind.
Die in Tabelle 4.1 dargestellten und in Abschnitt 4.3 diskutierten Werte zeigen aber unterschiedlich stark ausgeprägte Zusammenhänge zwischen den Parametern, so dass die Klassifizierung mit k-means durchaus beeinträchtigt werden kann. Daher werden mit Hilfe der Hauptkomponentenanalyse voneinander unabhängige Parameter gebildet, und diese der Klassifizierung unterzogen. Somit ist sichergestellt, dass bestimmte Eigenschaften nicht überrepräsentiert sind (siehe Ding & He 2004 und Zha *et al.* 2001).

Die Klassifizierung erfolgt mit den Faktorenwerten der Hauptkomponentenanalyse, die die Lage einer einzelnen Beobachtung (hier: des Niederschlagsereignisses) auf der gebildeten Hauptkomponente angeben. Die Anzahl der neu gebildeten Hauptkomponenten ist gleich der Anzahl der eingehenden Parameter, wodurch gewährleistet ist, dass keinerlei Information verloren geht, und weiterhin die gesamte Varianz der Daten erklärt werden kann. Lediglich die Korrelation zwischen den transformierten Parametern (der Hauptkomponenten) ist Null.

Die Auswahl der Parameter, die mit Hilfe der Hauptkomponentenanalyse transformiert werden und anschließend für die Cluster-Analyse verwendet wurden, wurde über den Silhouette-Wert vorgenommen. Dieser Wert ist ein Maß für die Ähnlichkeit der Werte innerhalb eines Clusters bezogen auf die untersuchten Merkmale und die Mitglieder anderer Cluster. Der Wertebereich des Silhouette-Wertes reicht von -1 bis +1 und errechnet sich folgendermaßen

$$S(i) = \frac{b_i - a_i}{max(a_i, b_i)} \tag{4.7}$$

In Gleichung (4.7) bezeichnet a_i die mittlere Distanz des Wertes i zu den anderen Werten in dessen Cluster und b_i die mittleren Distanz des Wertes i zu Werten des nächstliegenden Clusters.
Wie aus der Definition des Silhouette-Werts hervorgeht, sind die unterschiedlichen Cluster bei einem Wert von 1 perfekt voneinander getrennt. In dieser Konstellation hat jedes Element einen minimalen Abstand zu den weiteren Elementen seines Clusters. Für einen Silhouette-Wert von 0 haben die Elemente eines Clusters den gleichen mittleren Abstand zu den Elementen des benachbarten Clusters wie zu den Elementen des eigenen Clusters. Somit sind die Elemente der verschiedenen Cluster nicht voneinander getrennt, sondern liegen wahllos und verstreut im Raum.

Der Silhouette-Wert wurde für unterschiedliche Kombinationen an Parametern, die in die Hauptkomponentenanalyse eingeflossen sind, bestimmt. Des Weiteren wurde auch die frei bestimmbare Anzahl der Cluster variiert und anhand dieser Variationsrechnungen das Maximum des Silhouette-Wertes und somit auch der Trennung zwischen den einzelnen Klassen, bestimmt.
Der maximal gefundene Silhouette-Wert ergibt sich für je drei Parameter und Niederschlagsklassen. Die in die Hauptkomponentenanalyse einfließenden Parameter sind die Anzahl an Bright-Band-Signaturen, der mittlere radiale Gradient der Reflektivität und die mittlere Höhe aller Radar-Bins mit einem Reflektivitätswert von mindestens 15 dBZ.

4.4.1 Die Hauptkomponentenanalyse

Wie beschrieben wird vor der eigentlichen Clusterung mit k-means eine Hauptkomponentenanalyse (HKA) durchgeführt. Ziel der HKA ist in dieser Arbeit

nicht die Reduzierung der Dimension, sondern dass die betrachteten Parameter keinerlei Korrelation untereinander mehr aufweisen. Aus diesem Grund werden die drei erhaltenen Hauptkomponenten der Analyse für die Klassifizierung verwendet wodurch keinerlei Informationsverlust durch die HKA auftritt.
Abbildung 4.25 zeigt in einem Pareto-Diagramm die erklärte Varianz jeder Hauptkomponente, die aus der HKA der drei Parameter (Anzahl der Bright-Band Signaturen N_{B-B}, mittlerer radialer Gradient $\overline{\partial Z/\partial D}$ und mittlere Höhe der Radar-Bins mit einer minimalen Reflektivität von 15 dBZ $\overline{H}_{Z\geq 15\ \mathrm{dBZ}}$) resultiert. Es wird deutlich, dass durch keine der Hauptkomponenten ein Großteil der Varianz erklärt werden kann. Dieser Zusammenhang erklärt sich durch die relativ geringe Korrelation zwischen den verwendeten Parametern, die insbesondere zwischen dem radialen Gradienten und den beiden anderen abgeleiteten Merkmalen jedes Niederschlagseregnisses gering ist (vgl. Tabelle 4.1). Für den Fall, dass alle entstandenen Hauptkomponenten einen gleich großen Teil der Varianz erklären würden, wären die verwendeten Parameter statistisch unabhängig und die HKA müsste daher nicht durchgeführt werden.
Trotz der gleichmäßigen Verteilung der erklärten Varianz in Abbildung 4.25 soll in der Folge am Konzept der HKA festgehalten werden, um eine vollkommene Unabhängigkeit der Parameter untereinander zu gewährleisten und somit die Klassifizierung der Niederschlagsereignisse mittels k-means zu optimieren.

Neben der erklärten Varianz ist die Hauptkomponentenanalyse durch die Ladungen der drei Hauptkomponenten mit den drei ursprünglichen Parametern gekennzeichnet. Diese Ladungen (siehe Tabelle 4.2) sind identisch mit den Korrelationen zwischen den einfließenden Parametern und den Hauptkomponenten. Da die Hauptkomponentenanalyse nicht zur Reduzierung der Dimension eingesetzt wurde, werden die Hauptkomponenten auch nicht zur besseren Analyse rotiert.
Auffällig an den dargestellten Korrelationen in Tabelle 4.2 ist, dass der radiale Gradient vor allem mit der zweiten Hauptkomponente lädt und mit den beiden anderen Hauptkomponenten nur schwach korreliert ist. Dagegen sind die beiden übrigen Parameter, die Anzahl der Bright-Band-Signaturen und die mittlere Höhe der Radar-Bins mit Reflektivitäten von mindestens 15 dBZ, untereinander korreliert und laden daher in der ersten und dritten Hauptkomponente betragsmäßig vergleichbar stark. Dementsprechend sind diese beiden Parameter auch stärker miteinander korreliert als sie wiederum

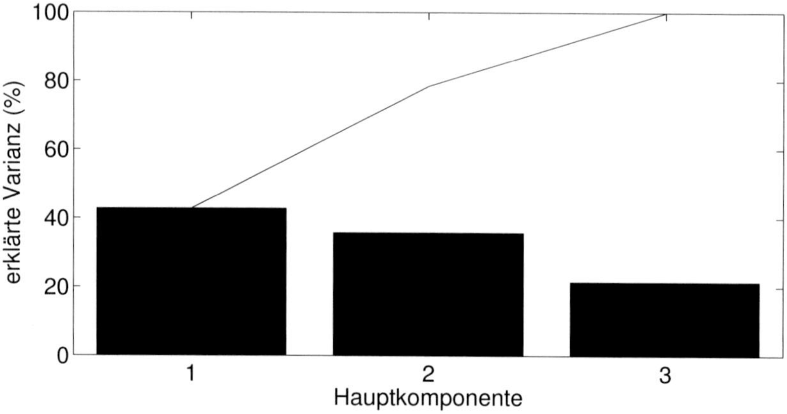

Abbildung 4.25: Pareto-Diagramm für die erklärte Varianz jeder Hauptkomponente der HKA der drei beschriebenen Klassifizierungsparameter

mit dem radialen Gradienten korrelieren. Dieser Zusammenhang lässt sich auch aus Tabelle 4.1 entnehmen.

Während die erste Hauptkomponente die vertikale Struktur des Volumenscans wiedergibt, beschreibt die zweite Hauptkomponte durch die starke Ladung mit dem radialen Gradienten die horizontale Struktur des Niederschlagereignisses. Im Gegensatz zu der ersten und zweiten Hauptkomponente, die durch die entsprechenden Ladungsverteilungen klar interpretiert werden können, fällt diese Interpretation bei der dritten Hauptkomponente durch die gleichmäßige Verteilung der Ladungen schwerer und es kann keine eindeutige Aussage über die physikalische Bedeutung der dritten Hauptkomponente getätigt werden.

4.4.2 Die Cluster-Analyse

Wie beschrieben wird die Einteilung der Niederschlagsklassen mittels des k-means-Algorithmus vorgenommen (siehe auch Anhang A.1). Die Einteilung nach k-means hat gegenüber hierarischen Clustermethoden den Vorteil, dass eine Beobachtung (in diesem Fall ein einzelner Volumenscan) nach der ers-

Tabelle 4.2: Ladungen der verwendeten Parameter auf die drei resultierenden Hauptkomponenten

Parameter	HK_1	HK_2	HK_3
$\overline{N_{B-B}}$	- 0.71	0.26	0.65
$\overline{\partial Z/\partial D}$	0.04	- 0.91	0.41
$\overline{H}_{Z15\mathrm{dBZ}}$	0.70	0.32	0.64

ten Clusterung, insgesamt wird die Clusterung fünf Mal wiederholt, noch in einen anderen Cluster verschoben werden kann, falls die Einteilung durch dieses Verschieben optimiert wird (Bortz, 2005). Des Weiteren bieten anhäufende Clusterverfahren wie k-means bei großen Anzahlen an Beobachtungen numerische Geschwindigkeitsvorteile; ein Fakt, der bei der Auswertung der relativ großen Datenmengen von Bedeutung ist.

Die Einteilung der Niederschlagsereignisse erfolgt anhand der Faktorwerte, die den Koordinaten der Beobachtung (hier: ein einzelner Volumen-Scan) auf den Hauptkomponenten entsprechen.
Wie bereits beschrieben konnten die höchsten Silhouette-Werte für drei Niederschlagsklassen und drei in die Hauptkomponenten einfließenden Parameter erzielt werden. Dieser Wert beträgt 0.80 (siehe Abbildung 4.26) und konnte durch die Kombination von k-means und der Hauptkomponentenanalyse im Vergleich zur Einteilung der Ereignisse ausschließlich mit der k-means-Clusteranalyse um etwa 0.1 gesteigert werden. Ähnliche Werte der Optimierung werden auch in Zha *et al.* (2001) beschrieben.

Der Silhouette-Wert ermöglicht eine Aussage über die Qualität der vorgenommen Clusterung und reicht von - 1 bis + 1. Der für diese Klassifizierung erreichte Wert von 0.8 muss daher, auch unter Berücksichtigung der hohen Variabilität der Niederschläge, als gut eingestuft werden.
Eine weitere Möglichkeit der Verifizierung der vorgenommenen Einteilung ist die Analyse der Klassenzugehörigkeit aufeinanderfolger Volumenscans. Dafür wurden jeweils zwei zeitlich aufeinanderfolgende Volumenscans betrachtet, deren zeitlicher Abstand zehn Minuten beträgt. Die Ergebnisse dieser Untersuchung sind in Abbildung 4.27 dargestellt und zeigen, dass über 85 % der entsprechenden Volumenscans in die gleiche Niederschlagsklasse wie der

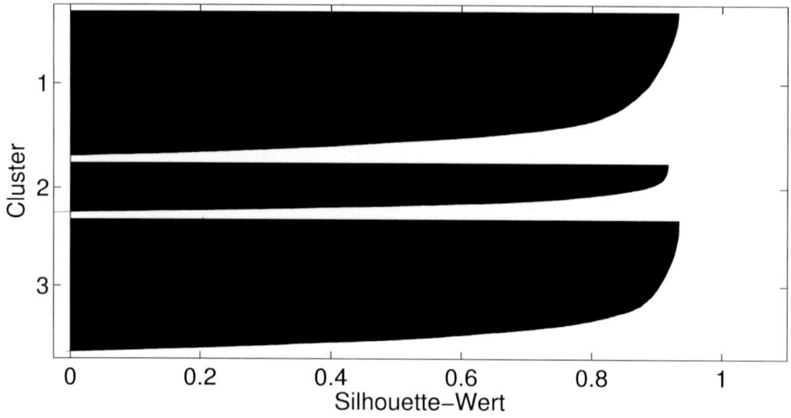

Abbildung 4.26: Silhouette-Plot für die drei gebildeten Cluster.

zeitlich vorhergehende einsortiert wurden.

Diese beiden ersten Analysen geben einen ersten Hinweis, dass das vorgestellte Verfahren zur Einteilung der Niederschlagsereignisse geeignet ist. Eine genauere Analyse der vorgenommenen Klassifizierung kann durch einen Vergleich der Parameter, die aus den Volumendaten abgeleitet wurden, vorgenommen werden.

Zunächst sollen allerdings die Werteverteilungen der drei Hauptkomponenten für die drei gebildeten Niederschlagsklassen dargestellt werden, um somit bereits eine erste Interpretation der Cluster vornehmen zu können. Da eine Interpretation der Niederschlagsklassen erst in diesem Abschnitt vorgenommen wird, werden die Niederschlagsklassen noch nicht näher benannt (z.B. konvektiv oder stratiform), sondern lediglich mit „A", „B" oder „C" bezeichnet.

Wie bereits einleitend beschrieben und in Tabelle 4.2 gezeigt wurde, korreliert die erste Hauptkomponente besonders mit der Anzahl der Bright-Band-Signaturen sowie der mittleren Höhe aller Radar-Bins, die eine minimale Reflektivität von 15 dBZ aufweisen. Abbildung 4.28 zeigt, dass sich die Niederschlagsklasse A und Niederschlagsklasse C für die 1. Hauptkomponente deutlich von der Niederschlagsklasse B abheben, sich untereinander aber sehr

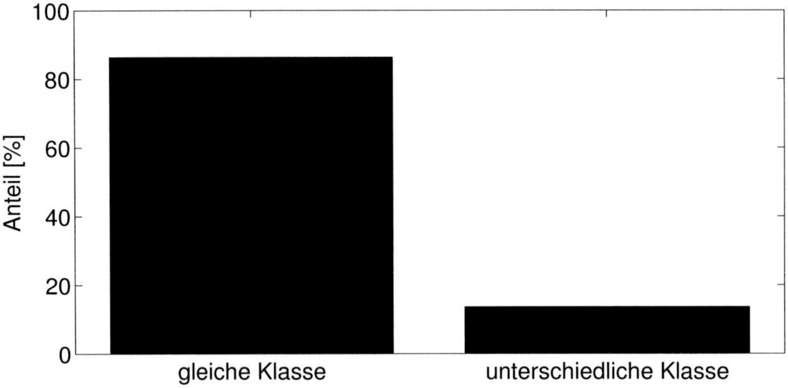

Abbildung 4.27: Überprüfung der Niederschlagsklasse aufeinanderfolgender Volumenscans

ähnlich sind. Bereits durch Betrachtung der ersten Hauptkomponente kann daher eine erste Analyse der Niederschlagsklassen vorgenommen werden. Da die erste Hauptkomponente positiv mit der mittleren Höhe aller Radar-Bins, die eine Mindestreflektivität von 15 dBZ aufweisen, und negativ mit der Anzahl an Bright-Band-Signaturen korreliert ist, kann bereits geschlossen werden, dass es sich bei der Klasse B um eine eher stratiforme Niederschlagsklasse handelt, die durch geringe mittlere Höhen der entsprechenden Radar-Bins sowie eine hohe Anzahl an Bright-Band-Signaturen gekennzeichnet ist.
Eine weitere Einsortierung der vorliegenden Niederschlagsklassen erlauben die Faktorenwerte der 2. Hauptkomponente, die vor allem mit dem mittleren radialen Reflektivitätsgradienten negativ korreliert ist. Hier weist besonders die Klasse C geringe Werte und dementsprechend hohe radiale Reflektivitätsgradienten auf (siehe Abbildung 4.29). Diese Klasse kann also als konvektiv eingestuft werden. Dagegen stellt die Klasse A (geringe Radialgradienten, wenige Bright-Band-Signaturen und geringe mittlere Höhen der Radar-Bins mit einer Reflektivität größer als 15 dBZ) eine Mischform zwischen konvektiv und stratiform dar.

Die Faktorenwerte der 3. Hauptkomponente (siehe Abbildung 4.30) erlauben keine Aussage über den Typ der Niederschlagsklassen. Dies liegt vor allem daran, dass die drei in die Hauptkomponentenanalyse eingehenden Parame-

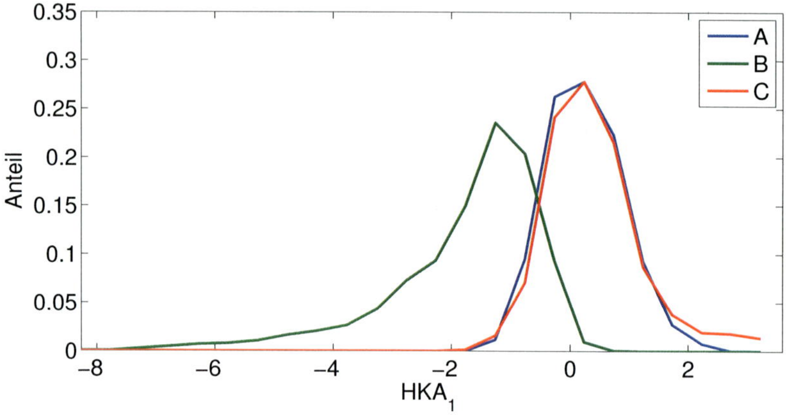

Abbildung 4.28: Verteilung der Faktorenwerte der 1. Hauptkomponenten für die 3 gebildeten Niederschlagsklassen

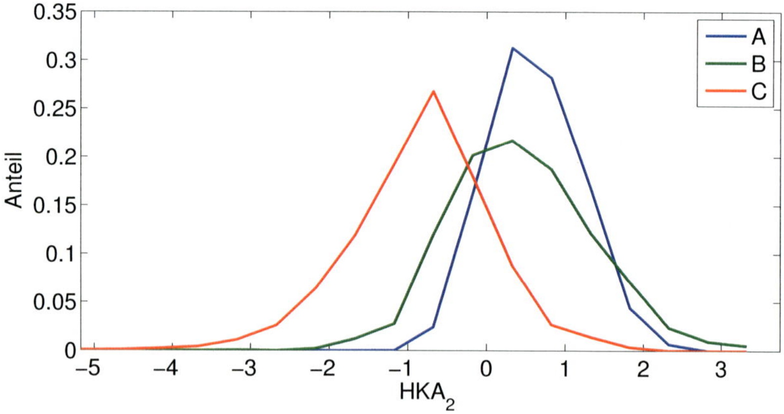

Abbildung 4.29: Verteilung der Faktorenwerte der 2. Hauptkomponenten für die 3 gebildeten Niederschlagsklassen

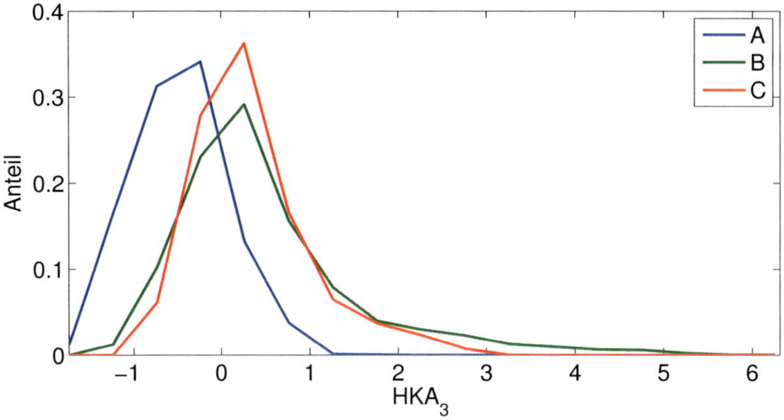

Abbildung 4.30: Verteilung der Faktorenwerte der 3. Hauptkomponenten für die 3 gebildeten Niederschlagsklassen

ter alle vergleichbar stark mit der 3. Hauptkomponente korrelieren und daher eine physikalische Interpretation der 3. Hauptkomponente nicht möglich erscheint (siehe Tabelle 4.2). Aus diesem Grund kann auch keine Aussage über die Charakteristika der Niederschlagsklassen anhand der 3. Hauptkomponente vorgenommen werden.

Dennoch kann bereits durch die Analyse der 1. und 2. Hauptkomponente eine Aussage über die Niederschlagsklasse getätigt werden. Somit wird im folgenden Verlauf des Kapitels die Klasse A als Mischklasse, die Niederschläge der Klasse B als stratiform und die Ereignisse der Klasse C als konvektiv bezeichnet. Diese Aussage soll im nächsten Abschnitt anhand der Verteilungen der vorgestellten Parameter überprüft werden. Zu diesem Zweck werden die Anteilsverteilungen der Parameterwerte für die unterschiedlichen Niederschlagsklassen dargestellt und diskutiert.

4.4.3 Verifizierung der Niederschlagsklassifizierung

Im Verlauf dieses Kapitels sollen die Anzahlverteilungen der aus den Volumendaten abgeleiteten Parameter für die drei unterschiedlichen Nieder-

schlagsklassen gezeigt, und infolgedessen die Analyse der gebildeten Niederschlagsklassen fortgesetzt werden.
Die Anteilsverteilungen der abgeleiteten Parameter sind in den Abbildungen 4.31 und 4.32 dargestellt. Auch aus diesen Darstellungen geht die erste, im vorangegangenen Abschnitt vorgenommene Einteilung der Niederschläge in eine stratiforme, eine konvektive und eine Mischklasse hervor.

Niederschlagsklasse B, stratiform

Die Niederschlagsklasse B, die als stratiform eingestuft wurde, zeichnet sich unter anderem durch hohe gefundene Anzahlen an Bright-Band-Signaturen (Abb. 4.31 (b)), geringe Höhen der Radar-Bins mit einer Reflektivität von mindestens 15 dBZ (Abb. 4.32 (b)) und die größten (negativen) Reflektivitätsdifferenzen zwischen 7 km bzw. 4 km und 2 km Höhe (Abb. 4.32 (f)) aus. Diese Parameter zeigen eine deutliche Abgrenzung der Klasse B von den beiden anderen gebildeteten Niederschlagsklassen und verdeutlichen den stratiformen Charakter dieser Niederschlagsereignisse.
So werden für die Klasse B die höchsten Anzahlen an Bright-Band-Signaturen gefunden. Während für die beiden anderen Niederschlagsklassen die maximale Anzahl der Bright-Band-Signaturen bei etwa 250 liegt, werden für die Niederschlagsklasse B im Maximum einem Volumenscan über 2000 Strahlen (Signaturen) gefunden, die die in Abschnitt 3.2.2 beschriebene radiale Reflektivitätsverteilung aufweisen.
Des Weiteren sind in dieser Klasse die Niederschlagsereignisse konzentriert, die sich durch geringe mittlere Höhen der Radar-Bins, deren Reflektivität auf Niederschlag schließen lässt, auszeichnen. Im Gegensatz zu den anderen beiden Klassen, in denen die mittlere Höhe dieser Radar-Bins bei über 5 km liegen kann, wird in Niederschlagsklasse B kein Ereignis mit einer mittleren Höhe größer als 2.5 km aufgefunden.
Ein weiterer Parameter, der die stratiforme Niederschlagsklasse B deutlich von den anderen Klassen trennt, ist die Differenz der Reflektivität zwischen 7 und 2 km Höhe. Wie bereits in Abschnitt 4.2.5 beschrieben und in Abbildungen 4.31 (d) sowie 4.32 (b) dargestellt, wird für ein stratiformes Niederschlagsereignis eine Konzentration der Radar-Bins mit Reflektivitäten größer als 15 dBZ in geringen Höhen sowie vergleichsweise niedrige Echotops erwartet (und in den Abbildungen auch gefunden). Dadurch wird die Reflektivität (in dBZ) in Höhen von 7 km in einem Großteil der Niederschlagsereignisse im Mittel sehr kleine (oder sogar negative) Werte annehmen. Da die Reflektivität in 2 km unter Umständen durch das Bright-Band erhöht ist, ergeben

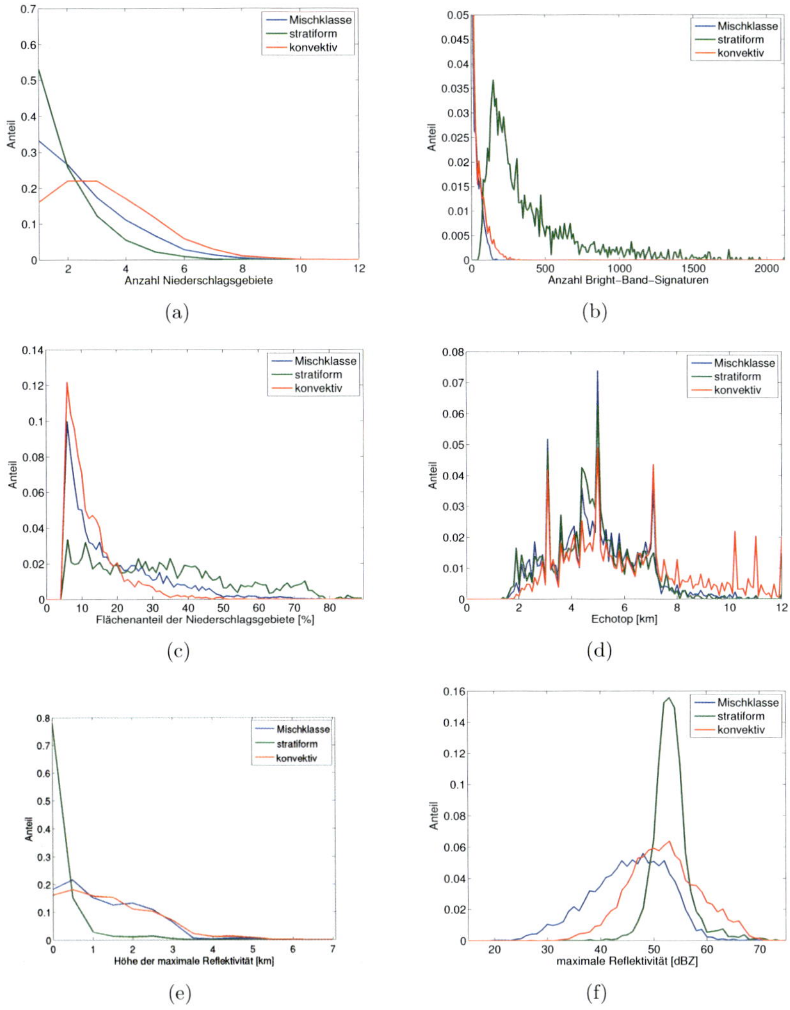

Abbildung 4.31: Anteilsverteilungen für die drei Niederschlagsklassen: (a) für die Anzahl der gebildeten Niederschlagsgebiete je Volumen-Scan, (b) für die Anzahl an Bright-Band-Signaturen, (c) für den Flächenanteil der Niederschlagsgebiete, (d) für die Echotops, (e) für die Höhe der maximalen Reflektivität und (f) die maximale Reflektivität je Volumen-Scan

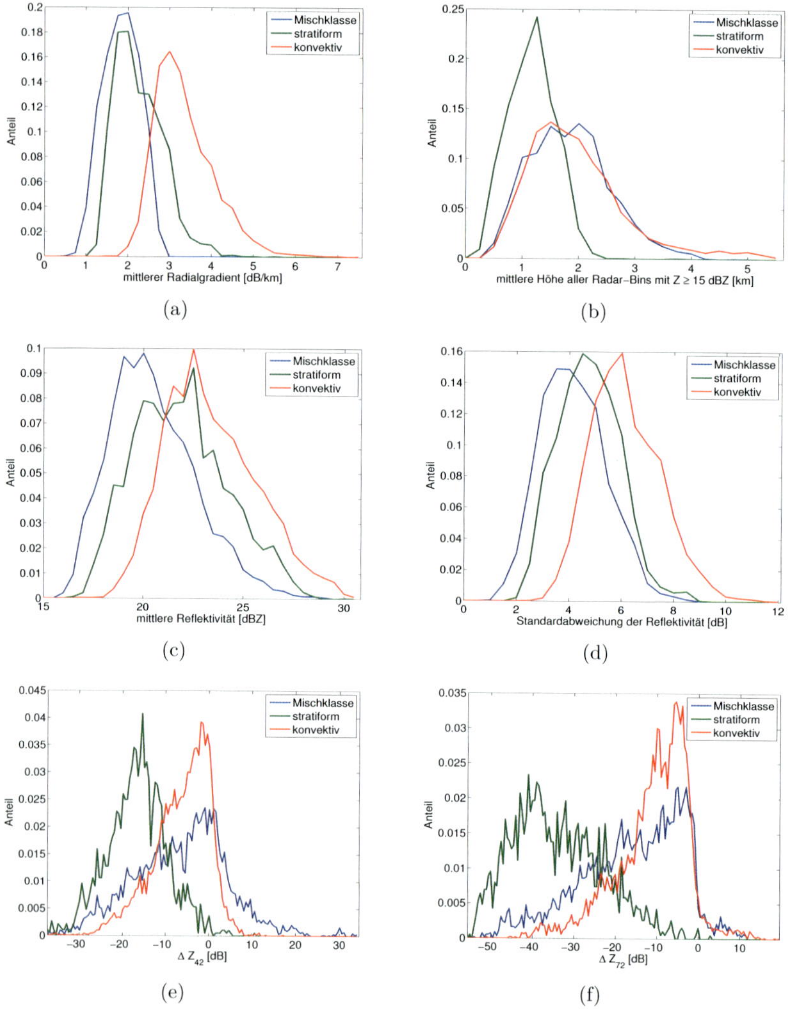

Abbildung 4.32: Anteilsverteilungen für die drei Niederschlagsklassen: (a) für den mittleren radialen Gradienten, (b) für die mittlere Höhe aller Radar-Bins, die eine minimale Reflektivität von 15 dBZ, (c) für die mittlere Reflektivität, (d) für die Standardabweichung der Reflektivität, (e) für die Reflektivitätsdifferenz zwischen 4 und 2 km Höhe und (f) für die Reflektivitätsdifferenz zwischen 7 und 2 km Höhe

sich zwischen diesen beiden Höhen besonders große negative Reflektivitätsdifferenzen. Abbildung 4.32 (f) verdeutlicht, dass die Reflektivitätsdifferenzen für die Klasse B zwischen -35 und -45 dB liegen, dagegen ergibt sich das Anteilsmaximum für die anderen beiden Klassen bei etwa 0 dB.

Niederschlagsklasse C, konvektiv

Durch Analyse der Anteilsverteilungen der Faktorenwerte auf den Hauptkomponenten konnte die Niederschlagsklasse C als Menge der konvektiven Niederschläge identifiziert werden. Die anhand der Verteilung der Faktorenwerte der 1. und 2. Hauptkomponente vorgenommene Einteilung kann durch Analyse der Werteverteilungen der Parameter bestätigt werden.
Abbildung 4.32 (a) zeigt die Verteilung des radialen Gradienten für die unterschiedlichen Niederschlagsklassen. Aus dieser Abbildung geht hervor, dass die Menge C der konvektiven Niederschläge die höchsten mittleren Radialgradienten mit einem Anteilsmaximum von über 3 dB/km aufweist, und maximale radiale Gradienten von bis zu 7 dB/km gefunden werden. Dagegen besitzen die Niederschlagsklassen A und B ihr jeweiliges Anteilsmaximum bei etwa 1.75 dB/km und weisen maximale Radialgradienten von 3 dB/km (Klasse A) bzw. 4.5 dB/km (Klasse B) auf.
Ähnliche Verteilungen zeigen sich in Abbildung 4.32 (c) und 4.32 (d) für die mittlere Reflektivität bzw. die Standardabweichung der Reflektivität. Auch für diese beiden Anteilsverteilungen ist sowohl das Anteilsmaximum als auch die maximalen Werte der beiden Parameter für die konvektive Klasse C deutlich größer als die der beiden übrigen Niederschlagsklassen.

Niederschlagsklasse A, Mischform

Wie in einem Großteil der in Kapitel 4.1 vorgestellten Arbeiten, die die Klassifizierung von Niederschlagsereignissen thematisieren, wird auch in dieser Arbeit neben konvektiven und stratiformen Niederschlägen eine dritte Niederschlagsklasse gefunden. Diese Niederschlagsklasse ist eine Mischung aus Klasse B (stratiform) und Klasse C (konvektiv) und die Eigenschaften der verschiedenen Parameter wechseln zwischen den Klassen. So weist beispielsweise Abbildung 4.31 (c) Niederschlagsereignisse aus, deren Niederschlagsgebiete einen Flächenanteil von bis zu 70 % ausmachen. Gleichzeitig zeigt die gleiche Abbildung, dass die meisten Niederschlagsereignisse lediglich einen kleinen Anteil der Fläche des gesamten Meßbereiches des IMK-Radars ausfüllen. Ein weiteres Beispiel für den Mischcharakter von Klasse A sind die

Verteilungen des radialen Gradienten und die mittlere Höhe aller Radar-Bins mit einer minimalen Reflektivität von 15 dBZ. Abbildung 4.32 (a) zeigt eine Verteilung des radialen Reflektivitätsgradienten, die der der Niederschlagsklasse B ähnelt. Dagegen geht aus Abbildung 4.32 (b) hervor, dass die Höhenverteilung der beschriebenen Radar-Bins mit der der konvektiven Niederschläge vergleichbar ist.
Eine auffällige Verteilung zeigt vor allem die maximale Reflektivität (siehe Abbildung 4.31 (f)), für die die maximale Anzahl aller Niederschlagsklassen bei einer Reflektivität von etwa 50 dBZ gefunden wird. Zusätzlich weist die Werteverteilung der stratiformen Niederschläge eine sehr enge Verteilung auf, die nahezu lediglich Reflektivitäten zwischen 45 und 60 dBZ beinhaltet. Diese Verteilung resultiert vermutlich aus dem Bright-Band. Zwar werden auch die Werte der dritten Elevation, in der die maximale Reflektivität abgeleitet wird, korrigiert, dennoch stammen diese Reflektivitäten vermutlich aus Bright-Band-Artefakten. Neben der Erklärung über die Erhöhung der Reflektivitäten durch das Bright-Band kann erneut die eingelagerte Konvektion als Grund für die enge Verteilung und die hohen Werte der maximalen Reflektivität je Volumen-Scan herangezogen werden.

Tabelle 4.3 zeigt die minimalen und maximalen Werte einiger Parameter sowie deren Durchschnittswerte und belegt die deutliche Trennung der beiden Niederschlagsklassen B und C. Des Weiteren kann anhand dieser Werte gezeigt werden, dass die Mischklasse (Klasse A) für manche Parameter, beispielhaft seien hier die Standardabweichung der Reflektivität $SD(Z)$ und die Echotops $ET_{15\text{dBZ}}$ genannt, den Werten der stratiformen Niederschläge (Klasse B) ähnelt. Dagegen gleichen die Wertebereiche für die Anzahl der Bright-Band-Signaturen N_{B-B} und die mittlere Höhe aller Radar-Bins mit einer Mindestreflektivität von 15 dBZ $\overline{H}_{Z\geq 15\text{ dBZ}}$ den Wertetripeln aus der Niederschlagsklasse C, die die konvektiven Niederschläge beinhaltet.

4.5 Schlussbetrachtung

In den vorangegangen Ausführungen wurde ein neues Verfahren aufgezeigt, Niederschlagsereignisse anhand von Parametern, die aus den Volumendaten eines C-Band-Radars abgeleitet wurden, in drei deutlich voneinander getrennte Klassen zu separerieren. Die Einteilung wurde anhand von drei Parametern, dem mittleren radialen Gradienten der Reflektivität, der Anzahl an Bright-Band-Signaturen sowie der mittleren Höhe aller Radar-Bins, die eine Reflektivität von mindestens 15 dBZ aufweisen, vorgenommen. Die-

Tabelle 4.3: Minimum, Mittelwert und Maximum verschiedener Parameter für die drei gebildeten Niederschlagsklassen

	A (Mischtyp)			B (stratiform)			C (konvektiv)		
	Min.	Mittel	Max.	Min.	Mittel	Max.	Min.	Mittel	Max.
1	1	2.50	11	1	1.82	8	1	3.27	12
2	0	8.18	166	47	387	2123	0	14.5	320
3	5.00	18.25	89.54	5.04	32.55	88.60	5.00	12.62	65.46
4	1.55	4.96	12.00	1.45	4.78	12.00	1.75	6.17	12.00
5	0.42	1.85	2.88	1.15	2.27	5.55	1.51	3.36	7.58
6	15.87	20.49	29.85	16.70	21.87	28.40	17.08	23.40	30.82
7	1.10	4.17	8.81	1.76	4.75	8.77	2.43	6.16	12.10
8	0.02	1.31	6.20	0.02	0.30	6.08	0.02	1.45	7.06
9	0.38	1.85	5.04	0.32	1.17	3.72	0.38	1.97	5.64
10	- 36.90	- 6.32	34.57	- 37.38	-16.54	10.76	- 37.28	- 6.22	17.23
11	- 55.54	- 15.88	11.50	- 55.10	- 34.05	3.01	- 51.06	- 10.91	19.57

1: N_{Gebiete}, 2: N_{B-B}, 3: $\frac{A_{15\mathrm{dBZ}}}{A_{\mathrm{Radar}}}$, 4: $ET_{15\mathrm{dBZ}}$, 5: $\overline{\partial Z/\partial D}$, 6: $\overline{Z}$, 7: $SD(Z)$, 8: $H_{Z_{\max}}$, 9: $\overline{H}_{Z\geq 15\mathrm{dBZ}}$, 10: $\Delta Z_{4,2\mathrm{km}}$, 11: $\Delta Z_{7,2\mathrm{km}}$

se Parameter wurden zunächst standardisiert und anschließend einer Hauptkomponentenanalyse unterzogen. Die durch die Hauptkomponentenanalyse erhaltenen Hauptkomponenten haben die Eigenschaft, dass sie untereinander vollkommen unkorreliert sind, wodurch sich die Klassifizierung mit k-means verbessert.

Die Einteilung der Niederschlagsklassen wurde mit den Faktorwerten auf den jeweiligen Hauptkomponenten durchgeführt. Die Anzahl der frei wählbaren Cluster wurde anhand des Silhouette-Werts durch Variation der Eingangsparameter und der Anzahl der Cluster bestimmt. Der Silhouette-Wert, der zwischen - 1 und + 1 liegen kann, wird für die vorgestellte Klassifizierung zu 0.80 berechnet. Eine weitere Aussage über die Qualität der vorgestellten Klassifizierung wurde über die Clusterzugehörigkeit aufeinanderfolgender Volumen-Scans vorgenommen. Anhand dieser Analyse wurde gefunden, dass etwa 85 % der Volumenscans mit einem zeitlichen Abstand von 10 Minuten in den gleichen Cluster einsortiert wurden.

Einen großen Anteil des Kapitels nimmt die Analyse der Wertebereiche der Parameter für die unterschiedlichen Cluster ein. Diese Untersuchungen zeigen, dass sich nicht nur die Eingangsparameter der Klassifizierung deutlich

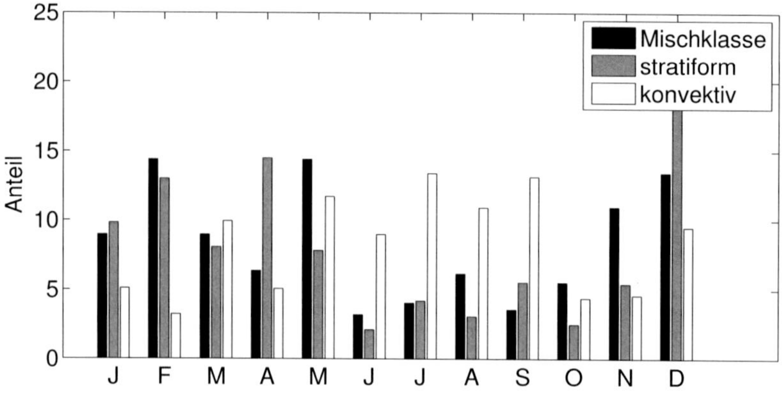

Abbildung 4.33: Verteilung der drei Niederschlagsklassen als Funktion des Monats

für die unterschiedlichen Klassen unterscheiden, sondern auch dass die weiteren Parameter, die zur Verifizierung verwendet wurden, eine deutliche Trennung zwischen den Klassen aufweisen. Durch Analyse der Parameter können die drei gebildeten Klassen als stratiform, konvektiv und eine Mischklasse identifiziert werden. Diese Typisierung der Klassen ergab sich bereits durch Analyse der Faktorenwerte und Ladungen der ersten beiden Hauptkomponenten und konnte somit durch die weitere Analyse der Parameter bestätigt werden.

Als abschließender Punkt dieses Kapitels soll die saisonale Verteilung der drei Niederschlagsklassen gezeigt werden. Hier wird erwartet, dass konvektive Ereignisse verstärkt in den Sommermonaten auftreten, während die stratiformen Ereignisse vorwiegend in der Wintermonaten zu finden sein sollten.

Abbildung 4.33 zeigt die saisonale Verteilung der Niederschlagsklassen über die einzelnen Monate des Jahres 2005. Hierbei wird deutlich, dass die konvektiven Niederschläge der Klasse C vor allem in den Monaten Mai bis September auftreten, während die stratiformen Niederschläge der Klasse B ihre maximale Häufigkeit in den Monaten Dezember bis April besitzen. Des Weiteren geht aus der Darstellung hervor, dass sich die Niederschläge des Mischtyps verstärkt in der Übergangsphase, also den Monaten Mai, November und De-

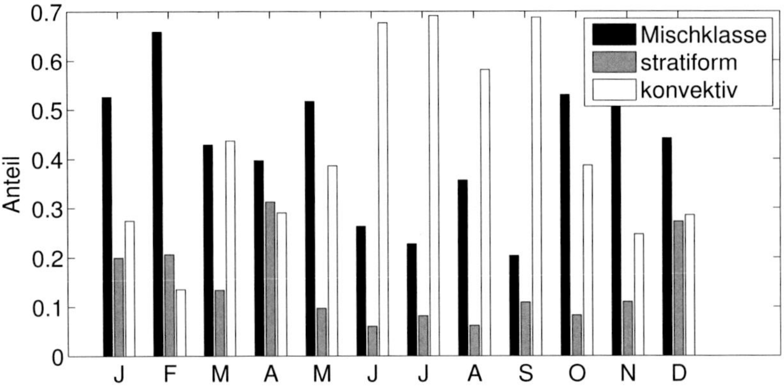

Abbildung 4.34: Monatlicher Anteil der drei Niederschlagsklassen an den gesamten Niederschlagsereignissen des jeweiligen Monats

zember, finden lassen.
Diese Analyse der vorgenommenen Niederschlagsklassifizierung bestätigt die Vermutung, so werden konvektive Niederschläge aufgrund der benötigten Labilität der Atmosphäre bevorzugt in den Sommermonaten und stratiforme Ereignisse verstärkt im Winterhalbjahr erwartet. Somit ist die saisonale Verteilung der Niederschlagsklassen ein weiterer Indikator der Stringenz der vorgestellten Niederschlagsklassifizierung.

Abbildung 4.34 zeigt den relativen monatlichen Anteil der Volumen-Scans, die in eine der drei Niederschlagsklassen einsortiert wurden, an den gesamten Volumen-Scans für den jeweiligen Monat. Diese Darstellung hat im Vergleich zu Abbildung 4.33 den Vorteil, dass die saisonale Verteilung der Niederschläge berücksichtigt wird. Abbildung 4.34 verdeutlicht zunächst, wie auch Darstellung 4.26, dass lediglich ein kleiner Anteil der Volumenscans in die Klasse der stratiformen Niederschläge einsortiert wird. Aus der Verteilung der Validierungsparameter (beispielsweise der maximalen Reflektivität in Abbildung 4.31(f)) kann geschlossen werden, dass in die Mischklasse vor allem die stratiformen Ereignisse mit eingelagerter Konvektion einsortiert werden, und in der stratiformen Niederschlagsklasse ausschließlich die rein stratiformen Niederschläge zu finden sind.
Neben der weiteren Charakterisierung der Niederschläge erlaubt Abbildung

4.34 eine tiefergehende Aussage über die zeitliche Verteilung der Niederschläge durch Berücksichtung des Jahresgangs des Niederschlags. Es wird deutlich, dass sich die konvektiven Niederschläge, wie schon in der Diskussion zu Abbildung 4.33 gefordert, in den sommerlichen Monaten finden lassen, während die stratiformen Niederschläge, bestehend aus der stratiformen und Mischklasse, bevorzugt in der anderen Jahreshälfte auftreten.

Kapitel 5

Eine alternative Methode der radargestützten Ableitung der Niederschlagsrate: Lokale Betrachtungsweise

Im vorangegangenen Kapitel wurde eine Niederschlagsklassifikation anhand von drei Parametern, die aus den großflächigen Volumendaten des IMK-C-Band-Dopplerradars abgeleitet wurden, durchgeführt. Die zur Einteilung der Niederschlagsereignisse identifizierten Parameter sind die Anzahl an Bright-Band Signaturen, der mittlere radiale Gradient sowie die mittlere Höhe aller Radar-Bins mit einer Mindestreflektivität von 15 dBZ. Anhand dieser Parameter und Methoden der multivariaten Statistik, nämlich der Hauptkomponentenanalyse und dem k-means Clusteralgorithmus, konnten drei Niederschlagsklassen gebildet werden, die als konvektiv (Klasse C), stratiform (Klasse B) sowie eine Mischklasse (Klasse A) identifiziert werden konnten.

Im vorliegenden Kapitel wird die Beziehung zwischen der Niederschlagsintensität R und verschiedenen, lokal abgeleiteten Parametern $P_1, ..., P_N$ untersucht, d.h. es wird eine Beziehung untersucht, die für die Orte gilt, an denen Niederschlag am Boden gemessen wird. Die Messungen stammen aus Messungen von Bodenstationen, die vom Deutschen Wetterdienst betrieben werden und in Abschnitt 3.2 aufgeführt sind.
Um die großen Streuungen zwischen Reflektivität Z und Niederschlagsrate R, die sich u.a. durch Variation des Tropfenspektrums ergeben (siehe Abschnitt 3.1.5), zu minimieren, werden die Reflektivitäts- und Stationsniederschlagswerte über eine Stunde gemittelt. Dabei werden nur Stunden in Betracht gezogen, die zu mindestens zwei Messzeitintervallen des Radars Niederschlag

an der jeweiligen Station regisitriert haben. Sind für die ausgewählte Stunde nur wenige Messdaten verfügbar, wird die Niederschlagshöhe auf eine Stunde extrapoliert. Um extreme Niederschlagsereignisse nicht in die Untersuchungen einfließen zu lassen, wurden lediglich Niederschlagsereignisse mit Intensitäten unterhalb des 99. Perzentils der maximalen, am Boden gemessenen Niederschlagsintensität betrachtet.

Im weiteren Verlauf des Kapitels wird aus den noch zu beschreibenden, lokal abgeleiteten Parametern $P_1, ..., P_N$ eine Beziehung der Form

$$R = \text{fct}(Z, P_1, ..., P_N) \tag{5.1}$$

für jede der in Kapitel 4 identifizierten Niederschlagsklassen bestimmt, und somit eine Beziehung entwickelt, die die Variabilität des Niederschlags besser als eine globale Z-R-Beziehung der Form $Z = aR^b$ berücksichtigen kann.

5.1 Ableitung und Diskussion der Parameter

In Tabelle 5.1 sind die Mittel- und Maximalwerte der im Folgenden betrachteten Parameter für drei verschiedene Intervalle der Niederschlagsrate hinsichtlich der abgeleiteten Niederschlagsklassen aufgeführt. Die Einteilung in Niederschlagsintensitätsintervalle wurde lediglich zur Veranschaulichung der Abhängkeit des jeweiligen Parameters von der Niederschlagsintensität R durchgeführt. In den späteren Auswertungen werden die Niederschlagsintensitäten R nicht in Intervalle gruppiert.

In der Tabelle wurden lediglich Niederschläge bis zu einer Intensität von 6 mm/h betrachtet. Diese obere Grenze wurde aus Gründen der Vergleichbarkeit der abgeleiteten Parameter zwischen den einzelnen Niederschlagsklassen eingeführt. So weisen nur noch etwa 2 % der Niederschläge, die in die Mischklasse eingruppiert oder als stratiform identifiziert wurden, Niederschlagsintensitäten größer als 6 mm/h aus. Aufgrund dieser geringen Anzahl an Niederschlagsereignissen besitzen die Parameter für höhere Niederschlagsintensitäten lediglich eine eingeschränkte Aussagekraft. In die jeweiligen Abbildungen gehen die Niederschläge, wie auch bei den weiteren Analysen, bis zum 99. Perzentil der am Boden gemessenen maximalen Intensität ein.

In den folgenden Abschnitten werden die Ableitungen der Parameter beschrieben und auf ihre Aussagekraft hin analysiert. Die Ergebnisse werden

Tabelle 5.1: Mittel- (jeweils 1. Zeile) und Maximalwert (jeweils 2. Zeile) der lokal abgeleiteten Parameter für drei Intervalle der Niederschlagsintensität R hinsichtlich der abgeleiteten Niederschlagsklassen.

	0 - 2 mm/h			2 - 4 mm/h			4 - 6 mm/h		
Parameter	Misch.	strat.	konv.	Misch.	strat.	konv.	Misch.	strat.	konv.
Z	23.0	22.8	24.1	27.6	28.1	27.9	30.0	29.3	30.5
[dBZ]	37.3	41.0	40.5	40.0	39.1	37.5	37.3	35.4	48.5
$SD(Z)$	2.2	2.1	3.6	2.6	2.4	4.0	2.8	2.8	4.4
[dB]	7.3	6.2	10.2	7.8	5.3	12.3	6.7	7.1	8.8
Z_{max}	25.9	26.0	28.0	30.7	31.6	32.0	33.0	33.3	33.5
[dBZ]	43.9	41.2	47.7	46.1	45.8	49.8	46.8	49.5	48.6
$H_{Z_{max}}$	1.8	1.8	1.9	1.8	1.9	2.0	1.8	1.9	1.7
[km]	4.1	3.5	4.7	3.9	3.3	4.4	3.3	3.0	3.0
ET	3.2	3.2	3.4	3.7	3.8	4.2	4.0	3.8	4.3
[km]	6.9	6.5	9.6	6.8	6.4	10.6	6.6	6.2	10.3
$\overline{Z}$	22.7	22.7	24.3	26.3	26.8	27.0	28.2	28.2	28.2
[dBZ]	35.8	35.9	39.6	34.7	35.9	37.4	36.4	35.6	38.9
$\mathrm{AMP}_{\mathrm{Profil}}$	6.7	6.7	8.0	9.6	10.5	11.1	11.0	11.2	12.1
[dB]	24.0	22.5	27.1	23.8	29.5	31.2	27.0	26.1	30.7
$\partial Z/\partial h$	5.0	5.1	5.6	5.6	5.9	5.7	5.4	6.4	5.8
[dB/km]	32.2	37.0	24.6	16.8	15.9	13.4	10.6	15.7	21.9
$\Delta Z_{4,2\ \mathrm{km}}$	- 23.9	- 21.5	- 27.2	- 23.5	- 20.8	- 23.0	- 23.8	- 25.0	- 23.4
[dB]	7.9	10.2	9.4	0.6	-2.1	4.6	-5.7	-5.3	3.0
$\Delta Z_{7,2\ \mathrm{km}}$	- 50.2	- 50.2	- 49.3	-53.5	- 53.3	- 50.4	- 56.0	- 53.6	- 50.7
[dB]	- 8.5	- 6.1	3.6	- 13.1	- 22.8	9.1	- 22.2	-34.9	-8.8

Die Parameter bedeuten im Einzelnen (siehe Abschnitt 5.1.1 - 5.1.3):

Z: lokale Reflektivität
$SD(Z)$: lokale Standardabweichung der Reflektitivät
Z_{max}: lokale maximale Reflektivität
$H_{Z_{max}}$: lokale Höhe der maximalen Reflektivität
ET: lokale Höhe der Echotops
$\overline{Z}$: lokal gemittelte Reflektivität
$\mathrm{AMP}_{\mathrm{Profil}}$: Differenz zw. max. und min.Reflektivität des lokalen Vertikalprofils
$\partial Z/\partial h$: lokaler vertikaler Gradient der Reflektivität
$\Delta Z_{7,2\ \mathrm{km}}$: lokale Differenz der Reflektivität zwischen 7 km und 2 km
$\Delta Z_{4,2\ \mathrm{km}}$: lokale Differenz der Reflektivität zwischen 4 km und 2 km

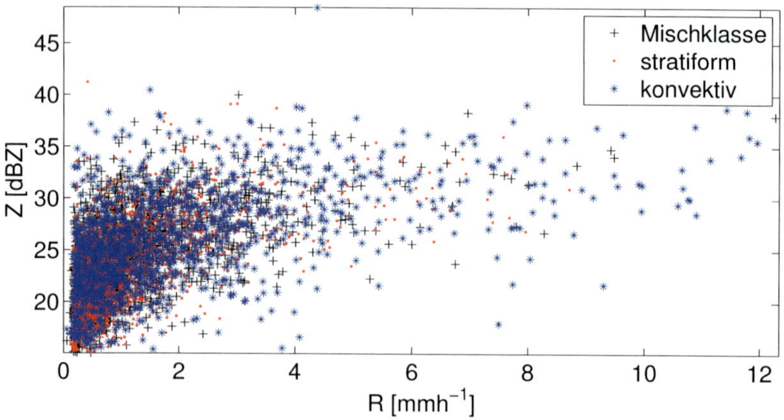

Abbildung 5.1: Streudiagramm der Reflektivität Z gegen die am Boden gemessene Niederschlagsrate R für die drei Niederschlagsklassen

jeweils als Streudiagramme präsentiert, während Mittel- und Maximalwerte jeweils in Tabelle 5.1 angegeben sind.

5.1.1 Die Reflektivität Z (im untersten Meßniveau)

Eine exponierte Rolle unter den in dieser und früheren Arbeiten mit einem radarmeteorologischen Hintergrund verwendeten Parametern zur Niederschlagsbestimmung nimmt die Reflektivität Z ein. Wurde in bisherigen Anwendungen der radargestützten Niederschlagsmessung ausschließlich die Reflektivität Z zur Ableitung des Bodenniederschlags R genutzt, werden in der vorliegenden Arbeit zusätzlich weitere Größen berücksichtigt.
Die lokale Reflektivität Z wird aus dem Mittelwert der Reflektivitätswerte in einem 3.5 km $\times$ 5° großen Fenster oberhalb der jeweiligen Bodenstation gebildet (Für eine genaue Höhenangabe siehe Tabelle 3.4 auf Seite 51.). Um störende Effekte durch Ground-Clutter zu vermeiden, werden ausschließlich Reflektivitätsdaten, die mit einem Elevationwinkel von 2.0° aufgezeichnet wurden, verwendet. Die angewendeten Methoden der Korrektur zur Ableitung der Reflektivitätsdaten wurden bereits ausführlich in Abschnitt 3.2.2 diskutiert.

Die Reflektivitätswerte für die drei in Kapitel 4 abgeleiteten Niederschlagsklassen sind in Abbildung 5.1 als Streudiagramm als Funktion der am Boden gemessenen Niederschlagsrate R dargestellt. Hier sieht man besonders deutlich, dass es keine eindeutige Zuordnung zwischen Z und R gibt: So variieren beispielsweise für eine feste Niederschlagsrate von $R = 2$ mm/h die Reflektivitäten zwischen etwa 17 dBZ und 37 dBZ.

Die Streuung der Reflektivitätswerte weist Unterschiede zwischen den drei Niederschlagsklassen auf. So ist für die konvektiven Niederschläge die Streuung der Reflektivität bei konstanter Niederschlagsrate R am größten (siehe Tabelle 5.1, erste Zeile und Abschnitt 5.1.2). Dagegen unterscheiden sich die mittleren Reflektivitäten, die für die konvektiven Niederschläge bestimmt wurden, nur unwesentlich von den entsprechenden Werten der übrigen Klassen.

Einen weiteren Anhaltspunkt für die starke Streuung der Reflektivität der konvektiven Niederschläge geben die zusätzlich zu den Werten in Tabelle 5.1 berechneten Standardabweichung für alle lokalen Reflektivitäten Z der drei Niederschlagsklassen. So liegen die Standardabweichungen der Reflektivitäten je nach betrachtetem Niederschlagsintervall für die konvektiven Niederschläge zwischen 4.1 und 4.6 dB, während für die beiden anderen Niederschlagsklassen lediglich Werte von etwa 3.5 dB gefunden werden.

Des Weiteren geht sowohl aus Tabelle 5.1 als auch aus Abbildung 5.1 hervor, dass die mittlere Reflektivität mit der Regenrate R ansteigt. Dieser Anstieg ist zwischen dem ersten und zweiten Niederschlagsintervall augeprägter als zwischen dem zweiten und dem dritten Intervall. Somit kann vermutet werden, dass die Änderung der Reflektivität nicht linear, sondern wie bei der Z-R-Beziehung, einem Potenzgesetz folgt.

5.1.2 Die Standardabweichung der Reflektivität (im untersten Meßniveau)

Wie im vorigen Abschnitt werden zur Bestimmung der Standardabweichung der Reflektivität $SD(Z)$ lediglich die bei einem Elevationswinkel von 2.0° aufgezeichneten Radar-Bins des 3.5 km × 5° großen Fensters mit einer Reflektivität größer als 15 dBZ herangezogen. Man bemerke, dass die (großräumig abgeleitete) Standardabweichung bereits verwendet wurde, um die Niederschlagsereignisse zu verifizieren (siehe Abschnitt 4.4.3).

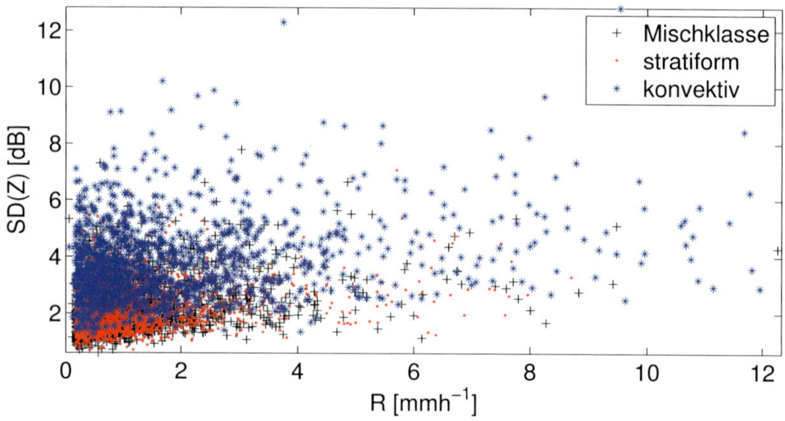

Abbildung 5.2: Streudiagramm der Standardabweichung der Reflektivität $SD(Z)$ gegen die am Boden gemessene Niederschlagsrate R für die drei Niederschlagsklassen

Die Streudiagramme der Standardabweichung $SD(Z)$ für die drei Niederschlagsklassen der Reflektivität Z gegen die Bodenniederschlagsrate R sind in Abbildung 5.2 dargestellt.
Waren die in Abbildung 5.1 dargestellten Unterschiede zwischen den einzelnen Klassen noch wenig ausgeprägt, zeigt sich in Abbildung 5.2 ein deutlich unterschiedliches Verhalten zwischen den drei Niederschlagsklassen: Besonders die für konvektive und stratiforme Niederschläge abgeleiteten Wertepaare aus Niederschlagsrate und der Standardabweichung differieren signifikant. So werden in konvektiven Niederschlägen, auch für geringe Niederschlagsraten, größere Standardabweichungen als in stratiformen Niederschlägen gefunden.

Aus der Tabelle 5.1, Zeile 2, geht hervor, dass die Standardabweichungen für die konvektiven Ereignisse den größten Wert einnehmen und im Fall von stratiformen Niederschlägen sowie den Niederschlägen der Mischklasse vergleichbare Werte Werte gefunden werden. Für alle drei Niederschlagstypen wird deutlich, dass die gemittelte Standardabweichung - im Gegensatz zu den maximalen Werten - einen deutlichen Zusammenhang mit der Niederschlagsintensität R aufweist. So nehmen die Werte der gemittelten Standardabweichung mit zunehmender Niederschlagsintensität R zu. Da die Standardabweichung $SD(Z)$ lediglich aus Reflektivitäten größer als 15 dBZ berechnet wird, kann es gerade bei konvektiven Niederschlägen, die eine geringere horizontale Ausdehnung als stratiforme Ereignisse haben, passieren, dass nur eine geringe Anzahl der betrachteten 35 (= 5° × 3.5 km/0.5 km) Radar-Bins, diese Bedingung erfüllt und aus der geringeren Anzahl an betrachteten Werten ein größerer Wert der Standardabweichung folgt.

5.1.3 Untersuchung der Vertikalstruktur der Reflektivität

Während bislang nur Daten, die die unterste Meßhöhe betreffen, analysiert worden, wird jetzt die Vertikalstruktur der Reflektivität eingegangen. In jeder der Elevationen 3 bis 14, die einem Elevationswinkel zwischen 2.0 und 30.0° entsprechen, wurde das Radar-Bin gesucht, das bei Projektion auf den Boden den geringsten horizontalen Abstand zum Mittelpunkt des 3.5 km × 5° großen Fensters aufweist. Dieser Abstand muss zusätzlich kleiner als 200 Meter, also weniger als die halbe radiale Entfernung zwischen den Radar-Bins, sein. Erfüllt das gefundene Radar-Bin diese Bedingung, wird mit diesem Radar-Bin als Mittelpunkt erneut ein 3.5 km × 5° großes Fenster gebildet, und sowohl geometrische Höhe als auch die Reflektivität durch Mittelung der entsprechenden Höhen- und Reflektivitätswerte ermittelt.
Aus der so bestimmten Vertikalstruktur werden die nachfolgend beschriebenen Parameter abgeleitet. Eine Übersicht über die abgeleiteten Parameter findet sich in Abbildung 5.3.

Der Wert und die Höhe der maximalen Reflektivität

Wie die Standardabweichung wurden die Werte für die maximale Reflektivität Z_{max} und deren Höhe $H_{Z_{max}}$ schon früher zur Verifizierung der Niederschlagsklassifizierung für das komplette Messgebiet des IMK-Radars abgeleitet. Es konnte gezeigt werden, dass das Reflektivitätsmaximum konvektiver Niederschläge in größeren Höhen als für die beiden anderen Niederschlagstypen gefunden werden kann (siehe Abbildungen 4.31 (e) und (d) in Abschnitt 4.4.3).

Hier werden nun diese Parameter (ohne Änderung der Bezeichnung) am Ort der Bodenniederschlagsmessung untersucht (lokale Betrachtung). Dadurch soll geprüft werden, ob es eine Korrelation der maximalen Reflektivität und deren Höhe für die verschiedenen Niederschlagstypen mit der Niederschlags-

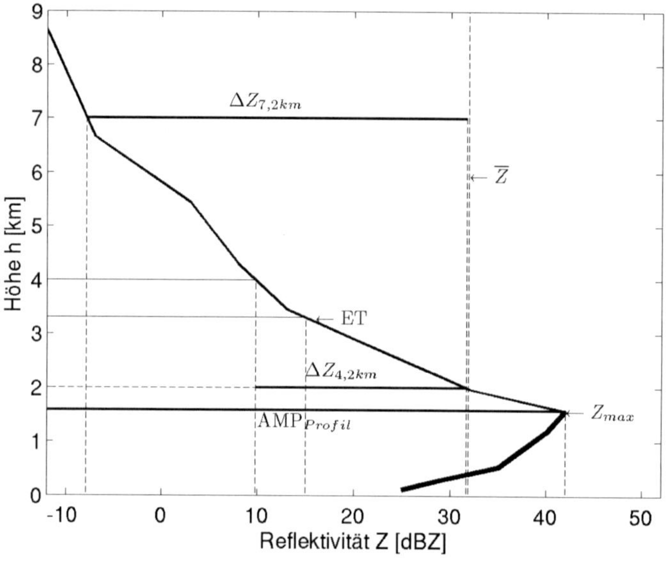

Abbildung 5.3: Schematische Darstellung der lokal abgeleiteten Parameter der Vertikalstruktur. Die detaillierte Beschreibung der dargestellten Parameter findet sich im jeweiligen Abschnitt.

rate am Ort der Niederschlagsmessung gibt. Die entsprechenden Streudiagramme sind in Abbildung 5.4 bzw. 5.5 dargestellt. Zusätzlich sind die jeweiligen Mittel- und Maximalwerte für drei Intervalle der Niederschlagsintensität für die drei Niederschlagsklassen in Tabelle 5.1, 3. und 4. Zeile, aufgeführt .

Aus Abbildung 5.4 geht, wie schon aus Abbildung 5.1, hervor, dass die maximale Reflektivität Z_{max} stark für konstante Niederschlagsraten streuen kann. Diese Streuung zeigt erneut die Probleme, die bei der Ableitung der Niederschlagsrate R anhand eines einzelnen Parameters auftreten.
Dagegen unterscheiden sich die drei Niederschlagsklassen nur marginal durch die Werte der maximalen Reflektivität, lediglich für ersten beiden Niederschlagsintensitätsintervalle können die absoluten Maximalwerte der Reflektivität den konvektiven Fällen zugeordnet werden. Der gleiche Zusammenhang zwischen maximaler Reflektivität und der Niederschlagsklasse ergibt sich auch für die Mittelwerte der maximalen Reflektivitäten. Diese Werte weisen für die unterschiedlichen Niederschlagsklassen vergleichbare Werte auf.
Diese Beobachtungen decken sich - mit Ausnahme des Mittelwerts - mit den Ergebnissen, die in Kapitel 4 für die unterschiedlichen Niederschlagsklassen gefunden wurden. Auch in diesen Analysen konnte aufgrund der Ähnlichkeit zwischen den drei Klassen keine Klassifizierung anhand der maximalen Reflektivität vorgenommen werden.
Neben dem uneindeutigen Zusammenhang zwischen maximaler Reflektivität und Niederschlagsklasse geht aus Tabelle 5.1 ein deutlicher Zusammenhang zwischen der maximalen Reflektivität und der Niederschlagsintensität am Boden hervor. So nimmt sowohl der Maximal- als auch der Mittelwert der maximalen Reflektivität für die drei Niederschlagsklassen - mit Ausnahme des Maximalwerts der maximalen Reflektivität zwischen dem zweiten und dritten Niederschlagsintensitätsintervall der konvektiven Niederschläge - mit zunehmender Niederschlagsrate R zu.

Auch die in Abbildung 5.5 dargestellten Werte der Höhe der maximalen Reflektivität $H_{Z_{max}}$ unterscheiden sich kaum zwischen den drei Niederschlagsklassen. Allerdings geht aus Tabelle 5.1 deutlich hervor, dass die maximale Reflektivität mit zunehmender am Boden gemessener Niederschlagsintensität in geringeren Höhen aufgefunden wird. Somit sind $H_{Z_{\max}}$ und R negativ korreliert.

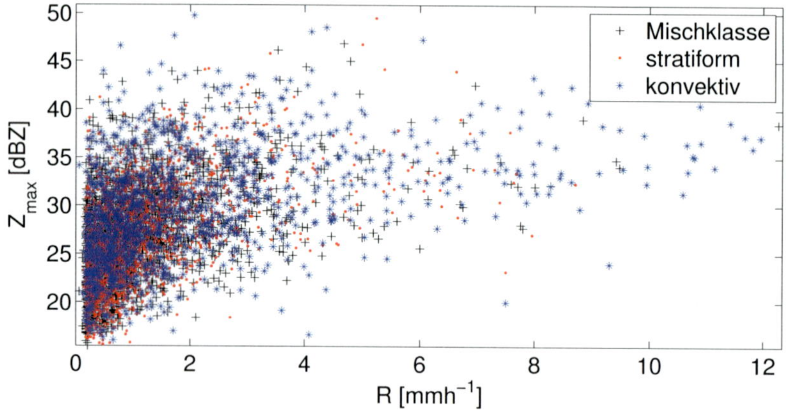

Abbildung 5.4: Streudiagramm der maximalen Reflektivität $Z_{\max}$ des Vertikalprofils gegen die am Boden gemessene Niederschlagsrate R für die drei Niederschlagsklassen

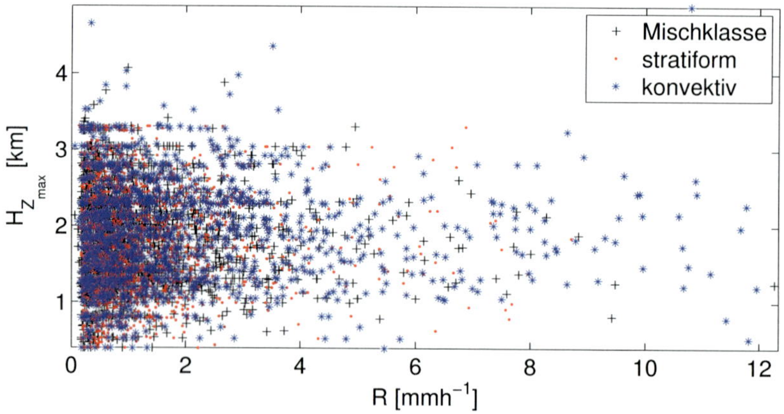

Abbildung 5.5: Streudiagramm der Höhe der maximalen Reflektivität $H_{Z_{\max}}$ gegen die am Boden gemessene Niederschlagsrate R für die drei Niederschlagsklassen

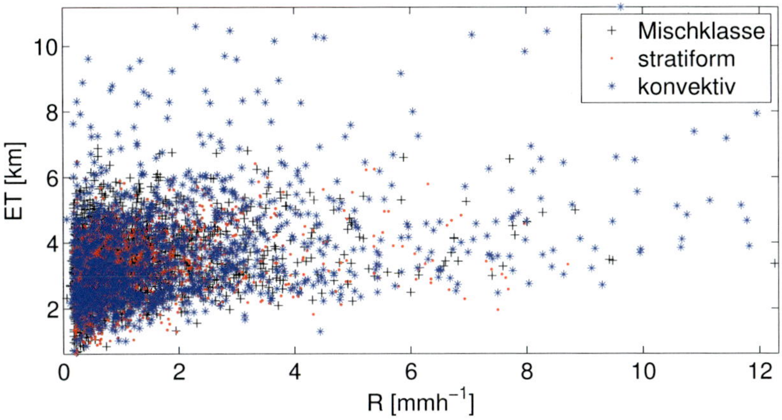

Abbildung 5.6: Streudiagramm der Echotops ET gegen die Niederschlagsrate R für die drei Niederschlagsklassen

Die Höhe der Echotops

Die Echotop-Höhe ET wurde, wie andere Parameter auch, bereits in Kapitel 4 verwendet, um die erfolgte globale Einteilung der Niederschlagsereignisse zu verifizieren. Dabei wurde gefunden, dass konvektive Niederschläge allgemein größere Echotops als stratiforme Niederschläge aufweisen.
Die Echotops sind hier die maximalen Höhen, in denen eine minimale Reflektivität von 15 dBZ auftritt wird. Da das Vertikalprofil der Reflektivität vor allem in größerer Entfernung zum Radar sehr grob mit der Höhe aufgelöst ist, wird nicht die maximale Höhe des Radar-Bins verwendet, das eine Mindestreflektivität von 15 dBZ aufweist, sondern der entsprechende Höhenwert durch lineare Interpolation der Reflektivität mit einer Schrittweite von 10 Metern ermittelt.
Durch die Echotops wird daher die größte Höhe angegeben, in der aufgrund der Reflektivität auf Niederschlag geschlossen werden kann. Wie bereits in Kapitel 4 gezeigt, zeichnen sich konvektive Ereignisse allgemein durch höhere Echotops aus. Da die konvektiven Niederschläge ebenfalls durch höhere Niederschlagsintensitäten gekennzeichnet sind, kann eine positive Korrelation zwischen der Niederschlagsrate R und den Echotops ET erwartet werden.

Die in Abbildung 5.6 dargestellten Echotops für die drei Niederschlagsklassen zeigen, dass lediglich für konvektive Niederschläge Echotops oberhalb von 7 km gefunden werden. Echotops dieser Höhe werden lediglich in starken konvektiven Zellen detektiert, dagegen werden sowohl für stratiforme Niederschläge als auch für Ereignisse der Mischklasse die maximalen Echotops in einer Höhe von etwa 5 km gefunden.
Neben den Unterschieden zwischen den verschiedenen Niederschlagstypen weist Abbildung 5.6 auch eine leichte Zunahme der minimalen Höhe der Echotops mit der Regenrate auf. So werden für Niederschlagsraten $R < 1$ mm/h die minimalen Echotops in etwa 1 km Höhe gefunden. Für Niederschlagsraten ab etwa 3 mm/h werden die minimalen Werte für die Echotops dagegen in einer Höhe von etwa 2 km gefunden. Im Gegensatz dazu kann für die obere Grenze der Echotops ein solcher Zusammenhang nicht aus der Abbildung 5.6 abgeleitet werden: So werden bereits für kleine Niederschlagsraten Echotops von über 9 km gefunden.
Diesen Zusammenhang zwischen den Echotops und der Niederschlagsrate R weist auch Tabelle 5.1, Zeile 5, aus. Aus der Tabelle geht deutlich hervor, dass die Echotops mit zunehmender Bodenniederschlagsrate R im Mittel in einer größeren Höhe gefunden werden. Dieser Zusammenhang kann für jede der drei abgeleiteten Niederschlagsklassen aufgefunden werden.

Die gemittelte Reflektivität des Vertikalprofils

Zur Bestimmung der gemittelten Reflektivität $\overline{Z}$ des Vertikalprofils werden nur Reflektivitätswerte herangezogen, die aufgrund ihres Betrages von mehr als 15 dBZ Niederschlag zugeordnet werden können.
Die mittlere Reflektivität $\overline{Z}$ wird durch

$$\overline{Z} = \frac{1}{n} \sum_{i=1}^{n} Z_{i,Z \geq 15 \text{ dBZ}} \tag{5.2}$$

bestimmt und ist somit das arithmetische Mittel aller Reflektivitäten größer als 15 dBZ.

Abbildung 5.7 zeigt die Verteilung der gemittelten Reflektivität, die aus dem Vertikalprofil ermittelt wurde, für die drei Niederschlagsklassen. Wie bereits in Abbildung 5.4 können die Niederschlagsklassen, insbesondere die stratiformen Ereignisse sowie die Niederschläge der Mischklasse, nur schlecht voneinander unterschieden werden. Daneben geht aus Abbildung 5.7 die starke

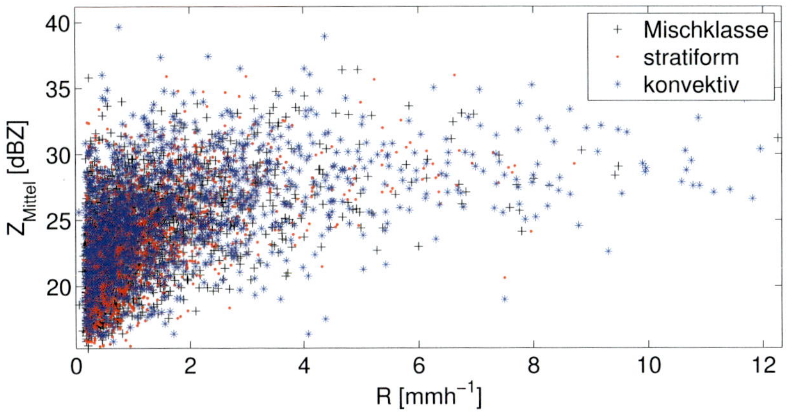

Abbildung 5.7: Streudiagramm der gemittelten Reflektivität $\overline{Z}$ des Vertikalprofils gegen die Niederschlagsrate R für die drei Niederschlagsklassen

Streuung der gemittelten Reflektivität des Vertikalprofils hervor, die besonders für die konvektiven Niederschläge sehr ausgeprägt ist.
Die positive Korrelation zwischen den abgeleiteten gemittelten Reflektivitäten des Vertikalprofils und der Niederschlagsrate R wird durch Tabelle 5.1, Zeile 6, verdeutlicht. Diesen Zusammenhang zeigen besonders die Mittelwerte der jeweiligen Intensitätsklassen. So wächst dieser Mittelwert mit steigender Niederschlagsintensität für alle drei Niederschlagsklassen an. Dieser erwartete Zusammenhang kann dagegen in den Maximalwerten der mittleren Reflektivität des Vertikalprofils nicht abgelesen werden.

Die Amplitude des Vertikalprofils der Reflektivität

Die Amplitude $\mathrm{AMP_{Profil}}$ des Vertikalprofils berechnet sich aus der Differenz der maximalen und der minimalen Reflektivität

$$\mathrm{AMP_{Profil}} = Z_{\max} - Z_{\min} \tag{5.3}$$

Zur Ableitung werden nur Reflektivitäten mit einem Werte oberhalb von 15 dBZ verwendet.

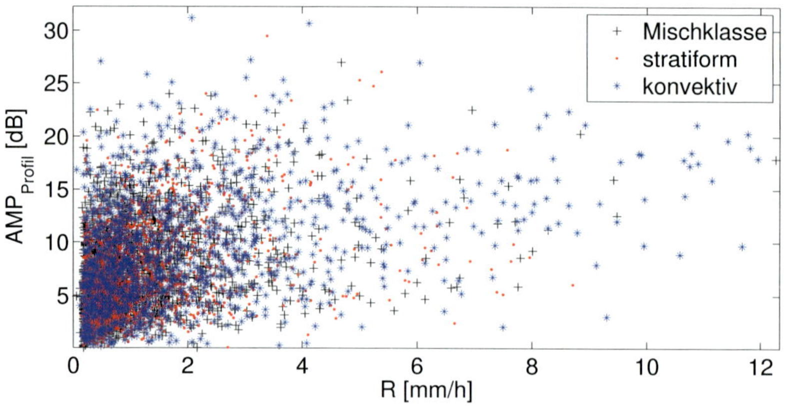

Abbildung 5.8: Streudiagramm der Amplitude AMP_{Profil} des Vertikalprofils gegen die Niederschlagsrate R für die drei Niederschlagsklassen

Die Streudiagramme zwischen der Niederschlagsrate und der Amplitude des Vertikalprofils sind für die drei Niederschlagsklassen in Abbildung 5.8 dargestellt.

Durch die Theorie wären für die konvektiven Ereignisse, die sich allgemein durch eine homogenere Vertikalstrukur der Reflekivität auszeichen (siehe auch Hannesen (1998)), niedrigere Werte als für die stratiformen Ereignisse zu erwarten gewesen. Zusätzlich kann die maximale Reflektivitätsdifferenz des Vertikalprofils in stratiformen Niederschlägen durch die Überhöhung der Reflektivität innerhalb des (eventuell nichtdetektierten) Bright Bands intensiviert sein.

Die Abbildung verdeutlicht die große Streuung der Werte, die unabhängig von der Niederschlagsklasse ist. So decken die Werte für jede der drei Klassen beinahe gleichmäßig den gesamten Wertebereich von 0 - 30 dB ab. Die gefundenen Werte ähneln den Werten der vorher gezeigten maximalen Reflektivität des Vertikalprofils (vgl. Abbildung 5.4). Durch die Verteilung der maximalen Refektivität wird auch die Amplitude bestimmt, da der Wert für die minimale Reflektivität in allen Fällen nahe des Schwellwerts von 15 dBZ angesiedelt ist.

Während aus der Amplitude des Vertikalprofils kein eindeutige Aussage über die Dominanz einer Niederschlagsklasse getroffen werden kann, zeigt Tabelle 5.1, Zeile 7, einen deutlichen Zusammenhang mit der am Boden gemessenen Niederschlagsrate R auf: So weisen vor allem der Mittelwert der Amplitude für alle Niederschlagsklassen einen Anstieg mit zunehmender Niederschlagsrate auf.

Der vertikale Gradient der Reflektivität

Der vertikale Gradient berechnet sich aus der absoluten Differenz der Reflektivitätswerte aufeinanderfolgender Elevationen bis zum Reflektivitätsmaximum (siehe hervorgehobener Bereich in Abbildung 5.3). Somit wird der vertikale Gradient folgendermaßen bestimmt

$$\frac{\partial Z}{\partial h} = \frac{Z(h_i) - Z(h_{i+1})}{h_i - h_{i+1}} \tag{5.4}$$

Im Unterschied zur Ableitung des radialen Gradienten, der zur Klassifizierung der Niederschlagsereignisse verwendet wurde, beträgt der Abstand zwischen den entsprechenden Radar-Bins nicht mehr konstant 500 Meter, sondern ist eine Funktion der Entfernung zum Radar und des Elevationswinkels. Wie bei der Ableitung der Amplitude sowie der mittleren Reflektivität des Vertikalprofils werden ausschließlich Reflektivitäten größer als 15 dBZ betrachtet. Zusätzlich werden lediglich die Höhen vom Boden bis zum Reflektivitätsmaximum betrachtet. Diese Einschränkung wurde vorgenommen, um eine Aussage über die Vertikalstruktur der Reflektivtät in den untersten Elevationen, die einen größeren Einfluss auf den Bodenniederschlag als die Reflektivität in größeren Höhen hat, treffen zu können.

Die Abbildung 5.9 zeigt die Verteilung des entsprechend gebildeten mittleren vertikalen Gradienten mit der Niederschlagsrate für die drei abgeleiteten Niederschlagsklassen. Aus der Abbildung geht hervor, dass die maximalen Werte für den vertikalen Gradienten für die kleinen Niederschlagsintensitäten gefunden werden, so kann der vertikale Gradient für Niederschläge unter 1 mm/h für stratiforme Niederschläge Werte bis zu 37 dB/km annehmen. Dagegen, und entsprechend der erwarteten Verteilung, nehmen die Werte mit zunehmender Niederschlagsrate ab und liegen im Bereich zwischen 5 und 10 dB/km. Diese Abnahme des vertikalen Gradienten erklärt sich u.a. über das Auftreten des Bright-Band, das vor allem in stratiformen Niederschlägen mit geringen Niederschlagsintensitäten beobachtet werden kann und eine Erhöhung der Reflektivität als Effekt bewirkt. Trotz der vorgenommen Korrektur

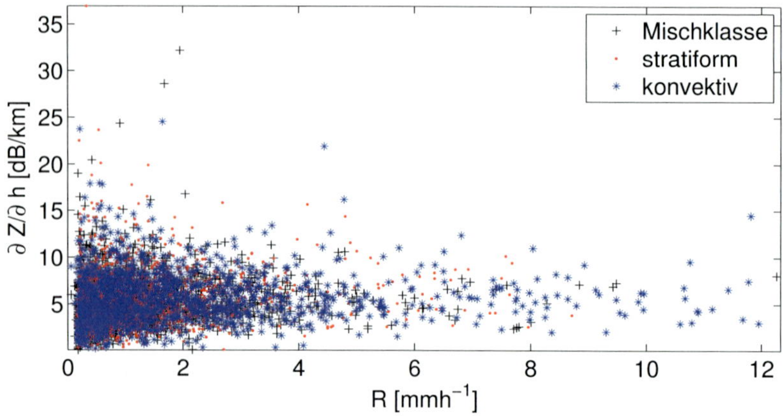

Abbildung 5.9: Streudiagramm des Reflektivitätsgradient $\partial Z/\partial h$ des Vertikalprofils gegen die Niederschlagsrate R für die drei Niederschlagsklassen

kann dieser Effekt scheinbar nicht komplett eliminiert werden, so dass in den Niederschlägen, die durch große Vertikalgradienten gekennzeichnet sind, ein Schmelzvorgang der Niederschlagspartikel vorzuliegen scheint.
Da das Bright Band, das den Vertikalgradienten deutlich beeinflusst, vor allem in stratiformen Niederschlägen aufzufinden ist, zeigt sich auch vor allem in solchen Niederschlägen ein Zusammenhang zwischen dem Vertikalgradienten und der Niederschlagsrate R. Dieser Zusammenhang wird besonders durch die Abnahme der Maximalwerte des Vertikalgradienten der Reflektivität in stratiformen Niederschlägen verdeutlicht (siehe Tabelle 5.1, Zeile 8). So werden in Niederschlägen mit einer Intensität unter 2 mm/h Gradienten von über 30 dB/km aufgefunden. Dieser Wert reduziert sich für stratiforme Niederschläge mit einer Intensität von mehr als 4 mm/h, in denen offenbar seltener Bright-Band-Signaturen gefunden werden, auf etwa 10 dB/km. Dieser Zusammenhang ist allerdings ausschließlich für die stratiformen Niederschläge zu beobachten, für die beiden anderen Niederschlagsklassen kann lediglich festgehalten werden, dass der vertikale Gradient für große Niederschlagsraten R geringere Werte als für mäßige Niederschlagsraten R annimmt.

Die Differenz zwischen den Reflektivitäten in verschiedenen Höhen

Wie auch zur Niederschlagsklassifikationen werden die Differenzen der Reflektivitätswerte zwischen zwei verschiedenen Höhen betrachtet, nämlich zwischen 7 km bzw. 4 km und 2 km Höhe (Bezeichnung $\Delta Z_{7,2\,\mathrm{km}} = Z_{7\,\mathrm{km}} - Z_{2\,\mathrm{km}}$ bzw. $\Delta Z_{4,2\,\mathrm{km}} = Z_{4\,\mathrm{km}} - Z_{2\,\mathrm{km}}$, siehe Abbildung 5.3). Da durch diese Parameter sowohl eine Information über die Höhe, in der noch Niederschlag aufgefunden werden kann, als auch über dessen Intensität erhalten werden soll, werden zur Ableitung dieser Differenzen auch Reflektivitätswerte unterhalb von 15 dBZ betrachtet. Daher können diese Parameter eine weitergehende Information als beispielsweise die Echotops geben, da neben der reinen Information über die Höhe der Reflektivität auch noch deren Intensität in verschiedenen Höhen in den jeweiligen Parameter einfließt.

Der Zusammenhang mit der Niederschlagsrate stellt sich dermaßen dar, dass konvektive Niederschläge, die im Allgemeinen durch eine höhere Intensität gekennzeichnet sind, auch eine größere vertikale Ausdehnung aufweisen, und sich somit im Mittel auch in größeren Höhen noch eine hohe Reflektivität gefunden werden kann. Somit sollte sich - verglichen mit den stratiformen Niederschlägen, in denen bereits in vergleichsweise geringen Höhen die minimale Rlektivität von - 31.5 dBZ gemessen wird, - eine betragsmäßig geringere Differenz zwischen den beiden Höhen ergeben. Durch das eventuelle Auftreten eines (evtl. unzureichend korrgierten) Bright-Band in einer Höhe von 2 km kann sich diese Differenz in stratiformen Niederschlägen noch ausgeprägter darstellen.

Abbildung 5.10 zeigt das Streudiagramm zwischen der Niederschlagrate und der Differenz der Reflektivitäten zwischen 4 und 2 km Höhe $Z_{4\,\mathrm{km}} - Z_{2\,\mathrm{km}}$. Aus der Darstellung geht eindeutig hervor, dass die Reflektivitätsdifferenzen in konvektiven Niederschlägen beinahe gleichmäßig über die betrachteten Intensitäten zwischen 0 und etwa - 60 dB angesiedelt sind. Dagegen zeigt sich für die anderen beiden Klassen eine Abhängigkeit von der Niederschlagsintensität, so werden die geringsten Werte der Differenz von etwa - 60 dB in Niederschlägen mit Niederschlagsraten kleiner als 3 mm/h detektiert. Dagegen zeigt Abbildung 5.10, dass für Niederschlagsraten oberhalb dieser Grenze von 3 mm/h auch die betrachteten Reflektivitätsdifferenzen gegen betragsmäßig kleinere Werte streben.
Tabelle 5.1, Zeile 9, zeigt, dass sich zwischen der maximalen Reflektivitätsdifferenz der betrachteten Höhen und der Niederschlagsrate R kein eindeutiger

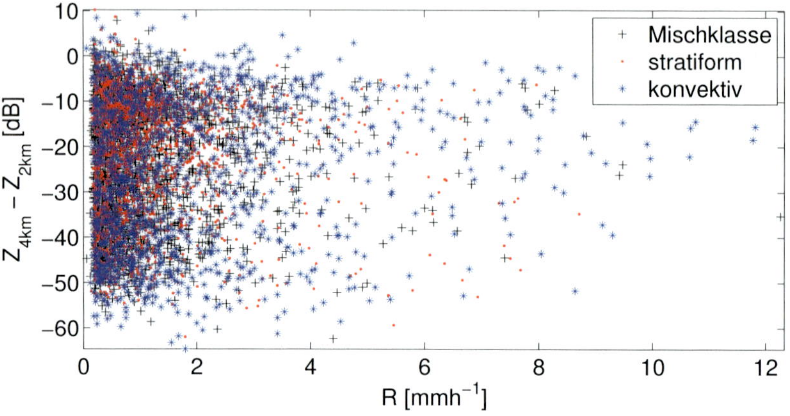

Abbildung 5.10: Streudiagramm der Reflektivitätsdifferenz $\Delta Z_{4,2\text{ km}}$ in 4 und 2 km Höhe gegen die Niederschlagsrate R für die drei Niederschlagsklassen

Zusammenhang einstellt. Dagegen ergibt sich, dass die maximalen Differenzen mit zunehmender Niederschlagsrate R abnehmen. Dieser Zusammenhang deckt sich mit dem Ergebnis, dass die maximale Reflektivität mit zunehmender Niederschlagsrate R in geringeren Höhen aufgefunden wird.

Eine diametrale Verteilung scheint aus Abbildung 5.11 für $Z_{7,2\text{ km}} = Z_{7\text{ km}} - Z_{2\text{ km}}$ ablesbar zu sein: So werden die maximalen Werte der Reflektivitätsdifferenzen zwischen 7 km und 2 km Höhe für Niederschläge der Mischklasse sowie der stratiformen Ereignisse für die kleinsten Niederschlagsintensitäten aufgefunden. Dieses Ergebnis, das scheinbar dem Zusammenhang zwischen hochreichender Konvektion und großen Niederschlagsintensitäten widerspricht, lässt sich dadurch erklären, dass ein Großteil der Niederschläge, die eine Reflektivitätsdifferenz von nahezu 0 dB bei kleinen Niederschlagsraten aufweisen, bereits unterhalb einer Höhe von 2 km den minimalen Reflektivitätswert von - 31.5 dBZ annehmen, diesen Wert auch für eine Höhe von 7 km aufweisen und die Differenz somit 0 dB ist.
Aus diesem Grund ist ein geringer Betrag der Differenz der Reflektivität zwischen einer Höhe von 7 und 2 kein ausreichender Indikator für hochreichende Konvektion, vielmehr muss bei der Interpretation dieser Ergebnisse auch

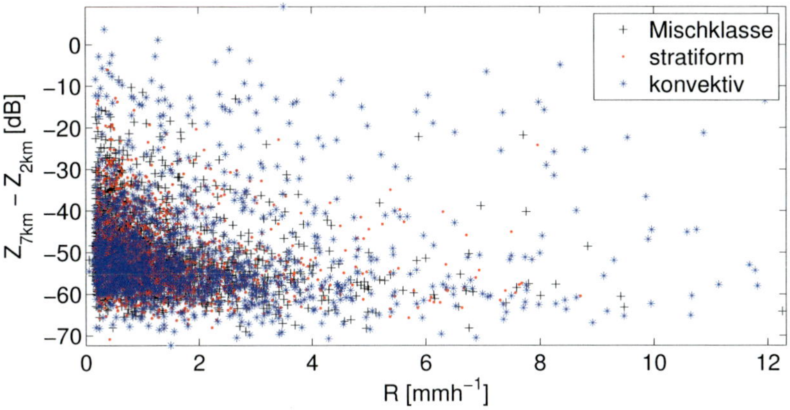

Abbildung 5.11: Streudiagramm der Reflektivitätsdifferenz $\Delta_{7,2\text{ km}}$ in 7 und 2 km Höhe gegen die Niederschlagsrate R für die drei Niederschlagsklassen

die Höhe der Echotops (siehe Abbildung 5.6), in der explizit ein minimaler Schwellwert von 15 dBZ vorausgesetzt wird, in Betracht gezogen werden. Dagegen geht aus Tabelle 5.1, Zeile 10, hervor, dass die gebildeten Reflektivitätsdifferenzen für die Niederschläge der drei gebildeten Niederschlagsklassen einen Zusammenhang mit der Niederschlagsintensität am Boden aufweisen, der sich sowohl im maximalen als auch - allerdings in geringerem Ausmaß - im mittleren Wert der Differenz niederschlägt. An diesen Werten kann eine deutliche Abnahme der gebildeten Differenzen bei zunehmender Niederschlagsintensität beobachtet werden.

5.2 Korrelationen der Parameter mit der Niederschlagsintensität

Um die beschriebenen Zusammenhänge zwischen den bisher abgeleiteten lokalen Parametern und der Bodenniederschlagsrate R quantifizieren zu können, sind in Tabelle 5.2 die entsprechenden Rangkorrelationskoeffizienten dargestellt. In dieser und den folgenden Untersuchungen wird von einer Einteilung in die Niederschlagsintensitätsintervalle aufgrund der operativen Ver-

Tabelle 5.2: Rangkorrelationskoeffizienten zwischen den lokal abgeleiteten Parametern und der Niederschlagsintensität für die drei Niederschlagsklassen für 2005

Parameter		Mischklasse	stratiform	konvektiv
Z	[dBZ]	0.52	0.55	0.52
$SD(Z)$	[dB]	0.07	0.12	0.14
Z_{max}	[dBZ]	0.43	0.44	0.42
$H_{Z_{\mathrm{max}}}$	[km]	−0.03	−0.02	−0.02
ET	[km]	0.25	0.25	0.30
$\overline{Z}$	[dBZ]	0.44	0.47	0.43
$\mathrm{AMP}_{\mathrm{Profil}}$	[dB]	0.29	0.27	0.33
$\partial Z/\partial h$	[dB/km]	0.14	0.14	0.07
$\Delta Z_{4,2\ \mathrm{km}}$	[dB]	0.04	0.04	0.15
$\Delta Z_{7,2\ \mathrm{km}}$	[dB]	−0.24	−0.25	−0.13

wendbarkeit der abgeleiteten Beziehungen zwischen den im vorangegangenen Abschnitt beschriebenen Parametern und der Niederschlagsrate R abgesehen.

Dabei wird deutlich, dass ein Großteil der lokal über den Stationen abgeleiteten Parameter nur eine sehr geringe Korrelation mit der Intensität des Niederschlags am Boden aufweist. Lediglich die Reflektivität Z, die maximale Reflektivität des abgeleiteten Vertikalprofils Z_{max} und die mittlere Reflektivität des Profils $\overline{Z}$ weisen Korrelationskoeffizienten (nach Spearman) größer als 0.45 auf. Die übrigen Rangkorrelationskoeffizienten dokumentieren lediglich einen geringen Zusammenhang des jeweiligen Parameters mit der Niederschlagsrate am Boden.
Auffällig ist weiterhin der Unterschied in der Korrelation zwischen der Niederschlagsintensität R und der Reflektivitätsdifferenz zwischen 4 km und 2 km bzw. 7 km und 2 km Höhe. Während sich zwischen R und der Differenz der Reflektivität zwischen 4 km und 2 km nahezu kein Zusammenhang einstellt, kann zwischen R und der Differenz der Reflektivität zwischen 7 km und 2 km zumindest eine schwache Korrelation mit Werten von etwa 0.25 für die Mischklasse und die konvektiven Niederschläge gefunden werden. Aufgrund der vorangegangenen Aussagen ist besonders der geringe korrelative Zusammenhang zwischen der Reflektivitätsdifferenz in 4 km und 2 km auffällig. Hier wäre aufgrund des deutlichen Zusammenhang ein größerer Korrelati-

onskoeffizient für die stratiformen Niederschläge zu erwarten gewesen. Auch zwischen den Niederschlagsklassen lassen sich nur geringe Unterschiede in der Korrelation zwischen der Niederschlagsrate R und dem jeweiligen Parameter finden, besonders die Korrelationskoeffizienten der Mischklasse und der stratiformen Niederschläge sind nahezu identisch.

Erste Versuche, eine Funktion zwischen der Niederschlagsrate R und den Parametern aus Tabelle 5.2 der Form $R = \text{fct}(Z, P_1, ...P_N)$ abzuleiten, wurde mit Methoden der multivariaten Regression und insbesondere der Response Surface Method (RSM) durchgeführt. Hierzu wurden jeweils die drei Parameter der jeweiligen Niederschlagsklasse verwendet, die die größte Korrelation mit der Niederschlagsrate R aufwiesen. Allerdings konnten durch diese Analysen keine zufriedenstellende Ergebnisse erzielt werden, wodurch diese Methoden nicht weiter verfolgt wurden.
Letztlich wurden künstliche neuronale Netze für die Ableitung einer Funktion zwischen den in Abschnitt 5.1 beschriebenen Parametern verwendet, die eine deutlich flexiblere Anpassung der Funktion an die Daten erlauben. In die verwendeten künstlichen neuronalen Netze gehen, trotz der geringen Korrelationen zwischen der Niederschlagsrate R und den lokal abgeleiteten Parametern, alle Parameter als Eingangsparameter zur Ableitung der Niederschlagsintensität R ein. Eine Selektierung der Parameter muss nicht erfolgen, da das neuronale Netz diese durch „Absterben" bestimmter Verbindungen, die eine bessere Ableitung der Zielgröße, also der Niederschlagsintensität, verhindern, selbständig vornimmt. Dennoch wurden verschiedene Konfigurationen der Eingangsparameter verwendet. Aus diesen Analysen ging hervor, dass die größte Übereinstimmung zwischen der abgeleiteten und der am Boden gemessenen Niederschlagsrate erhalten wird, wenn der vollständige Parametersatz verwendet wird.
Daher wird in den weiteren Auswertungen mit dem vollständigen Satz von lokal abgeleiteten Parametern gearbeitet. Diese zehn Parameter, die im vorangegangen Abschnitt abgeleitet wurden, werden im weiteren Verlauf der Untersuchungen noch durch die global abgeleiteten Parameter (siehe Kapitel 4), die ursprünglich zur Einteilung der Niederschläge verwendet wurden, ergänzt. Durch die Verwendung aller 25 Parameter (10 lokale und 15 globale Parameter) soll untersucht werden, ob die Klassifizierung der Niederschlagsereignisse durch das neuronale Netz bei 25 Eingangsparametern ausreichend ist und somit auf die in Abschnitt 4.4 vorgestellte Klassifizierung verzichtet werden kann.

5.3 Ableitung der Niederschlagsrate mittels eines künstlichen neuronalen Netzes

Wie unter anderem kapiteleinleitend beschrieben, ist ein Ziel der Arbeit die Ableitung einer Beziehung der Niederschlagsintensität aus Parametern, die aus Radardaten abgeleitet werden können. Diese Beziehung soll insbesondere solche Parameter berücksichtigen, die unterschiedliche Niederschlagsregime (z.B. konvektiv/stratiform) kennzeichnen. Eine solche Methodik sollte der Anwendung einer einzigen Beziehung zwischen Z und R (ohne zusätzliche Parameter und ohne Klassifizierung der Niederschläge) überlegen sein.
Diese Beziehung, die aufgrund der abgeleiteten Parameter bestimmte Charakteristika des dreidimensionalen Reflektivitätsfelds mit der Niederschlagsintensität R verknüpft, wird eine deutlich komplexere Struktur als die Z-R-Beziehung aufweisen. Aufgrunddessen sind neuronale Netze geeignet, um einen solchen Zusammenhang herzustellen (vgl. beispielsweise Liu *et al.*, 2001). Eine Einführung in die Funktionsweise neuronaler Netze ist in Anhang B gegeben.
Bevor die Konfiguration des verwendeten neuronalen Netzes beschrieben und die Ergebnisse diskutiert werden, wird ein kurzer Überblick über die bisherige Anwendung neuronaler Netze in der Radarmeteorologie gegeben.

Erste Versuche, die radargestützte Niederschlagsintensität weder über eine Z-R-Beziehung noch über eine Wahrscheinlichkeitsdichtefunktion zu ermitteln, beschreiben Xiao & Chandrasekar (1997), die ein Feedforward-Backpropagation-Netz mit zwei verdeckten Schichten verwendeten. Als Eingangsparameter verwendeten sie die Reflektivitäten aus CAPPIs vier verschiedener Höhen (1 - 4 km) sowie die mittleren Vertikalprofile zwischen diesen Schichten.
Einen ähnlichen Ansatz verfolgten Orlandini & Morlini (2000), die die mittlere Reflektivität aus 11 CAPPIs in ein Feedforward-Backpropagation-Netzwerk als Input einfließen ließen. Die vertikale Variabilität der Reflektivitäten wird durch eine Hauptkomponentenanalyse untersucht und es wurde gezeigt, dass die Reflektivitäten der ersten zehn CAPPIs stark miteinander korrelierten und daher auch stark in der ersten Hauptkomponente luden. Dagegen wiesen die Reflektivitäten des letzten CAPPIs eine hohe Ladung mit der zweiten Hauptkomponente auf. Somit wurde das neuronale Netz letztlich mit lediglich zwei Eingangsparametern betrieben. Durch die Arbeit konnte gezeigt werden, dass die Niederschlagsrate durch das neuronale Netz genauer abgeschätzt werden konnte, wenn die Faktorenwerte beider Hauptkomponen-

ten als Eingangsparameter verwendet wurden. Des Weiteren stimmte die so abgeleitete Niederschlagsrate besser mit den Referenzdaten der Bodenstationen überein, als wenn die Reflektivitäten anhand einer Z-R-Beziehung[1] ($Z = 200R^{1.6}$) in Niederschlagsintensitäten umgerechnet wurden.
Im Vergleich zu den bisher beschriebenen Arbeiten, in denen ein statisches neuronales Netzwerk verwendet wurden, setzten Liu *et al.* (2001) ein dynamisches neuronales Netz zur Ableitung der Niederschlagsintensitäten ein. Dieses neuronale Netz trainiert sich mit aktuellen Niederschlagsdaten und Reflektivitäten aus einer Höhe von 1 km selbständig und passt somit die Gewichte an den neuen und ständig wachsenden Trainingsdatensatz an. Die Auswertungen dieser Arbeit zeigen, dass die Korrelation zwischen Referenzniederschlagsintensität aus Bodenmessungen und aus Radardaten abgeleiteter Niederschlagsrate durch das adaptive neuronale Netz leicht verbessert werden kann. Des Weiteren konnten Liu *et al.* (2001) ebenfalls nachweisen, dass die Ableitung der Niederschlagsintensität mit Hilfe eines neuronalen Netzes bessere Übereinstimmung mit den Bodendaten als die Ableitung anhand einer Z-R-Beziehung liefert.
Eine Analyse der Anwendung neuronaler Netze zur Ableitung des Niederschlags in alpinem Gelände aus Radardaten zeigen Teschl *et al.* (2007), deren Auswertungen belegten, dass die derart abgeleiten Niederschlagsintensitäten besser mit den Referenzwerten aus (lediglich) zwei Bodenstationen übereinstimmen als bei vergleichbarer Ableitung anhand einer Z-R-Beziehung.

Die präsentierten Arbeiten zur Ableitung des Niederschlags mit Hilfe neuronaler Netze haben gemeinsam, dass sie lediglich die Reflektivität Z (nur Xiao & Chandrasekar (1997) verwenden zusätzlich das Vertikalprofil der Reflektivität) als Eingangsparameter für das neuronale Netz benutzen und sich die Auswertungen zusätzlich nur auf einen kurzen Zeitraum beziehen. So fließen meist nur Datensätze, die einen Monat umfassen, in die Arbeiten ein.
Im Gegensatz dazu wird das neuronale Netz in dieser Arbeit nicht nur durch Berücksichtigung von Z, sondern mehrerer Größen trainiert, die zusätzlich unterschiedliche physikalische Einheiten umfassen. So werden die neuronale Netze - für jede der in Abschnitt 4.4 gebildeten Niederschlagsklassen wird ein neuronales Netz verwendet - nicht nur anhand von Reflektivitäten trainiert, sondern auch charakteristische Höhen oder Differenzen von Reflektivitäten in verschiedenen Höhen als Eingangsparameter benutzt.
Ein weiterer Punkt, der die vorliegende Arbeit von den vorgestellten Studien

[1]Hier wie im Folgenden sind die Einheiten dieser Beziehung: R in mmh^{-1}, Z in mm^6m^{-3}.

abgrenzt, ist die Validierung des neuronalen Netzes. Während in den bisher erwähnten Arbeiten die Performance des neuronalen Netzes lediglich anhand des Vergleichs mit Daten, die zeitgleich mit den Daten der Trainingsphase abgeleitet wurden, getestet wurden, wird in dieser Arbeit das neuronale Netz auf einen Datensatz angewendet, dessen Daten für 2006 ermittelt wurden und somit die Leistungsfähigkeit der neuronalen Netze demonstriert.

5.3.1 Ergebnisse der Ableitung der Niederschlagsintensitäten anhand eines neuronalen Netzes für verschiedene Niederschlagsklassen

Das verwendete neuronale Netz ist ein Feedforward-Backpropagation-Netz mit einer verdeckten Schicht, die durch Anpassung der Gewichte den Zusammenhang zwischen Niederschlagsrate und Input-Parametern approximiert. Insgesamt werden zehn lokale Eingangsparameter verwendet (siehe Abschnitt 5.1) und somit ebenfalls zehn Neuronen in der Inputschicht installiert. In der verdeckten Schicht konnte durch 200 Neuronen eine größtmögliche Korrelation zwischen der Ausgabe des neuronalen Netzes und der Niederschlagsintensität erhalten werden. Aus diesem Grund werden die neuronalen Netze dieser Konfiguration u.a. in Tabelle 5.5 auf Seite 156, in der die Ergebnisse dieses Kapitels zusammengefasst werden, als „optimierte Netze" bezeichnet. Die Gewichtsanpassung erfolgt mit dem Levenberg-Marquardt-Algorithmus, der eine Erweiterung des Newton-Verfahrens darstellt und in Anhang B ausführlich beschrieben ist. Eine ausführliche Darstellung des Aufbaus und der Anwendung künstlicher neuronaler Netze findet sich in Zell (2004).

Zur Beschreibung der Leistung des neuronalen Netzes wird zunächst die Ableitung der Niederschlagsrate ohne Klassifikation der Niederschlagsereignisse präsentiert. Erst im weiteren Verlauf des Kapitels soll das neuronale Netz anhand der klassifizierten Niederschläge trainiert und somit die Notwendigkeit der vorgenommenen Klassifizierung demonstriert werden.

In Abbildung 5.12 sind die anhand des trainierten neuronalen Netzes abgeleiteten Niederschlagsintensitäten in einem Streudiagramm gegen die Bodenniederschlagsdaten aufgetragen. Der Korrelationskoeffizient zwischen der abgeleiteten und der am Boden gemessenen Intensität beträgt 0.66. Als Vergleich wurde mit der im DWD operationell eingesetzten Z-R-Beziehung ($Z = 256R^{1.42}$) eine Korrelation von etwa 0.64 bestimmt. Deutlich wird, dass

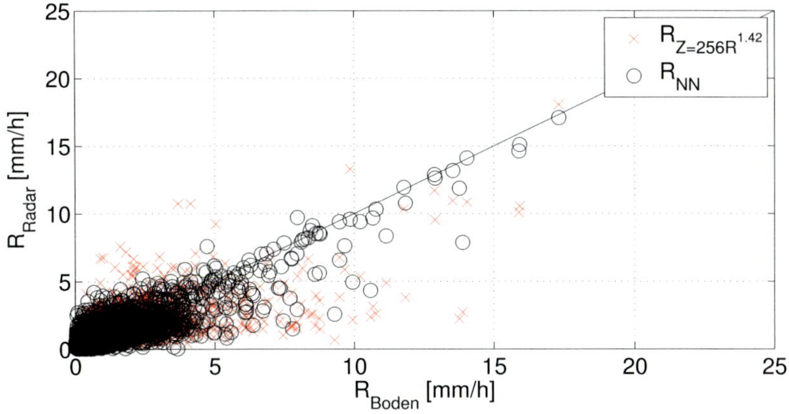

Abbildung 5.12: Streudiagramm der am Boden gemessenen Niederschlagsraten R_{Boden} gegen die anhand eines neuronalen Netzes sowie der operationell im DWD verwendeten Z-R-Beziehung abgeleiteten Niederschlagsintensitäten R_{Radar} für das Jahr 2005. Die Gerade ist die 1:1-Relation. $R_{NN} = R(\text{neuronales Netz})$

trotz der Ableitung mit Hilfe des neuronalen Netzes eine starke Streuung der Daten vorliegt, die allerdings deutlich geringer als bei Ableitung der Intensitäten anhand der klassischen Z-R-Beziehung ist. Dieser Umstand lässt sich durch den „root mean square error" ($RMSE$)

$$RMSE = \sqrt{(R_{\text{Boden}} - R_{\text{Radar}})^2} \tag{5.5}$$

statistisch belegen. Dieser Fehler beträgt bei Ableitung der Niederschlagsintensität mit einem neuronalen Netz 0.87 mm/h und bei Verwendung der operationell genutzten Z-R-Beziehung 1.23 mm/h.

Bereits durch Abbildung 5.12 kann die, verglichen mit einer üblichen Z-R-Beziehung, verbesserte Ableitung der Niederschlagsrate mit einem neuronalen Netz und den beschriebenen Eingangsparametern gezeigt werden. Im weiteren Verlauf des Kapitels ist je ein neuronales Netz für die drei abgeleiteten Niederschlagsklassen trainiert worden. Die Konfiguration des neuronalen Netzes wurde aus Gründen der Vergleichbarkeit der Daten konstant gehalten

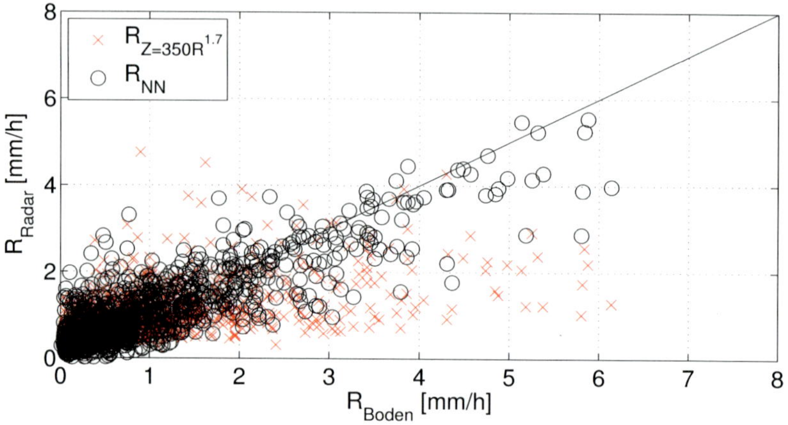

Abbildung 5.13: Streudiagramm der am Boden gemessenen Niederschlagsraten R_{Boden} gegen die anhand eines neuronalen Netzes sowie einer angepassten Z-R-Beziehung abgeleiteten Niederschlagsintensitäten R_{Radar} für die Niederschläge der Mischklasse im Jahr 2005. Die Gerade ist die 1:1-Relation. $R_{NN} = R(\text{neuronales Netz})$

und entspricht der einleitend beschriebenen.
Neben den anhand des neuronalen Netzes abgeleiteten Niederschlagsraten wird zum Vergleich noch eine angepasste Z-R-Beziehung durch Minimierung des quadratischen Fehlers zwischen gemessenem und abgeleitetem Bodenniederschlag ermittelt. Die so abgeleiteten Niederschlagsintensitäten werden gemeinsam in einem Streudiagramm gegen die am Boden gemessenen Niederschlagsintensitäten für die drei abgeleiteten Niederschlagsklassen dargestellt.

Ergebnisse für die Niederschläge der Mischklasse

In Abbildung 5.13 sind die Streudiagramme der Niederschlagsintensitäten, die über eine angepasste Z-R-Beziehung sowie das trainierte neuronale Netz abgeleitet wurden, gegen die an den Bodenstationen gemessenen Intensitäten für die Niederschlagsereignisse der Mischklasse dargestellt. Des Weiteren wurden, um Extremwerte nicht in die Auswertungen einfließen zu lassen, Niederschlagsintensitäten größer als das 99. Perzentil verworfen.

Die angepasste klassenspezifische Z-R-Beziehung wurde durch Variation von Faktor a und Exponent b in $Z = R^b$ mittels Minimierung des mittleren quadratischen Fehlers zwischen abgeleiteter und gemessener Niederschlagsintensität gebildet. Da durch die Z-R-Beziehung mit einem Exponenten b von 1.5 gute Ergebnisse erzielt werden (vgl. Hagen & Yuter, 2003), wurde dieser Wert lediglich zwischen 1.3 und 1.7 variiert. Dagegen wurde der Faktor a aufgrund der großen Streuung, die auch in Battan (1973) dokumentiert ist, zwischen 100 und 460 modifiziert.

Aus Abbildung 5.13 geht eindeutig hervor, dass die Niederschlagsintensitäten durch Anwendung des neuronalen Netzes besser als mit einer angepassten Z-R-Beziehung reproduziert werden können und somit auch deutlich konzentrierter an der Winkelhalbierenden liegen. Die anhand der Z-R-Beziehung $Z = 350R^{1.7}$ abgeleiteten Intensitäten weisen dagegen aufgrund der Ableitungsmethode der Z-R-Beziehung zu geringe Niederschlagsintensitäten aus. Dieser Effekt tritt besonders bei Niederschlägen mit großer gemessener Niederschlagsrate auf.
Zusätzlich werden für die herkömmlich abgeleiteten Niederschlagsintensitäten aber auch die größten positiven Abweichungen und somit die größte Streuung zwischen abgeleiteter und gemessener Niederschlagsintensität bei einer festen Bodenniederschlagsrate R (z.B. $R_{\text{Boden}} = 2$ mm/h) aufgefunden.

Diese Aussagen können durch zwei statistische Maßzahlen, den Rangkorrelationskoeffizienten und den mittleren quadratischen Fehler, bestätigt werden. Der mittlere quadratische Fehler wird durch die Abweichung zwischen abgeleiteter und gemessener Niederschlagsintensität nach anhand Gleichung 5.5 bestimmt. Dieser Wert beträgt für de Werte, die mittels des neuronalen Netzes ermittelt wurden, 0.57 und für die Z-R-Beziehung 0.85 mm/h. Somit verdeutlicht der mittlere quadratische Fehler wie auch die jeweiligen Korrelationskoeffizienten (r_S=0.71 (neuronales Netz) bzw. r_S=0.62 (Z-R-Beziehung)) die verbesserte Ableitung der Niederschlagsrate durch die Verwendung des neuronalen Netzes.

Ergebnisse für die stratiformen Niederschläge

Abbildung 5.14 zeigt das Streudiagramm der aus Radardaten abgeleiteten Niederschlagsintensitäten gegen die gemessenen Niederschlagsraten der Bodenstationen für die in Kapitel 4.4 als stratiform eingestuften Niederschläge des Jahres 2005. Auch aus dieser Abbildung geht deutlich hervor, dass durch die Ableitung der Niederschlagsraten mit einem neuronalen Netz eine deutlich konzentriertere Verteilung um die Ausgleichsgerade als durch Ableitung mit der Z-R-Beziehung erhalten wird.

Des Weiteren zeigt Abbildung 5.13 eine höhere Konzentration der abgeleiteten Niederschlagsintensitäten um die Ausgleichsgrade als für die Niederschläge der Mischklasse, die sich in einem höheren Rangkorrelationskoeffizienten und einem niedrigeren mittleren quadratischen Fehler ausdrückt. So beträgt der Korrelationskoeffizient $r_S = 0.77$ (neuronales Netz) bzw. 0.67 ($Z = 240R^{1.48}$) zwischen abgeleiteten und gemessenen Niederschlagsintensitäten. Neben der höheren Korrelation drückt sich die stärkere Konzentration durch den geringeren mittleren quadratischen Fehler aus. Dieser beträgt bei Ableitung der Niederschlagsintensitäten mit dem trainierten neuronalen Netz 0.53 mm/h und für die Z-R-Beziehung 0.82 mm/h. Der Wert des jeweiligen Fehlers ist somit kleiner als der für die Mischklasse bestimmte Wert (0.57 bzw. 0.88 mm/h). Diese Reduzierung des Fehlers resultiert aus den homogeneren Eigenschaften der stratiformen Niederschlagsereignisse im Vergleich zu denen der Mischklasse, die eine deutlich höhere Variabilität der Klassifizierungsparameter aufweisen und, je nach betrachtetem Parameter, konvektive oder stratiforme Eigenschaften aufweisen (siehe Abbildungen 4.31 und 4.32).

Ergebnisse für die konvektiven Niederschläge

Abbildung 5.15 zeigt das Streudiagramm der aus Radardaten abgeleiteten gegen am Boden gemessen Niederschlagsintensitäten für die konvektiven Niederschläge. Auch für die konvektiven Niederschläge gilt, dass die am Boden gemessenen Niederschläge mit einem neuronalen Netz im Vergleich zu einer angepassten Z-R-Beziehung, bestimmt wurde $Z = 160R^{1.62}$, besser reproduziert werden können. Besonders die starken Ausreißer lassen sich bei Verwendung eines neuronalen Netzes verhindern, da die Ableitung der Niederschlagsintensität aufgrund der größeren Zahl der Eingangsparameter besser an die vorherrschende Niederschlagssituation angepasst werden kann.

Die bessere Übereinstimmung zwischen am Boden gemessener und anhand des neuronalen Netzes abgeleiteter Niederschlagsintensität verglichen mit der angepassten Z-R-Beziehung, zeigt sich sowohl in der Korrelation als auch im mittleren quadratischen Fehler. Für den Korrelationsfaktor wurde ein Wert von 0.90 bzw. 0.65 für das neuronale Netz bzw. die angepasste Z-R-Beziehung

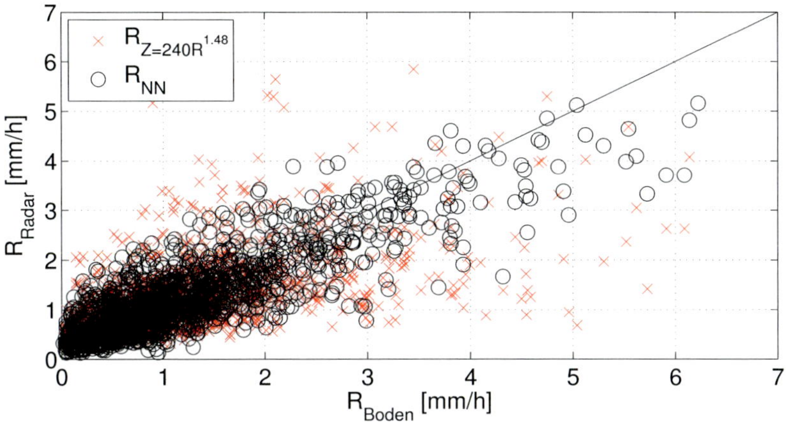

Abbildung 5.14: wie Abb. 5.13, aber für die stratiformen Niederschläge im Jahr 2005

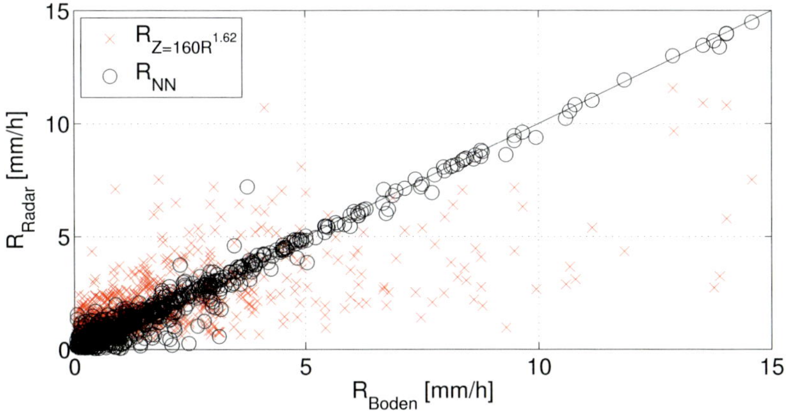

Abbildung 5.15: wie Abb. 5.13, aber für die konvektiven Niederschläge im Jahr 2005

bestimmt. Liegt der jeweilige Korrelationskoeffizient noch in der Größenordnung der für die übrigen Niederschlagsklassen bestimmten Korrelationskoefizienten, ergibt sich mit 1.90 mm/h bei Verwendung der angepassten Z-R-Beziehung für die konvektiven Niederschläge der größte mittlere quadratische Fehler. Bei Ableitung der Niederschlagsintensität anhand des neuronalen Netzes ergibt sich lediglich ein Wert von 0.46 mm/h.

5.3.2 Ergebnisse der Ableitung der Niederschlagsintensitäten ohne Einteilung der Niederschlagsereignisse

Bereits in Abbildung 5.12 wurden die abgeleiteten Niederschlagsintensitäten ohne vorherige Klassifizierung der Niederschläge dargestellt. Als Eingangsparameter für das neuronale Netz wurden lediglich die in Kapitel 5.1 beschriebenen Parameter verwendet und somit die großräumige Struktur des jeweiligen Niederschlagsereignisses unberücksichtigt gelassen. Demzufolge liefert das derart trainierte Netz schlechtere Ergebnisse, als wenn man die Niederschlagsergebnisse u.a. aufgrund ihrer großräumigen Struktur klassifiziert. Dennoch werden die Messungen der Bodenstationen besser als durch Ableitung der Intensität mit der operationell im DWD eingesetzten Z-R-Beziehung reproduziert.

Ein alternativer Versuch ist, das neuronale Netz zusätzlich zu den in Kapitel 5.1 beschriebenen, lokal oberhalb der Stationen abgeleiteten Parametern auch mit den großräumig bestimmten Klassifizierungsparametern (siehe Kapitel 4.2) zu trainieren und somit auch die großräumige Struktur des Reflektivitätsfeldes zu erfassen. Aufgrund der 15 zusätzlichen (global abgeleiteten) Eingangsparameter kann bei diesem Ansatz auf eine Klassifizierung der Niederschlagsreignisse verzichtet werden.
Aufgrund der veränderten Anzahl an Eingangsparametern wurde das neuronale Netz leicht modifiziert. So stehen in der Eingangsschicht nicht mehr 10, sondern aufgrund der 25 (15 globale Parameter, 10 lokale Parameter) Eingangsparameter 25 Zellen zur Verfügung. Auch die Konfiguration der verdeckten Schicht wurde geändert und besteht aus 100 Zellen (im ursprünglichen Ansatz waren es 200 Zellen). Ansonsten wurde die Konfiguration des neuronalen Netzes beibehalten und erneut ein Backpropagation-Feedforward-Netz sowie der Levenberg-Marquardt-Lernalgorithmus gewählt.

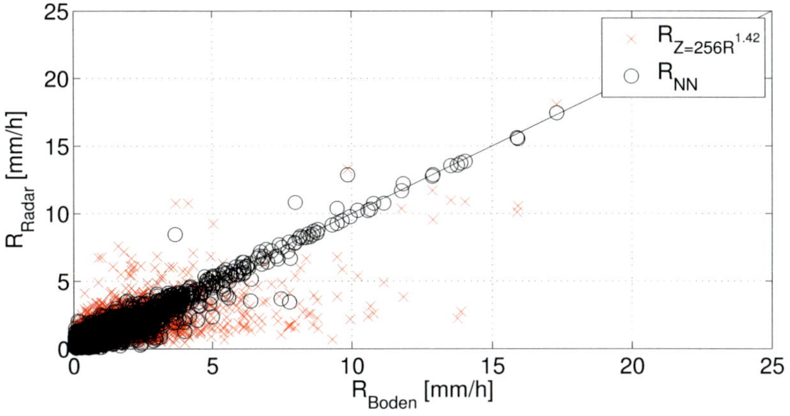

Abbildung 5.16: wie Abb. 5.13, aber für ein mit 10 lokal abgeleiteten und 15 global abgeleiteten Parametern trainiertes neuronales Netz für die Niederschläge im Jahr 2005

In Abbildung 5.16 ist das Streudiagramm der mittels eines neuronalen Netzes sowie der operationell im DWD verwendeten Z-R-Beziehung ($Z = 256R^{1.42}$) abgeleiteten Niederschlagsraten gegen die am Boden gemessenen Intensitäten dargestellt. Deutlich wird, dass durch die erhöhte Anzahl der Eingangsparameter, die auch die großräumige Struktur des Reflektivitätsfeldes abilden, eine deutlich bessere Ableitung der Niederschlagsrate mittels des neuronalen Netzes ermöglicht wird. Die so bestimmten Niederschlagsraten zeigen mit einer Korrelation von 0.96 eine bessere Übereinstimmung mit den Bodendaten als durch die jeweils für die Niederschlagsklassen trainierten neuronalen Netze für die eine Korrelation von zwischen 0.67 und 0.90 erreicht werden konnte (siehe Tabelle 5.5). Neben der Korrelation wurde als zweites statistisches Maß der $RMSE$ verwendet, der mit 0.51 mm/h in die gleiche Größenordnung fällt wie bei der Verwendung des jeweiligen neuronalen Netzes der klassifizierten Niederschläge.

Dementsprechend kann die Schlussfolgerung gezogen werden, dass durch das neuronale Netz eine vergleichbare Klassifizierung der Niederschläge wie mit den verwendeteten statistischen Methoden möglich ist. Allerdings wurde bei der in Kapitel 4 vorgestellten Niederschlagsklassifizierung Wert auf die physikalische Plausibilität der entstandenen Niederschlagsklassen gelegt und daher auch deren Anzahl so angepasst, dass die entstandenen Klassen physikalisch sinnvolle Eigenschaften aufweisen. Diese Plausibilität wird durch die Verwendung des neuronalen Netzes mit den Klassifizierungsparametern als Eingangsgrößen nicht berücksichtigt, wodurch eine feinere Einteilung der Niederschlagsereignisse möglich ist, und sich daher auch eine bessere Übereinstimmung zwischen abgeleiteter und gemessener Niederschlagsintensität ergibt.

5.4 Verifizierung der Anwendung neuronaler Netze zur Ableitung von Niederschlagsdaten

In diesem Kapitel werden die Ergebnisse der für das Jahr 2005 und für die jeweilige Niederschlagsklasse trainierten neuronalen Netze anhand der Daten eines zweiten Datensatz verifiziert. Dazu wurden sowohl die Klassifizierungsparameter als auch die lokal abgeleiteten Parameter für das Jahr 2006 bestimmt. Somit fließt verglichen mit den in Abschnitt 5.3 vorgestellten Arbeiten eine sehr viel größere Datenmenge in die Verifizierung ein. Des Weiteren wurden die Niederschlagsereignisse den in Kapitel 4.4 abgeleiteten Niederschlagsklassen zugeordnet.

5.4.1 Einteilung der Niederschlagsklassen für das Jahr 2006

Die Einteilung der Niederschlagsklassen des Jahres 2006 erfolgt anhand der großräumig abgeleiteten Parameter deren Anzahlverteilungen in Anhang C.1 dargestellt sind.
Wie bereits für das Jahr 2005 wurden lediglich Volumen-Scans ausgewertet, deren Analysefläche zu mindestens 5 % mit Niederschlag, der durch Reflektivitäten größer als 15 dBZ definiert ist, bedeckt ist. Für das Jahr 2006 standen insgesamt 12900 Volumen-Scans zur Verfügung, die diese Bedingung erfüllten.

Die Anzahlverteilungen der Parameter für das Jahr 2006 entsprechen im wesentlichen der des Jahres 2005, lediglich bei der mittleren und maximalen Reflektivität können Unterschiede ausgemacht werden (siehe Abbildungen C.7 bzw. C.8). So werden für diesen Parameter deutlich höhere mittlere Reflektivitäten ermittelt als im Vorjahr. Beträgt der maximale Wert für die mittlere Reflektivität für das Jahr 2005 etwa 30 dBZ (siehe Abbildung 4.8),

Tabelle 5.3: Ladungen der verwendeten Parameter auf die drei resultierenden Hauptkomponenten für das Jahr 2006

Parameter	HK_1	HK_2	HK_3
N_{B-B}	- 0.71	0.24	0.67
$\overline{\partial Z/\partial r}$	0.01	- 0.94	0.34
$\overline{H}_{15\mathrm{dBZ}}$	0.71	0.24	0.66

sind es für das Jahr 2006 mehr als 40 dBZ. In vergleichbarer Weise sind die Werte für die maximale Reflektivität der Volumenscans verteilt. So wird für das Jahr 2006 ein signifikanter Anteil an Volumenscans gefunden, die eine maximale Reflektivität von mehr als 80 dBZ aufweisen. Dagegen werden für das Jahr 2005 lediglich Reflektivitäten bis zu 70 dBZ gemessen (vgl. Abbildung 4.7).
Die weiteren Parameter differieren dagegen nur unwesentlich zwischen den beiden betrachteten Jahren. Besonders die Parameter, die die Vertikalstruktur der Niederschlagsereignisse abbilden, weisen nur minimale Unterschiede zwischen den beiden Jahren auf.
Aufgrund dieser Ähnlichkeit zwischen den Verteilungen der Klassifizierungsparameter soll keine detaillierte Diskussion der abgeleiteten Parameter des Jahres 2006 erfolgen. Alle für diese Arbeit relevanten Aspekte der Verteilungen können aus der detaillierten Diskussion des Kapitels 4.2 übernommen werden.

Für die Einteilung der Niederschlagsklassen werden die Anzahl der Bright-Band-Signaturen, der mittlere radiale Gradient und die mittlere Höhe der Radar-Bins mit einer Reflektivität von mindestens 15 dBZ ausgewählt. Diese Parameter werden einer Hauptkomponententransformation unterzogen und die anhand der erhaltenen Faktorenwerte der jeweiligen Niederschlagsklasse zugeordnet. Dazu wird der mittlere korrelative Abstand, $d = 1 - r_S$, des einzelnen ausgewerteten Volumenscans des Jahres 2006 zu den für das Jahr 2005 gebildeten Niederschlagsklassen gebildet. Der jeweilige Volumenscan wird der Niederschlagsklasse zugeordnet für die der geringste korrelative Abstand ermittelt wird. Diese Bildung der Niederschlagsklassen hat den Vorteil, dass konsistente Niederschlagsklassen zwischen den beiden betrachteten Jahren betrachtet werden können.

In Tabelle 5.3 sind die Ladungen der zur Niederschlagsklassifizierung verwendeten Parameter für die drei Niederschlagsklassen dargestellt. Diese Ladungen entsprechen nahezu denen der Niederschlagsklassen des Jahres 2005 und verdeutlichen somit bereits die Ähnlichkeit der jeweiligen korrespondierenden Niederschlagsklasse.
Diese übereinstimmenden Eigenschaften sind auch den weiteren Parametern zu entnehmen, deren Anteilsverteilungen in den Abbildungen C.21 bis C.32 gezeigt sind. Des Weiteren verdeutlichen und bestätigen diese Anteilsverteilungen der Parameter den jeweiligen Charakter der Niederschlagsklasse, wodurch nicht nur die aktuelle Einteilung der Volumenscans des Jahres 2006 in die drei Klassen, sondern auch die Anwendung des Verfahrens aus Hauptkomponenten- und Clusteranalyse bekräftigt wird.
Weitere Nachweise für die Anwendbarkeit des Klassifizierungsverfahrens und die (mikro-)physikalische Plausibilität der Niederschlagsklassen werden durch den Anteil aufeinanderfolgender Volumenscans, die der gleichen Klasse zugeordnet wurden (Abbildung C.19), sowie des monatlichen Auftretens der Niederschlagsklassen (Abbildung C.20) gegeben.
Dabei unterstreicht besonders der Anteil aufeinanderfolgender Volumenscans die Stimmigkeit der Klassifizierung. So werden zwei zeitlich aufeinanderfolgende Volumenscans zu mehr als 85 % einer Niederschlagsklasse zugeordnet. Während durch die Klassenzugehörigkeit aufeinanderfolgender Volumenscans gezeigt wird, dass einzelne Niederschlagsereignisse, die durch mehrere Volumenscans erfasst werden, in der Mehrzahl einer einzigen Niederschlagsklasse zugeordnet werden, gibt Abbildung C.20 die monatliche Verteilung der Niederschlagsklassen wieder. Aus dieser Abbildung geht hervor, dass die konvektiven Ereignisse bevorzugt in den Sommermonaten (und vor allem im August) aufgefunden werden, während die Niederschläge der beiden anderen Klassen verstärkt in den Winter- und Frühjahrsmonaten detektiert werden. Wie aus dem Vergleich mit Abbildung 4.33 hervorgeht, werden die jeweiligen Niederschlagsklassen in den gleichen Monaten wie die des Vorjahres aufgefunden.

5.4.2 Ableitung der lokalen Parameter für das Jahr 2006

Die Ableitung der in das jeweilige neuronale Netz als Eingangsparameter einfließenden Parameter geschieht analog zu Kapitel 5.1, in einem 3.5 km $\times$ 5° großen Fenster oberhalb der 15 betrachteten Niederschlagsstationen (siehe Abbildung 3.2, die Station 8 wird aufgrund der niedrigen Korrelation zwischen abgeleiteter und gemessener Niederschlagsintensität nicht berück-

Tabelle 5.4: Rangkorrelationskoeffizienten zwischen den lokal abgeleiteten Parametern und der Niederschlagsintensität für die drei Niederschlagsklassen für das Jahr 2006

Parameter		Mischklasse	stratiform	konvektiv
Z	[dBZ]	0.64	0.60	0.58
$SD(Z)$	[dB]	0.15	0.17	0.21
$Z_{\max}$	[dBZ]	0.57	0.50	0.46
$H_{Z_{\max}}$	[km]	0.04	−0.06	−0.04
ET	[km]	0.35	0.25	0.34
$\overline{Z}(h)$	[dBZ]	0.59	0.52	0.47
$\mathrm{AMP}_{\mathrm{Profil}}$	[dB]	0.46	0.34	0.38
$\partial Z/\partial h$	[dB/km]	0.24	0.19	0.07
$\Delta Z_{4,2\,\mathrm{km}}$	[dB]	0.11	0.03	0.22
$\Delta Z_{7,2\,\mathrm{km}}$	[dB]	−0.13	−0.21	−0.02

sichtigt). Des Weiteren werden, zur Vermeidung starker Schwankungen, die minütlich vorliegenden am Boden gemessenen Niederschlagshöhen über eine Stunde gemittelt sowie die Stunden mit extremen Niederschlagshöhen von der Auswertung ausgeschlossen.

Die Streudiagramme der zehn abgeleiteten Parameter gegen die gemessene Niederschlagsintensität finden sich in Anhang C.3 in den Abbildungen C.33 bis C.42. Diese Abbildungen bestätigen die in Kapitel 5.1 gefundenen Zusammenhänge zwischen dem jeweiligem Parameter und der Niederschlagsrate, aufgrund dessen hier keine detaillierte Diskussion der Abbildungen erfolgen soll und lediglich die Rangkorrelationskoeffizienten zwischen den Parametern und der Niederschlagsrate der beiden betrachteten Jahre verglichen werden. Die Korrelationskoeffizienten finden sich in Tabelle 5.4 und belegen zusätzlich zu den angesprochenen Abbildungen den korrelativen Zusammenhang zwischen dem jeweiligen Parameter und der am Boden gemessenen Niederschlagsrate bzw. im Vergleich zu Tabelle 5.2 die Ähnlichkeit der Ergebnisse.

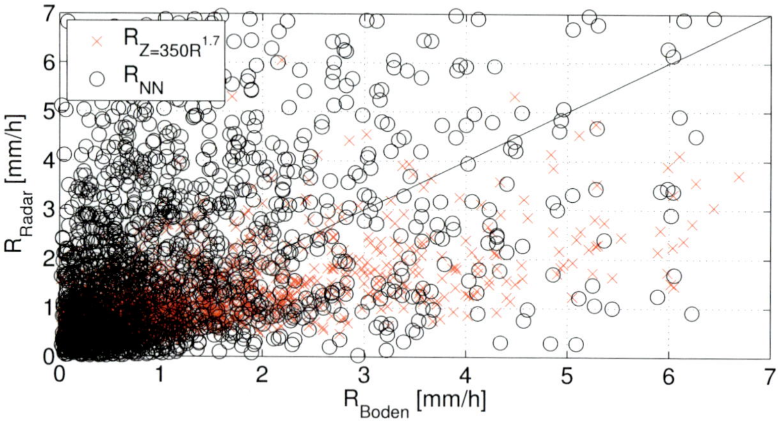

Abbildung 5.17: Streudiagramm der Niederschlagsraten am Boden R_{Boden} gegen die mittels eines anhand der Niederschläge der Mischklasse des Jahres 2005 trainierten neuronalen Netzes sowie mittels einer angepassten Z-R-Beziehung abgeleiteten Niederschlagsintensitäten R_{Radar} für die Niederschläge der Mischklasse des Jahres 2006

5.4.3 Anwendung der neuronalen Netze auf die Niederschläge des Jahres 2006

Der nächste Punkt der Verifizierung der Anwendung der neuronalen Netze ist die Ableitung der Niederschlagsintensitäten eines zweiten Datensatzes mit den für das Jahr 2005 trainierten neuronalen Netzen. Dazu wurden, wie in den voranstehenden Abschnitten demonstriert, die Niederschläge klassifiziert und die lokalen Parameter, die in das künstliche neuronale Netz einfließen, abgeleitet. Da durch die Niederschlagsklassifizierung bei Verwendung der gleichen Eingangsparameter eine deutlich bessere Übereinstimmung zwischen abgeleiteter und gemessener Niederschlagrate erzielt werden konnte, soll auf eine Verifizierung der unklassifizierten Niederschläge bei 10 Eingangsparametern verzichtet werden.

Abbildung 5.17 zeigt das Streudiagramm der abgeleiteten gegen die gemessenen Niederschlagsintensitäten für die in die Mischklasse einsortierten Nie-

derschläge. Die Ableitung erfolgte anhand einer Z-R-Beziehung, die für die entsprechenden Niederschläge des Jahres 2005 durch Minimierung der mittleren quadratischen Fehlers bestimmt wurde, sowie eines neuronalen Netzes, dessen Gewichte anhand der gleichen Niederschläge festgelegt wurden.
Aus der Abbildung geht eindeutig hervor, dass das neuronale Netz anhand der Eingangsparameter keine Aussage über die am Boden ermittelte Niederschlagsintensität erlaubt. Dagegen sind die auf Basis der fixen Z-R-Beziehung bestimmten Niederschlagsintensitäten in der Nähe der Winkelhalbierenden konzentriert und somit stärker mit den gemessenen Intensitäten korreliert.
Bereits Abbildung 5.17 lässt somit die Aussage zu, dass ein neuronales Netz der beschriebenen Konfiguration zu spezifisch auf den Trainingsdatensdatz angepasst wurde, um auf einen ähnlichen Datensatz angewendet werden zu können. Vergleichbare Aussagen lassen sich auch nach den Abbildungen 5.18 bis 5.20 für die als stratiform bzw. konvektiv klassifizierten Niederschläge sowie die Ableitung der Niederschlagsintensitäten ohne vorherige Niederschlagsklassifizierung aber mit 25 Eingangsparametern treffen. In allen Fällen, besonders aber für die stratiformen Niederschläge, wird durch die Ableitung der Z-R-Beziehung eine bessere Übereinstimmung zwischen abgeleiteter und gemessener Niederschlagsrate gefunden. Während für die Niederschläge der Mischklasse sowie die stratiformen Ereignisse die Vorteile der Z-R-Beziehung sehr deutlich aus der jeweiligen Abbildung hervorgehen, sind in Abbildung 5.19 (konvektive Niederschläge) die mit der jeweiligen Methode abgeleiteten Niederschläge gleichermaßen um die Winkelhalbierende verteilt.
Aus den Abbildungen 5.17 bis 5.20 kann daher geschlossen werden, dass die neuronalen Netze der bislang verwendeten Konfiguration zu sehr an den entsprechenden Trainingsdatensatz angepasst sind, und somit eine allgemeingültige Verwendung des neuronalen Netzes nicht möglich ist. Daher soll in den weiteren Abschnitten des Kapitels eine weniger spezifische Konfiguration der neuronalen Netze durch weniger neuronale Zellen in der verarbeitenden Schicht sowie durch eine veränderte Fehlerfunktion gefunden werden, die einen Zusammenhang zwischen abgeleiteter und gemessener Intensität höherer Korrelation auch für einen unbekannten Datensatz ermöglichen.

5.5 Generalisierung neuronaler Netze

Durch die Auswertungen der vorangegangenen Abschnitte wurde gezeigt, dass die anhand der Eingangsparameter trainierten neuronalen Netz der verwendeten Konfiguration mit 200 Zellen in der verdeckten Schicht den Zusam-

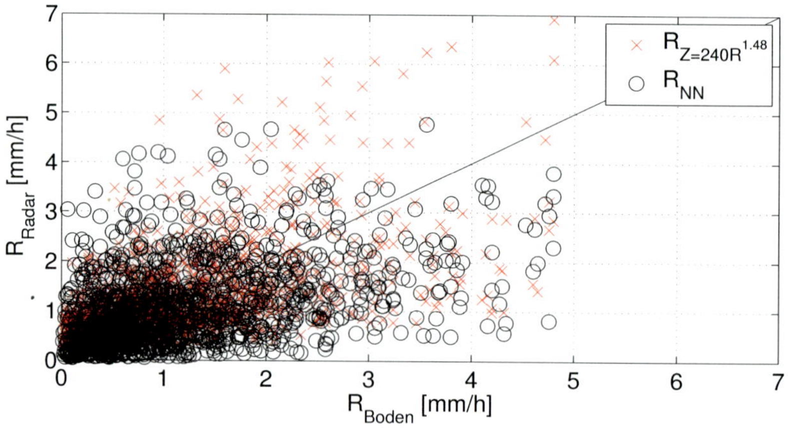

Abbildung 5.18: wie Abbildung 5.17, jedoch für die stratiformen Niederschläge

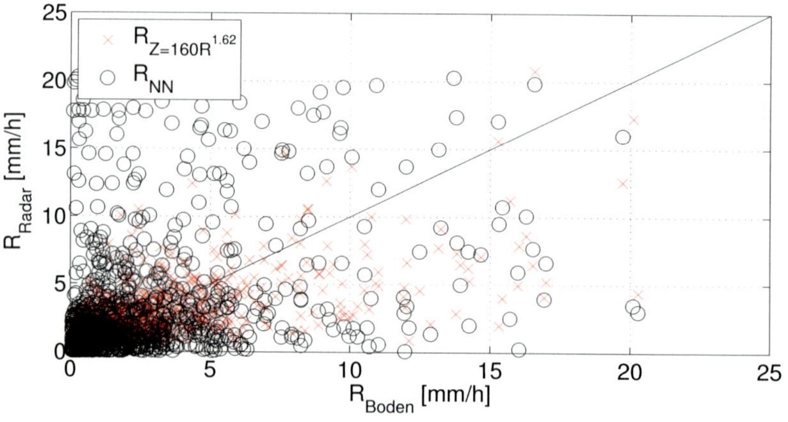

Abbildung 5.19: wie Abbildung 5.17, jedoch für die konvektiven Niederschläge

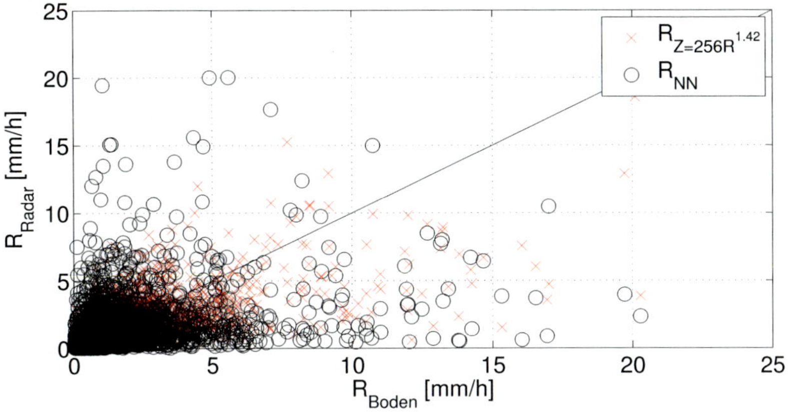

Abbildung 5.20: wie Abbildung 5.17, jedoch ohne Klassifizierung mit allen Parametern als Eingangsgrößen

menhang zwischen den Eingangsparametern und der Niederschlagsintensität der bekannten Daten des Jahres 2005 gut approximieren können. Dagegen können, wie in den Abbildungen 5.17 - 5.19 und Tabelle 5.5 gezeigt wurde, diese künstlichen neuronalen Netze nicht auf die unbekannten Daten des Jahres 2006 angewendet werden. Eine bessere Übereinstimmung wird durch die Generalisierung neuronaler Netze erwartet. Dieses Vorgehen wird im Folgenden angsprochen.

5.5.1 Methoden der Generalisierung neuronaler Netze

Für die Generalisierung stehen zwei Ansätze bereit, die im Folgenden kurz beschrieben werden (Zell, 2004).

Early Stopping Für diese Methode wird der Datensatz in drei Gruppen eingeteilt. Die erste Gruppe ist der Trainingsdatensatz, der verwendet wird, um das neuronale Netz durch Gewichtsanpassung zu trainieren. Die zweite Gruppe wird als Validierungsdatensatz bezeichnet. Der Fehler der Ausgabe des Validierungsdatensatzes relativ zum Traingsdatensatz wird während der Trainingsphase aufgezeichnet und nimmt zu Beginn des Trainings ab. Neigt das neuronale Netz zum „Overfitting", so steigt dieser Fehler an, und die Gewichte werden aufgrund des minimalen

Fehlers bestimmt. Der dritte Datensatz sind die Testdaten, die nicht während der Trainingsphase verwendet werden, sondern nur benötigt werden, um verschiedene Modelle zu vergleichen.

Regularization Diese Methode beinhaltet eine Modifikation der „Performance-Function", die allgemein die Summe der Quadrate der (Einzel-)Fehler e_i ist

$$F = mse = \frac{1}{N}\sum_{i=1}^{N}(e_i)^2 \tag{5.6}$$

Die Generaliserung des künstlichen neuronalen Netzes wird verbessert, wenn der „Performance-Function" ein Term hinzugefügt wird, der aus dem Mittel der quadrierten Gewichte w_j des neuronalen Netzes besteht.

$$msereg = \gamma mse + (1-\gamma)msw \tag{5.7}$$

mit der „Performance-Ratio" γ und

$$msw = \frac{1}{n}\sum_{j=1}^{n} w_j^2 \tag{5.8}$$

Durch die modifizierte „Performance-Function" ergeben sich kleinere Gewichte und somit eine geringere Tendenz, dass das Netz überangepasst an die Daten ist. Ein Problem dieses Verfahrens ist allerdings die Wahl der optimalen „Performance-Ratio", der bei einem zu großem Wert zu einer Überanpassung führen kann. Wird γ dagegen zu klein gewählt, so wird das neuronale Netz die Daten unter Umständen nicht mit der erforderlichen Genauigkeit abbilden können.

Zusätzlich zu den beiden vorgestellten Verfahren wurde die Anzahl der Zellen in der verdeckten Schicht reduziert. Somit wurden für die weiteren Auswertungen vier generalisierte neuronale Netze (ein neuronales Netz für jede der drei Niederschlagsklassen und ein neuronales Netz für den gesamten Satz an lokal und global abgeleiteten Parametern ohne vorangegangene Klassifizierung der Niederschläge) verwendet.

5.5.2 Ableitung der Niederschlagsraten mittels eines künstlichen generalisierten neuronalen Netzes (nach erfolgter Klassifikation der Niederschläge)

In diesem Abschnitt sollen die Ergebnisse gezeigt werden, die durch die generalisierten Netze erhalten wurden. Die generalisierten Netze unterscheiden sich von den optimierten neuronalen Netzen, die in Abschnitt 5.3 beschrieben wurden und deren Anwendung auf die unbekannten Daten des Jahres 2006 zeigte, dass sie überangepasst an die Trainingsdaten sind, in der Anzahl der neuronalen Zellen, die je nach Niederschlagsklasse zwischen 30 und 70 liegt. Weitere Unterschiede liegen in der Variation der „Performance-Function" mittels des Wertes von γ. Der optimale ermittelte Wert für γ liegt für je nach Niederschlagsklasse für die generalisierten Netze zwischen 0.5 und 0.7.

Durch die Generalisierung der neuronalen Netze wird eine allgemeingültigere Ableitung der Niederschlagsintensitäten erreicht, die sich durch die gestiegene Korrelation zwischen abgeleiteter und gemessener Niederschlagsrate sowie dem entsprechenden niedrigeren mittleren Fehler für die Niederschläge des Jahres 2006 ausdrückt (siehe Tabelle 5.5 auf Seite 156).
Des Weiteren wird aus der dritten und vierten Spalte der Tabelle 5.5 deutlich, dass neben der Generalisierung des jeweiligen neuronalen Netzes für jede der drei Niederschlagsklassen zusätzlich durch Ableitung der Niederschlagsintensitäten anhand des jeweiligen neuronalen Netzes eine im Vergleich zur angepassten Z-R-Beziehung höhere Korrelation zwischen abgeleiteter und gemessener Niederschlagsrate erzielt werden konnte. Die Ausnahme bilden die Niederschläge der Mischklasse für die eine geringfügig niedrigere Korrelation für die Ableitung anhand des neuronalen Netzes erhalten wurde. In vergleichbarer Weise wirkt sich die Generalisierung auch auf den mittleren quadratischen Fehler aus, der ebenfalls lediglich für die Niederschläge der Mischklasse einen größeren Wert für die anhand des neuronalen Netzes abgeleiteten Niederschlagsintensitäten aufweist.

Deutlich wird die gestiegene Übereinstimmung zwischen gemessener und abgeleiteter Niederschlagsrate durch die Abbildungen 5.22 bis 5.26, die im Vergleich mit den Abbildungen 5.17 bis 5.19 eine deutlich stärkere Konzentration der mittels generalisierter neuronaler Netze abgeleiteten Niederschlagsintensitäten um die Winkelhalbierende zeigen.
Weiterhin fällt in den Abbildungen 5.22 bis 5.26 auf, dass generlisierte neuronale Netz dazu neigen, die Niederschlagsintensität zu unterschätzen. Dagegen produzieren die klassenspezifischen anpassten Z-R-Beziehung eine wesentlich größere Streuung um die Winkelhalbierende. Zusätzlich scheint die Differenz zwischen der gemessenen und der mittles generalisierter neuronalem Netze abgeleiteten Niederschlagsintensität abhängig von der Niederschlagsrate zu sein, so dass die Einführung eines niederschlagsabhängigen „bias" unter Umständen eine noch bessere Übereinstimmung erzielen könnte, die sich vor

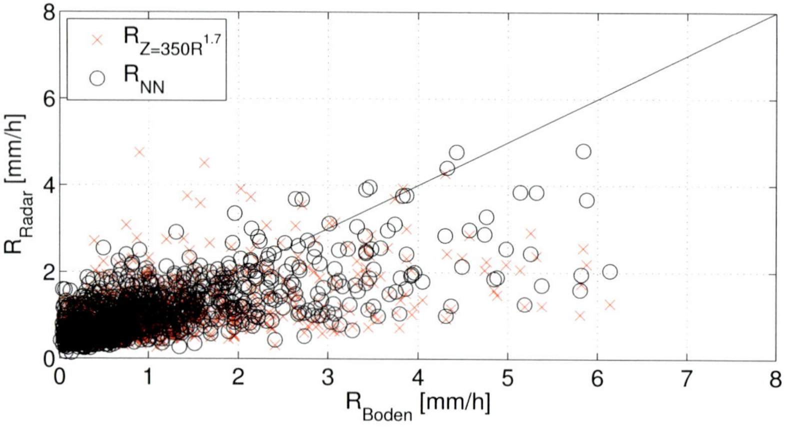

Abbildung 5.21: Streudiagramm der Niederschlagsraten am Boden R_{Boden} gegen die anhand des generalisierten neuronalen Netzes abgeleiteten Niederschlagsraten sowie anhand einer angepassten Z-R-Beziehung abgeleiteten Niederschlagsintensitäten R_{Radar} für die Niederschläge der Mischklasse des Jahres 2005

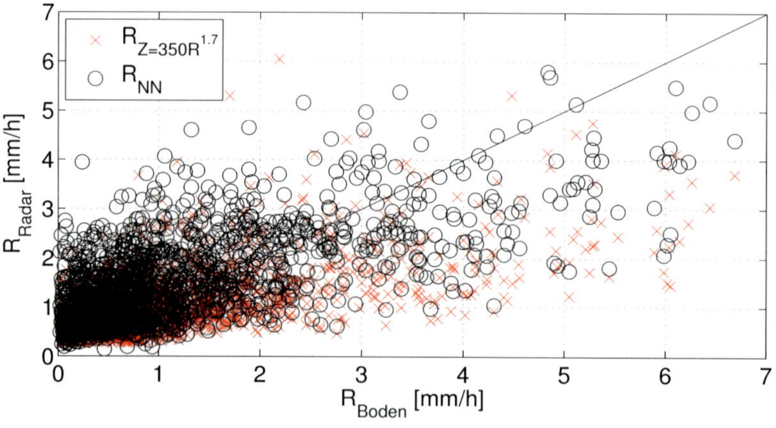

Abbildung 5.22: wie Abb. 5.21, hier für das Jahr 2006

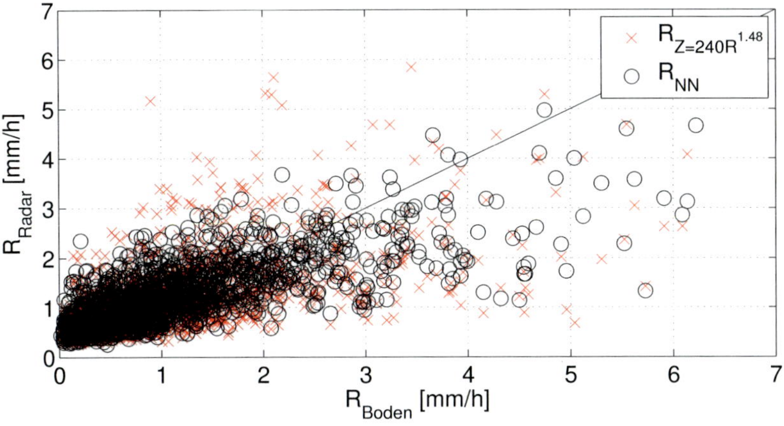

Abbildung 5.23: wie Abbildung 5.21 jedoch für die stratiformen Niederschläge

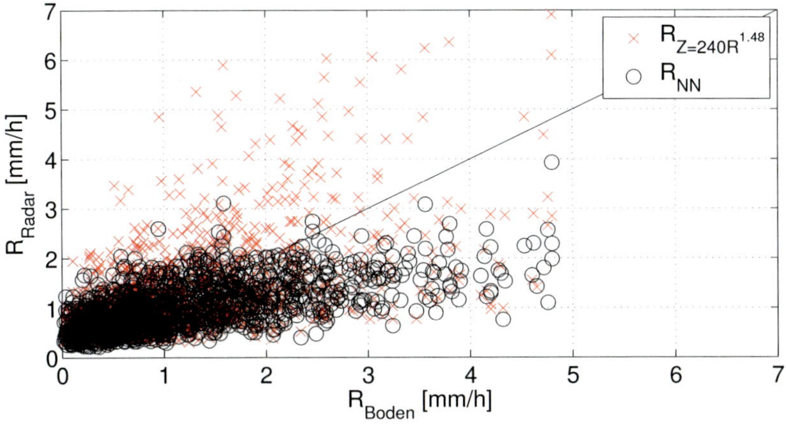

Abbildung 5.24: wie Abbildung 5.22 jedoch für die stratiformen Niederschläge

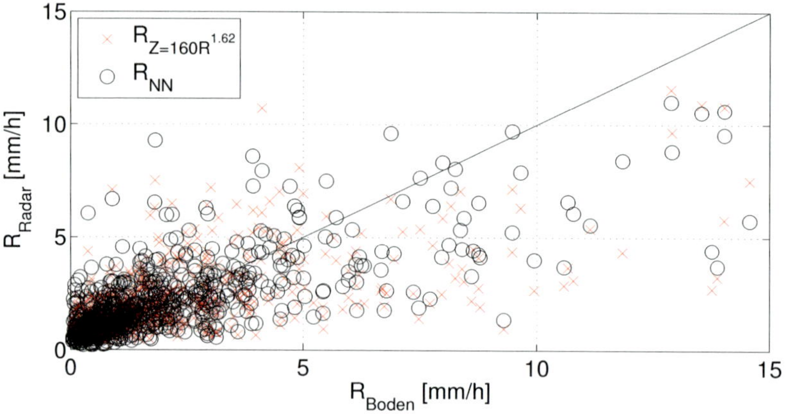

Abbildung 5.25: wie Abbildung 5.21 jedoch für die konvektiven Niederschläge

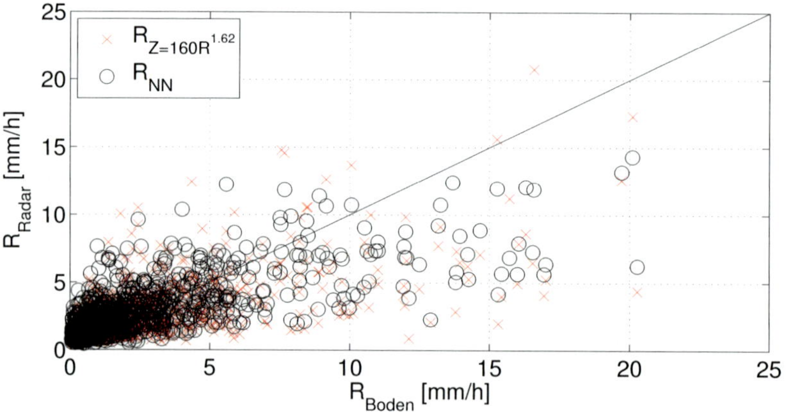

Abbildung 5.26: wie Abbildung 5.22 jedoch für die konvektiven Niederschläge

allem in dem mittleren quadratischen Fehler niederschlagen sollte.
Allerdings wird auch ohne diesen „bias" durch die beschriebenen Korrelationskoeffizienten und die mittleren quadratischen Fehler sowie die angesprochenen Abbildungen dokumentiert, dass eine Ableitung der Niederschlagsraten durch generalisierte neuronale Netze eines unbekannten Datensatzes anhand der vorgestellten Eingangsparameter möglich ist und überwiegend bessere Resultate liefert, als eine auf die jeweilige Niederschlagsklasse angepasste Z-R-Beziehung.

5.5.3 Ergebnisse der Generalisierung ohne vorherige Niederschlagsklassifizierung

Analog zu den drei Niederschlagsklassen wurde auch für die unklassifizierten Niederschläge ein weiteres generalisiertes neuronales Netz konfiguriert. Als Eingangsparameter wurden alle 15 großräumig abgeleiteten Klassifizierungsindikatoren sowie die zehn lokalen Parameter verwendet. Durch das optimal an den Trainingsdatensatz, nämlich die Niederschläge des Jahres 2005, angepasste neuronale Netz konnte eine Korrelation zwischen den abgeleiteten und gemessenen Niederschlagsintensitäten von 0.96 und somit die größte Übereinstimmung erzielt werden. Wie allerdings auch für die drei Niederschlagsklassen wurde deutlich, dass das verwendete neuronale Netz überangepasst an die Trainingsdaten ist.
Aufgrunddessen wurde sowohl die Netzkonfiguration als auch die „Performance-Function" variiert und ein generalisierter Zusammenhang zwischen den Eingangsparametern und der Niederschlagsintensität abgeleitet. Die Ergebnisse dieser Generalisierung sind in Tabelle 5.5 dargestellt und zeigen deutlich, dass das neuronale Netz im Vergleich zur Z-R-Beziehung sowohl für den Trainings- als auch den Validierungszeitraum eine genauere Ableitung der Niederschlagsrate aus Radarparametern ermöglicht. Als Vergleich wurde die DWD-Standard-Z-R-Beziehung $Z = 256R^{1.42}$ verwendet, die vom Deutschen Wetterdienst ganzjährig zur radargestützen Niederschlagsestimmung verwendet wird. Eine ausführliche Diskussion der in Tabelle 5.5 präsentierten Werte findet sich in Abschnitt 5.7.

In Abbildung 5.28 sind die anhand des beschriebenen generalisierten neuronalen Netzes mit 25 Eingangsparametern, das mit den Niederschlagsdaten des Jahres 2005 trainiert wurde, für das Jahr 2006 dargestellt. Die anhand des generalisierten neuronalen Netzes abgeleiteten Niederschlagsintenistäten

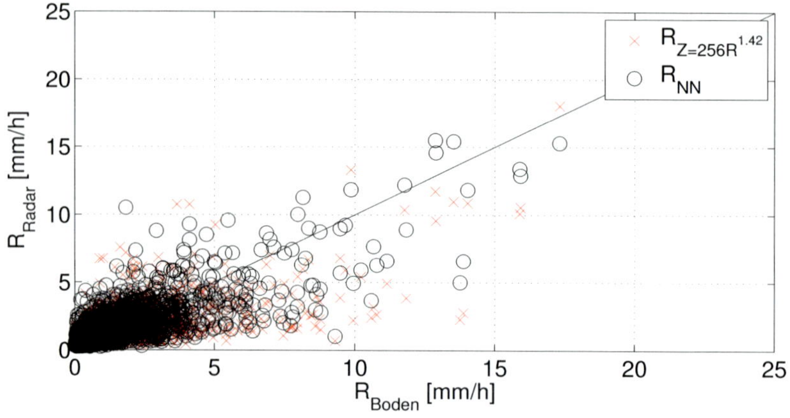

Abbildung 5.27: wie Abb.5.21, jedoch für die Niederschläge ohne Klassifizierung für das Jahr 2005

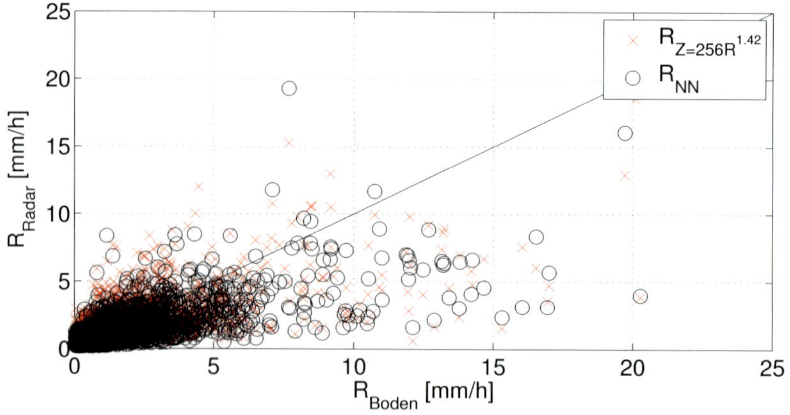

Abbildung 5.28: wie Abb. 5.27, jedoch für das Jahr 2006

des Jahres 2005 finden sich in Abbildung 5.27.
Wie auch für die klassifizierten Niederschlagsereignisse ergibt sich durch die Ableitung mittels des generalisierten neuronalen Netzes eine deutlich stärkere Konzentration der Niederschlagspaare um die Winkelhalbierende als bei Ableitung der Intensitäten nach der standardmäßig eingesetzten Z-R-Beziehung. Allerdings geht auch aus Abbildung 5.28 hervor, dass das generalisierte neuronale Netz dazu tendiert, die Niederschlagsintensitäten zu unterschätzen. Dagegen sind die mittels $Z = 256R^{1.42}$ abgeleiteten Niederschlagsraten beinahe gleichmäßig um die Winkelhalbierende verteilt.

Bisher wurden die neuronalen Netze als statische Netze verwendet: Die neuronalen Netze wurden anhand der Daten des Jahres 2005 trainiert und die so erhaltenen Netze auf die Daten des Jahres 2006 angewendet. Allerdings findet so keine weitere Anpassung der Gewichte der neuronalen Zellen statt. Das Netz kann also nicht weiter lernen und sich an neue Muster und Gegebenheiten anpassen. Daher wurden dynamische neuronale Netze entwickelt deren Dynamik darin besteht, dass die Gewichte der neuronalen Netze anhand der Bodeniederschlags- und Reflektivitätsdaten des Vortages angepasst werden, und somit eine kontinuierliche Anpassung der neuronalen Netze gewährleistet ist.

5.6 Dynamische künstliche neuronale Netze

Dieser Ansatz, eine angepasste Beziehung zwischen abgeleiteten Radarparametern und der Niederschlagsintensität R aufzustellen, wird auch in der Arbeit von Liu *et al.* (2001) verfolgt, die ein dynamisches künstliches neuronales Netz entwickelten.

Das Ausgangsnetz ist das generalisierte künstliche neuronale Netz der jeweiligen Niederschlagsklasse. Wie angedeutet, werden die Gewichte des jeweiligen neuronalen Netzes im Unterschied zu Kapitel 5.5 an die Messwerte bis einschließlich des Vortages angepasst, anstatt das neuronale Netz statisch auf unbekannte Daten anzuwenden. Dazu werden die Niederschlagsdaten der 15 Stationen tageweise zusammengefasst, das neuronale Netz durch Gewichtsanpassung mit den Niederschlagsdaten bis zu dem entsprechenden Tag trainiert und anschließend auf die Niederschlagsdaten des nachfolgenden Tag angewendet. Diese Methode kann auf die Niederschlagsableitung in der Praxis angewendet werden, wenn angenommen wird, dass die Messdaten der

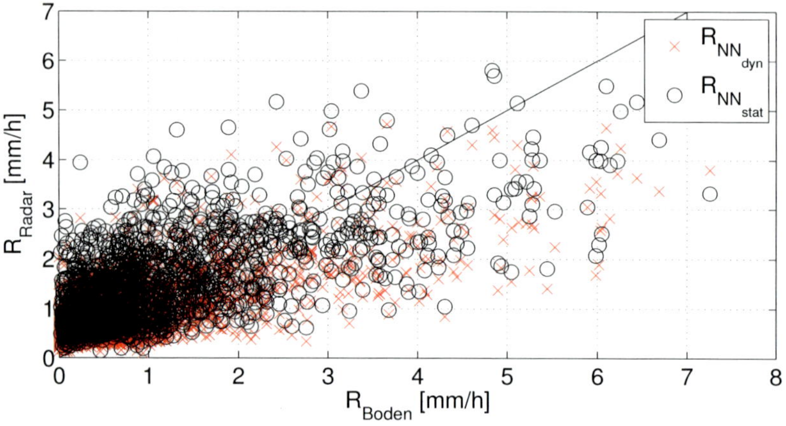

Abbildung 5.29: Streudiagramm zwischen der am Boden gemessenen Niederschlagsrate R_{Boden} gegen die anhand eines dynamischen (mit $R_{\mathrm{NN_{dyn}}}$ bezeichnet) sowie eines statischen neuronalen Netzes (mit $R_{\mathrm{NN_{stat}}}$ bezeichnet) abgeleiteten Niederschlagsintensitäten R_{Radar} für die Niederschläge der Mischklasse für das Jahr 2006

Stationen bereits am Ende des Tages vorliegen.

In den Abbildungen 5.29 bis 5.32 sind die Streudiagramme der mit den dynamischen (Index ‚dyn') sowie statischen (Index ‚stat') generalisierten neuronalen Netzen abgeleiteten Niederschlagsintensitäten gegen die am Boden gemessenen Niederschlagsraten dargestellt. Aus den Abbildungen geht hervor, dass die Streuung der mittels dynamischer neuronaler Netzes abgeleiteten Niederschlagsraten ähnlich der der statisch verwendeten Netze ist und durch die dynamische Anpassung der Gewichte, mit Ausnahme der stratiformen Niederschläge (Abbildung 5.30), keine auffällig stärkere Konzentration um die Winkelhalbierende erreicht wird.

Besonders auffällig sind die in den Abbildungen 5.29 und 5.30 dargestellten Streudiagramme für die Niederschläge der Mischklasse bzw. die als stratiform klassifizierten Ereignisse. Während das für die Niederschläge der Mischklasse trainierte dynamische neuronale Netz die Niederschlagsintensitäten systematisch unterschätzt, werden für die stratiformen Niederschläge Intensitäten bestimmt, die im Mittel näher an der Ausgleichgerade liegen. In den anderen

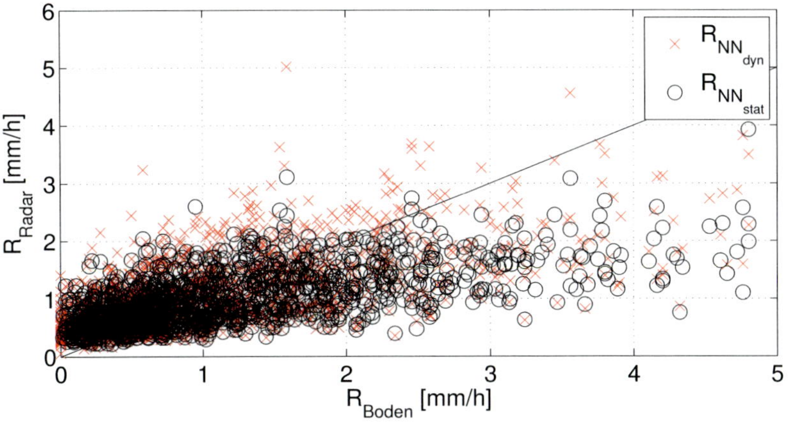

Abbildung 5.30: wie Abbildung 5.29 jedoch für die stratiformen Niederschläge

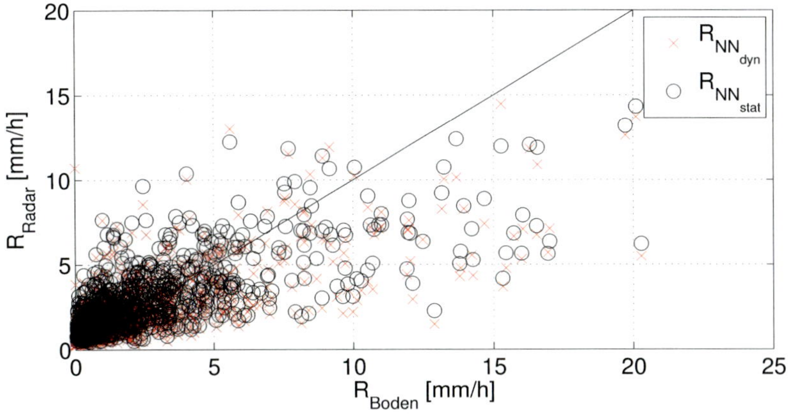

Abbildung 5.31: wie Abbildung 5.29 jedoch für die konvektiven Niederschläge

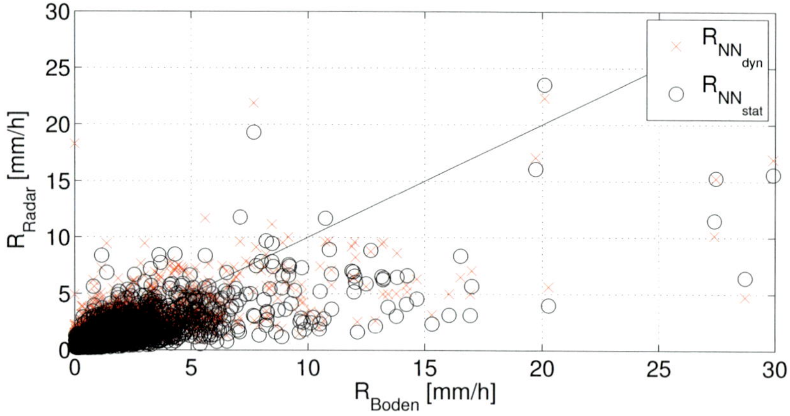

Abbildung 5.32: wie Abbildung 5.29 jedoch für die unklassifizierten Niederschläge und das neuronale Netz mit 25 Eingangsparametern

beiden Streudiagrammen für die konvektiven Niederschläge bzw. die unklassifizierten Niederschläge kann eine solche Systematik nicht erkannt werden, vielmehr sind die Daten, wie einleitend beschrieben, ähnlich stark gestreut und verteilt wie die Intensitäten, die anhand des statischen neuronalen Netzes bestimmt wurden.

Die Ergebnisse der Niederschlagsableitung anhand der vier dynamischen neuronalen Netze sind zusammen mit den Resultaten der vorangegangenen Untersuchungen in Tabelle 5.5 zusammengefasst. Der Vergleich dieser Daten zeigt, dass sich sowohl der Korrelationskoeffizient r_S als auch der $RMSE$ zwischen abgeleiteter und gemessener Niederschlagsintensität durch die kontinuierliche Anpassung der Gewichte der dynamischen neuronalen Netze, mit Ausnahme der konvektiven Niederschläge, verbessern. Allerdings sind die Werte der beiden betrachteten statistischen Maßzahlen für das dynamische neuronale Netz in der gleichen Größenordnung wie für das generalisierte statische neuronale Netz wodurch lediglich eine geringe Verbesserung der Niederschlagsableitung durch die kontinuierliche Anpassung der Gewichte konstatiert werden kann.
Ein anderes Bild ergibt sich für die unklassifizierten Niederschläge, deren Intensitäten anhand eines mit 25 Eingangsparametern trainierten neuronalen

Netzes. In dieser Anwendung ergibt sich sogar eine niedrigere Korrelation und lediglich der $RMSE$ verbessert sich im Vergleich mit der der statischen Verwendung des generalisierten neuronalen Netzes auf die unbekannten Daten des Jahres 2006. Eine weitere, ausführliche Diskussion der in Tabelle 5.5 Werte befindet sich folgenden Abchnitt.

5.7 Zusammenfassung und Interpretation der Ergebnisse

Der Fokus dieses Kapitels lag auf der Konfiguration und dem Training neuronaler Netze zur Ableitung der Niederschlagsintensität aus Radarparametern. Die Niederschlagsereignisse wurden entsprechend der Ausführungen von Kapitel 4 klassifiziert. Anschließend wurde für jede Niederschlagsklasse je ein neuronales Netz trainiert sowie eine Z-R-Beziehung abgeleitet und die Korrelationskoeffizienten zwischen abgeleiteter und gemessener Niederschlagsintensität bestimmt. Da die Niederschlagsintensitäten nicht normalverteilt sind, wurden der Rangkorrelationskoeffizient r_S nach Spearman anstelle des Korrelationskoeffizienten nach Pearson gewählt. Als weiteres Fehlermaß zwischen abgeleiteter und gemessener Niederschlagsintensität ist der mittlere quadratische Fehler $RMSE$ angegeben. Die Ergebnisse sind in Tabelle 5.5 dargestellt.

Um die Anwendbarkeit eines statischen (optimierten) neuronalen Netzes zur Ableitung von Niederschlagsintensitäten aus den abgeleiten Radarparametern zu überprüfen, wurden zunächst die unklassifizierten Niederschläge herangezogen, und eine Konfiguration des neuronalen Netzes gewählt, durch die optimale Ergebnisse erzielt werden konnten. Diese Konfiguration wurde auf 200 Zellen in der verdeckten Sicht bestimmt und als Ausgangskonfiguration für die weiteren Untersuchungen festgelegt. Durch diese neuronalen Netze konnte gezeigt werden, dass die Niederschlagsintensitäten durch neuronale Netze besser als durch die operationell verwendete Z-R-Beziehung im Radarverbund des DWD reproduziert werden können. Die Korrelation zwischen abgeleiteter und gemessener Niederschlagsrate beträgt bei Verwendung des neuronalen Netzes 0.66 und 0.64 bei Ableitung der Intensitäten anhand der Z-R-Beziehung. Deutlicher wird die bessere Reproduktion der Niederschlagsintensitäten bei Betrachtung des $RMSE$, der 0.87 (neuronales Netz) bzw. 1.23 mm/h ($Z = 256R^{1.42}$) beträgt. Die geringe Differenz der Korrelationskoeffizienten resultiert aus der Verwendung der Rangkorrelation, die entge-

Tabelle 5.5: Rangkorrelationskoeffizienten r_S und mittlerer quadratischer Fehler $RMSE$ zwischen der anhand neuronaler Netze bzw. angepasster Z-R-Beziehungen abgeleiteten und der an den Messstationen gemessenen Niederschlagsintensitäten.

	optimiertes Netz				**generalisiertes Netz**			
	2005		2006		2005		2006	
	r_S	$RMSE$	r_S	$RMSE$	r_S	$RMSE$	r_S	$RMSE$
statische neuronale Netze								
Mischklasse								
$Z = 350R^{1.7}$	0.62	0.85	0.64	0.88	0.62	0.85	0.64	0.88
Neuronales Netz	0.71	0.57	0.42	1.79	0.65	0.75	0.61	0.92
stratiform								
$Z = 240R^{1.48}$	0.67	0.82	0.61	0.90	0.67	0.82	0.61	0.90
Neuronales Netz	0.78	0.53	0.43	0.94	0.71	0.69	0.62	0.75
konvektiv								
$Z = 160R^{1.62}$	0.65	1.90	0.67	3.40	0.65	1.90	0.67	3.40
Neuronales Netz	0.90	0.46	0.35	4.70	0.69	1.70	0.68	2.20
alle Niederschläge								
$Z = aR^b$	0.64	1.15	0.66	1.83	0.64	1.15	0.66	1.41
Neuronales Netz	0.79	0.53	0.58	1.79	0.70	1.01	0.61	1.31
ohne Klassifizierung								
25 Parameter								
$Z = 256R^{1.42}$	0.64	1.23	0.68	1.63	0.64	1.23	0.68	1.63
Neuronales Netz	0.96	0.51	0.42	2.31	0.70	1.05	0.71	1.56
10 Parameter								
$Z = 256R^{1.42}$	0.64	1.23						
Neuronales Netz	0.66	0.87						
dynamische neuronale Netze								
Mischklasse								
Neuronales Netz					0.65	0.75	0.64	0.81
stratiform								
Neuronales Netz					0.71	0.69	0.63	0.73
konvektiv								
Neuronales Netz					0.69	1.70	0.69	2.20
alle Niederschläge								
Neuronales Netz							0.68	1.27
ohne Klassifizierung								
25 Parameter								
Neuronales Netz					0.70	1.05	0.70	1.54

gen der Korrelation nach Pearson nicht mit zunehmender Linearität zwischen den Untersuchungsgrößen anwächst, sondern ohne Annahme der Wahrscheinlichkeitsverteilung den Zusammenhang zwischen abgeleiteter und gemessener Niederschlagsrate über den Werterang bestimmt. Der im Vergleich mit der Z-R-Beziehung relativ geringe Wert ergibt sich durch eine fehlerhafte Niederschlagsableitung durch das neuronale Netz für Ereignisse mit geringen Niederschlagsraten. Durch diese schlechtere Ableitung im Bereich der geringen Niederschlagsraten durch das neuronale Netz werden die gemessene und abgeleitete Niederschlagsintensität in verschiedene Ränge einsortiert. Durch diese Ränge wird nach Gleichung 4.6 die Rangkorrelation nach Spearman berechnet und somit für das neuronale Netz ein geringerer Wert als für die Z-R-Beziehung erhalten.

Während durch die bisherigen Eingangsparameter lediglich die lokale Struktur des Niederschlagsereignisses (in der Vertikalen) an den Bodenstationen erfasst wurde, wurden für die Berücksichtigung der globalen Struktur des Niederschlagsereignisses zwei unterschiedliche Ansätze herangezogen.
Im ersten Ansatz werden die nach Kapitel 4 klassifizierten Niederschlagsereignisse verwendet und für jede Klasse ein separates neuronales Netz konstanter Konfiguration trainiert. Durch die Klassifizierung kann der Zusammenhang zwischen abgeleiteter und gemessener Niederschlagsrate sowohl bei Verwendung der otimierten statischen neuronalen Netze als auch einer klassenspezifischen Z-R-Beziehung, die durch Minimierung des mittleren quadratischen Fehlers bestimmt wurde, gesteigert werden. Dieser gesteigerte Zusammenhang wird sowohl durch den Rangkorrelationskoeffizienten (abgeleitet: 0.79 bzw. gemessen: 0.64) als auch den $RMSE$ (0.53 bzw. 1.15 mm/h) abgebildet. Neben der verbesserten Reproduktion der Niederschlagsintensitäten im Vergleich zur Z-R-Beziehung dokumentieren diese Ergebnisse die Notwendigkeit einer klassenabhängigen Niederschlagsableitung anstelle der rigiden Anwendung beispielsweise einer einzelnen Z-R-Beziehung auf alle Niederschlagssituationen.
Der zweite Ansatz berücksichtigt die Eigenschaften der vertikalen Reflektivitätsstruktur durch die Verwendung der global abgeleiteten Parameter als Eingangsgrößen des neuronalen Netzes. Durch diese Modifikation konnte für den korrelative Zusammenhang zwischen abgeleiteter und gemessener Niederschlagsrate ($r_S = 0.96$) ein deutlich größerer Wert wie nach der Niederschlagsklassifizierung bestimmt werden. Der ermittelte $RMSE$ liegt dagegen in der gleichen Größenordnung wie nach erfolgter Niederschlagsklassifizierung und beträgt 0.51 mm/h.

Im weiteren Verlauf des Kapitels wurden die anhand der Niederschläge des Jahres 2005 trainierten (optimierten statischen) neuronalen Netze verifiziert, indem sie auf die unbekannten Daten des Jahres 2006 angewendet wurden. Durch diesen Test konnte gezeigt werden, dass sämtliche neuronale Netze überangepasst an die Trainingsdaten sind und daher nicht geeignet sind, um Niederschlagsintensitäten aus unbekannten Daten abzuleiten. Aus diesem Grund wurden generalisierte neuronale Netz durch Variation der „Performance-Function" benutzt. Durch die Generalisierung, die zusätzlich durch eine Reduzierung der Zellen in der verdeckten Schicht erreicht wurde, konnte der hohe korrelative Zusammenhang zwischen abgeleiteter und gemessener Niederschlagsintensität nicht aufrechterhalten werden. Der Rangkorrelationskoeffizient für die jeweilige Niederschlagsklasse verringerte sich daher von Werten zwischen 0.71 und 0.90 auf Werte zwischen 0.65 und 0.71 während für den $RMSE$ ein Anstieg zwischen 0.69 mm/h und 1.70 mm/h zu verzeichnen ist. Für die optimierten statischen neuronalen Netze wurden Werte des $RMSE$ je nach Niederschlagsklasse zwischen 0.46 und 0.57 mm/h bestimmt.
Für die kumulierten Niederschläge ergibt sich $r_S = 0.70$ und $RMSE = 1.01$ mm/h. Diese Werte geben allerdings einen besseren Zusammenhang zwischen gemessener und abgeleiteter Niederschlagsintensität wieder als bei Anwendung einer an die jeweilige Niederschlagsklasse angepassten Z-R-Beziehung, für die ein Rangkorrelationskoeffizient von 0.64 und ein $RMSE$ von 1.15 mm/h bestimmt wird.

Durch Anwendung dieser neuronalen Netze auf die Daten des Jahres 2006 wird der Effekt der Generalisierung anhand der verwendeten statistischen Maße verdeutlicht. So kann der Rangkorrelationskoeffizient von Werten zwischen 0.35 und 0.43, die für die optimierten neuronalen Netze bestimmt wurden, auf Werte zwischen 0.61 und 0.68 gesteigert werden. Auch der mittlere quadratische Fehler konnte von Werten zwischen 0.94 und 4.70 mm/h auf Beträge zwischen 0.75 und 2.20 mm/h gesenkt werden.
Während die Korrelation mit 0.61 für die kumulierten Niederschläge vor allem durch fehlerhafte Bestimmung geringer Niederschlagsintensitäten niedriger als bei Verwendung der angepassten Z-R-Beziehungen ($r_S = 0.66$) ausfällt, ist der entsprechende $RMSE$ bei Anwendung der neuronalen Netze mit 1.31 mm/h kleiner als bei Anwendung der Z-R-Beziehung ($RMSE = 1.41$ mm/h).
Wird das horizontale Reflektivitätsfeld nicht durch eine Klassifizierung der

Niederschläge berücksichtigt, sondern die global abgeleiteten Parameter als Eingangsgrößen des generalsierten neuronalen Netzes verwendet, wird für das Jahr 2005 ein Rangkorrelationskoeffizient r_S von 0.70 sowie ein mittlerer quadratischer Fehler $RMSE$ von 1.05 mm/h ermittelt, die in der Größenordnung der entsprechenden Werte nach erfolgter Niederschlagsklassifizierung liegen. Wird die operationell im Radarverbund des DWD eingesetzte Z-R-Beziehung auf alle Niederschläge des Jahres 2005 angewendet, wird insbesondere durch den $RMSE$ von 1.23 mm/h ein geringerer Zusammenhang zwischen gemessener und abgeleiteter Niederschlagsrate als nach Klassifizierung der Niederschlagsereignisse dokumentiert.
Bei Anwendung dieses neuronalen Netzes mit allen 25 abgeleiteten Parametern (10 lokale (siehe Abschnitt 5.1) und 15 globale Parameter (siehe Abschnitt 4.2)) auf die unbekannten Niederschläge des Jahres 2006 ergibt sich, dass sowohl der Rangkorrelationskoeffizient r_S von 0.71 als auch der mittlere quadratische Fehler $RMSE$ von 1.56 mm/h größer als die entsprechenden Werte nach erfolgter Klassifizierung sind. Für das optmierte Netz mit den 25 Eingangsparatern wurde ein Rangkorrelationskoeffizient von 0.42 und ein mittlerer quadratischer Fehler von 2.31 mm/h. Auf den Grund für die geringere Korrelation wurde bereits hinreichend eingegangen. Wird durch den Korrelationskoeffizienten nach Pearson r_P der jeweilige lineare Zusammenhang zwischen abgeleiteter und gemessener Niederschlagsrate untersucht, ergibt sich nach erfolgter Klassifizierung ein Wert von $r_P = 0.73$ und bei Verwendung des neuronalen Netzes mit 25 Eingangsparametern ebenfalls $r_P = 0.73$ (in Tabelle 5.5 nicht dargestellt), durch den kleineren mittleren quadratischen Fehler wird auch durch diesen Wert gezeigt, dass eine Niederschlagsklassifizierung die Ableitung von Niederschlagsintensitäten verbessert. Den gleichen Schluß lässt auch die Betrachtung des mittleren quadratischen Fehlers bei Verwendung der operationell im DWD verwendeten Z-R-Beziehung ($RMSE$ = 1.63 mm/h) im Vergleich zur Anwendung einer klassenspezifischen Beziehung ($RMSE$ = 1.41 mm/h) zu.

Die bisherigen Untersuchungen können wie folgt zusammengefasst werden:

- Durch ein neuronales Netz können Niederschlagsintensitäten besser aus dem Reflektivitätsfeld als anhand einer Z-R-Beziehung abgeleitet werden. Diese Aussage kann vor allem durch die bessere Güte des mittleren quadratischen Fehlers, der durch die Verwendung neuronaler Netze um rund 25 % im Vergleich zu der operatonell im DWD verwendeten Z-R-Beziehung reduziert werden kann, belegt werden.

- Die Niederschlagsableitung verbessert sich durch die Klassifizierung der Niederschlagsereignisse und Verwendung einer angepassten Z-R-Beziehung bzw. eines neuronalen Netzes. Auch dieser Umstand wird insbesondere durch den $RMSE$ verdeutlicht.

Die bisherigen Auswertungen bezogen sich auf die statische Verwendung der neuronalen Netze, ein weiterer Aspekt des Kapitels ist deren dynamische Anwendung. Dazu wurde das jeweilige generalisierte neuronale Netz als Ausgangsnetz gewählt und dessen Gewichte täglich mit den aktuellen Niederschlagsdaten aktualisiert, und das derart trainierte Netz auf die Niederschläge des nachfolgenden Tages angewendet.
Sowohl der Rangkorrelationskoeffizient r_S als der $RMSE$ zeigen, dass der Zusammenhang zwischen abgeleiteter und gemessener Niederschlagsrate durch den dynamischen Einsatz des neuronalen Netzes geringfügig gesteigert werden kann. So ergibt sich nach der erfolgten Klassifizierung für die kumulierten Niederschläge ein Rangkorrelationskoeffizient r_S von 0.68 und ein $RMSE$ von 1.27 mm/h. Beide statistischen Maße sind besser als die entsprechenden Werte, die sich für eine Anwendung der klassenangepassten Z-R-Beziehung (r_S = 0.66, $RMSE$ = 1.41 mm/h) als auch der statische Verwendung der neuronalen Netze (r_S = 0.61, $RMSE$ = 1.31 mm/h) ergeben.
Ein etwas anderes Bild ergibt sich bei der dynamischen Anwendung des neuronalen Netzes mit 25 Eingangsparametern ohne vorherige Niederschlagsklassifizierung. Während der mittlere quadratische Fehler leicht gesenkt werden kann ($RMSE$ = 1.54 mm/h), wird ein Rangkorrelationskoeffizient (r_S = 0.70) ermittelt, der niedriger als für die statische Anwendung des neuronalen Netzes ist.

Aufgrund der durchgeführten Untersuchungen kann festgestellt werden, dass die Niederschlagsableitung mit einem neuronalen Netz einen eindeutigeren Zusammenhang zwischen abgeleiteter und gemessener Niederschlagsintensität als mit einer Z-R-Beziehung ermöglicht. Die beste Übereinstimmung beider Größen, die sich insbesondere im geringsten $RMSE$ für die Niederschläge des Jahres 2006 niederschlägt, wurde durch die dynamische Verwendung der neuronalen Netze nach erfolgter Niederschlagsklassifizierung gefunden. Neben der dynamischen Anwendung ermöglicht aber auch die statische Verwendung der neuronalen Netze eine genauere Niederschlagsableitung als die bisherige Methode der Z-R-Beziehung. Die geringere Korrelation nach Spearman resultiert, wie beschrieben, vor allem aus der ungenauen Bestimmung geringer Niederschlagsintensitäten und dürfte daher in der Praxis, wo hauptsächlich die korrekte Bestimmung intensiver Niederschläge gefragt ist, keine größere Auswirkung besitzen.

Kapitel 6

Zusammenfassung und Ausblick

Motivation der vorliegenden Arbeit ist, einen Zusammenhang zwischen gemessenen Radardaten und der Niederschlagsrate zu finden, der der Tatsache Rechnung trägt, dass in einem Bereich, der von einer Radarmessung abgedeckt wird, unterschiedliche Niederschlagstypen (konvektiv, stratiform) vorkommen können. Solche Situationen treten häufig bei Frontdurchgängen auf. Zu diesem Zweck werden Parameter, die sich aus einem Volumendatensatz eines Radargerätes ableiten lassen, analysiert. Mit Hilfe von Methoden der multivariaten Statistik wird schließlich gezeigt, dass eine Verbesserung des gesuchten Zusammenhangs - relativ zur Anwendung einer globalen Beziehung, die lediglich die Radarreflektivität und die Niederschlagsrate in Verbindung setzt, wie sie in der Praxis fast immer benutzt wird, - möglich ist.

Die vorliegende Arbeit gliedert sich thematisch in drei Teile. Der erste Teil, bestehend aus den Kapiteln 2 und 3, gibt zunächst einen Einblick in die wolkenphysikalischen Prozesse, die zur Niederschlagsbildung beitragen. Im weiteren Verlauf dieses ersten Teils der Arbeit wird auf Grundzüge der Radarmeteorologie, wie sie zum Verständnis der nachfolgenden Auswertungen benötigt werden, eingegangen. In diesem Kapitel werden auch die Fehler, die bei der radargestützten Niederschlagsableitung auftreten können, beschrieben. Ein weiterer Aspekt dieses Kapitels ist die Korrektur der für die Auswertung verwendeten Daten.

Nach den einleitenden Kapiteln folgen die beiden Teile der Arbeit, die den Hauptteil ausmachen. Ziel der Dissertation ist die Entwicklung einer alternativen Methode, Niederschlagsdaten aus Radardaten abzuleiten, wobei neben der Reflektivität Z weitere Parameter aus dem Reflektivitätsfeld mit der Niederschlagsrate R am Boden verknüpft werden, so dass eine bessere Ableitung der Niederschlagsintensität am Boden als mit den bisher verwendeten Z-R-

Beziehungen ermöglicht wird. Zu diesem Zweck wurden die Niederschlagsereignisse des Jahres 2005 anhand von großräumig abgeleiteten Parametern klassifiziert. Zu diesem Zweck wurden 15 verschiedene Parameter untersucht, wobei sich herausstellte, dass sich als Klassifizierungsparameter die Anzahl der Bright-Band-Signaturen, die mittlere Höhe aller Radar-Bins mit einer Reflektivität von mindestens 15 dBZ sowie der mittlere radiale Reflektivitätsgradient am besten eignen. Diese Parameter wurden einer Hauptkomponentenanalyse unterzogen und somit neue Parameter, die Hauptkomponenten, die keinerlei Korrelation zueinander aufweisen, erhalten. Die resultierenden Faktorwerte, die den Koordinaten der entstandenen Parameter auf den gebildeten Hauptkomponenten entsprechen, wurden zur Klassifizierung der Niederschläge genutzt. Der Vorteil der durchgeführten Hauptkomponentenanalyse liegt darin, dass die gebildeten Hauptkomponenten vollkommen unabhängig voneinander sind, und somit bestimmte Klassifizierungseigenschaften nicht überrepräsentiert sind. Die Einteilung der Niederschlagsklassen aus den Hauptkomponenten selber wurde anhand eines partitionierenden Clusterverfahrens, dem k-means-Clusteralgorithmus, durchgeführt. Als optimale Anzahl an Clustern, also der Niederschlagsklassen, wurde eine Anzahl von drei bestimmt. Diese Niederschlagsklassen konnten durch Analyse der Eigenschaften der Hauptkomponenten sowie deren Korrelation mit den Eingangsparametern als konvektiv, stratiform und einer Mischklasse identifizieren werden. Diese Charakterisierung bestätigt sich aufgrund der Eigenschaften der Niederschlagsklassen, die anhand von weiteren Parametern wie der Standardabweichung der Reflektivität oder der Reflektivitätsdifferenz bestimmter Höhen eruiert wurden. Des Weiteren wurde die vorgenommmene Niederschlagsklassifizierung durch den „Silhouette-Wert", der eine Aussage darüber trifft, wie deutlich die Elemente der entstandenen Cluster voneinander getrennt sind, validiert. Als weitere Möglichkeiten, die Niederschlageinteilung zu überprüfen, wurde der Anteil von direkt aufeinanderfolgenden Volumen-Scans, die in die gleiche Klasse einsortiert wurden sowie eine monatliche Verteilung der einzelnen Niederschlagsklassen herangezogen. Es konnte gezeigt werden, dass 85 % der Volumen-Scans in die gleiche Niederschlagsklasse wie der zeitlich vorhergehende Volumen-Scan einsortiert wurde. Des Weiteren zeigte die Verteilung der Niederschlagsklassen als Funktion des Monats, dass die konvektiven Niederschläge - wie aus der Charakteristik zu erwarten ist - in den Sommermonaten aufgefunden werden. Demgegenüber besitzen die Niederschläge, die als stratiform eingestuft werden, ihr Anteilsmaximum in den Wintermonaten. Mit Hilfe des „Silhouette-Werts" konnte durch diese Auswertungen die physikalische Plausibilität der gebildeten Nie-

derschlagsklassen demonstriert werden.
Das eigentliche Ziel der Arbeit wird im sechsten Kapitel bearbeitet. Hier wird eine Funktion zwischen lokal abgeleiteten Parametern wie z.B. der Reflektivität Z oder dem dem vertikalen Reflektivitätsgradienten sowie der Niederschlagsintensität R aufgestellt. Als mathematisches Werkzeug wurden neuronale Netze gewählt, die besonders geeignet sind, komplizierte nichtlineare und unbekannte Zusammenhänge zwischen verschiedenen Eingangsparametern sowie einem Ausgabeparameter herauszuarbeiten. Diese neuronalen Netze werden - im Gegensatz zu späteren Auswertungen - zunächst statisch verwendet, d.h. die Gewichte des Netzes werden anhand eines Trainingsdatensatz festgelegt und unverändert auf den Validierungsdatensatz angewendet.
Die Konfiguration einer optimalen Niederschlagsableitung aus den zehn lokalen Eingangsparametern, die in einem $5° \times 3.5$ km großen Fenster über den 15 Bodenstationen, die die Vergleichsmessungen lieferten, abgeleitet wurden, wurde zunächst ohne die beschriebene Einteilung der Niederschlagsereignisse gewählt und auf 200 Zellen in der verdeckten Schicht festgelegt. Durch ein statisches neuronales Netz dieser Konfiguration konnte die Korrelation zwischen der abgeleiteten und gemessenen Niederschlagsintensität verglichen mit der operationell vom DWD verwendeten Z-R-Beziehung ($Z = 256R^{1.42}$, mit Z in mm^{6}m^{-3} und R in mmh^{-1}) von 0.64 auf 0.66 gesteigert sowie der mittlere quadratische Fehler $RMSE$ von 1.23 auf 0.86 mmh^{-1} reduziert werden. Aufgrund dieser Untersuchung konnte daher gezeigt werden, dass neuronale Netze sowie die gewählten Eingangsparameter generell geeignet sind, um Niederschläge besser als üblich aus Radardaten abzuleiten.
Die gleiche Konfiguration von 10 (Eingangsschicht), 200 (verdeckte Schicht) und 1 (Ausgabeschicht) Zellen wurde verwendet, um jeweils ein Netz für die klassifizierten Niederschläge zu trainieren. Durch die vorher durchgeführte Niederschlagsklassizierung konnte die Korrelation zwischen abgeleiteter und gemessener Niederschlagsrate für die Niederschläge des Jahres 2005 von 0.66 (Ableitung ohne Klassifizierung) auf 0.79 gesteigert und der entsprechende $RMSE$ von 0.87 auf 0.53 mmh^{-1} reduziert werden. Als Vergleich wurde für jede Niederschlagsklasse eine durch Minimierung des mittleren quadratischen Fehlers optimierte Z-R-Beziehung abgeleitet. Aufgrund dieses Vergleichs konnte erneut demonstriert werden, dass das neuronale Netz die gemessenen Niederschlagsraten besser aus dem Reflektivitätsfeld reproduzieren kann, als dies auf Basis einer globalen Z-R-Beziehung möglich ist. Des Weiteren geht aus diesen ersten Analysen hergvor, dass durch die Einteilung der Niederschläge in verschiedene Klassen die radargestützte Bestimmung

der Niederschlagsrate deutlich verbessert werden konnte.
Im weiteren Verlauf wurde das neuronale Netz außer mit den zehn lokal abgeleiteten Parametern auch mit 15 großräumig aus dem Reflektivitätsfeld abgeleiteten Klassifizierungsparametern trainiert und somit eine Klassifizierung der Niederschläge während der Niederschlagsableitung durchgeführt. Durch die erhöhte Anzahl an Eingangsparametern, wodurch auch die horizontale Reflektivitätsstruktur durch das neuronale Netz berücksichtigt wird, kann der korrelative Zusammenhang zwischen abgeleiteter und gemessener Niederschlagsrate nochmals gesteigert werden, nämlich von 0.79 auf 0.96.

Anschließend werden die künstlichen neuronalen Netze anhand eines unabhängigen Datensatzes verifiziert. Zu diesem Zweck wurde das Jahr 2006 anhand der großräumig aus dem gesamten Meßgebiet des IMK-Radars abgeleiteten Parametern analysiert und eine Niederschlagsklassifizierung durchgeführt. Dazu wurden die entsprechenden Parameter (Anzahl der Bright-Band-Signaturen, mittlere Höhe aller Radar-Bins mit einer Mindestreflektivität von 15 dBZ sowie der mittlere radiale Gradient) ebenfalls einer Hauptkomponentenanalyse unterzogen und die Niederschläge aufgrund des korrelativen Abstands der Faktorenwerte des Jahres 2005 bzw. 2006 klassifiziert. Als Ergebnis wurden auch für das Jahr 2006 Niederschlagsklassen gebildet, die physikalisch plausible Eigenschaften aufweisen, und somit die Eignung des verwendeten Verfahrens, Niederschläge zu klassifizieren, erneut bestätigt. Daneben konnte gezeigt werden, dass die vorgestellte Klassifizierung auch auf unbekannte Daten anwendbar ist.
Allerdings stellte sich durch Anwendung der - aufgrund der höchsten Korrelation zwischen gemessener und abgeleiteter Niederschlagsrate für den bekannten Datensatz des Jahres 2005 im entsprechenden Abschnitt als „optimal" bezeichneten - trainierten neuronalen Netze heraus, dass diese überangepasst an die Daten sind und somit nicht geeignet sind, die Niederschlagsintensitäten aus den Radarparametern abzuleiten.
Aus diesem Grund wurden die neuronalen Netze durch eine Variation der „Performace-Function" und einer geringeren Anzahl an Zellen in der verarbeitenden Schicht generalisiert, und eine allgemeingültigere Abbildungsvorschrift abgeleitet. Anhand der so angepassten neuronalen Netze konnte die Niederschlagsintensität des unbekannten Datensatzes, verglichen mit der Verwendung der jeweiligen für die Niederschläge des Jahres 2005 optimierten Z-R-Beziehung, mit einer größeren Übereinstimmung an die gemessenen Intensitäten abgeleitet werden. Die Rangkorrelationskoeffizienten nach Spearman r_S zwischen gemessener und abgeleiteter Niederschlagsrate liegen bei

Verwendung des neuronalen Netzes zwischen 0.62 und 0.68 (Z-R-Beziehung: $0.61 \leq r_S \leq 0.67$). Während sich die Rangkorrelationskoeffizienten zwischen abgeleiteter und gemessener Niederschlagsintensität bei Verwendung des neuronalen Netzes oder der globalen Z-R-Beziehung nur unwesentlich voneinander unterscheiden, ergibt sich bei Ableitung der Niederschlagsrate R anhand des neuronalen Netzes mit 1.31 mmh^{-1} ein geringerer $RMSE$ für die kumulierten Niederschläge des Jahres 2006 als bei Verwendung einer angepassten Z-R-Beziehung ($RMSE$ = 1.41 mmh^{-1}). Deutlicher wird der Unterschied, wenn man die Ergebnisse der generalisierten neuronalen Netze und die der global durch den Deutschen Wetterdienst verwendeten Z-R-Beziehung vergleicht. Aus diesen Daten geht hervor, dass der$RMSE$ von 1.63 mmh^{-1} auf 1.31 mmh^{-1} gesenkt werden konnte.
Eine weitere geringere Verbesserung der radargestützen Niederschlagsableitung wurde durch die Verwendung dynamischer neuronaler Netze erzielt. Die Dynamik dieser Netze liegt darin, dass die Gewichte der neuronalen Netze kontinuierlich anhand von Bodenniederschlags- und Radardaten aktualisiert werden. Durch diesen Ansatz konnte der Rangkorrelationskoeffizient zwischen abgeleiteter und gemessener Intensität im Vergleich zu den statischen neuronalen Netzen von 0.61 auf 0.68 gesteigert und der $RMSE$ auf von 1.31 auf 1.27 mmh^{-1} gesenkt werden.

Durch die vorliegende Arbeit konnte gezeigt werden, dass die bisherige Anwendung einer einzelnen, global gültigen Z-R-Beziehung, wie sie vom Deutschen Wetterdienst vorgenommen wird, die geringste Übereinstimmung zwischen der am Boden gemessener und anhand von Radarparametern abgeleiteter Niederschlagsintensität liefert und somit die unvorteilhafteste Methode der radargestützten Niederschlagsquantifizierung darstellt. Bereits durch eine Klassifizierung der Niederschlagsereignisse kann ein geringerer mittlerer quadratischer Fehler erhalten, und somit die Niederschlagsbestimmung verbessert werden. Eine weitere Steigerung der Genauigkeit lässt sich durch den Einsatz neuronaler Netze, deren Training anhand verschiedener Eingangsparameter erfolgt, erreichen. Auch für den Einsatz neuronaler Netze gilt, dass die Genauigkeit der Niederschlagsableitung durch eine vorgenommene Klassifizierung gesteigert werden kann. Eine weitere Steigerung des Zusammenhangs zwischen abgeleiteter und gemessener Niederschlagsrate lässt sich durch die dynamische Anpassung der Gewichte des neuronalen Netzes erreichen. Insgesamt kann festgehalten werden, dass der $RMSE$ durch die Kombination von Niederschlagsklassifizierung und dem Einsatz neuronaler Netze um 25 % im Vergleich zur Anwendung einer globalen Z-R-Beziehung, die - wie vom DWD - rigide auf alle vorherrschenden Niederschlagssituationen angewendet wird, gesenkt werden kann.

Der Unterschied der vorliegenden Arbeit zu existierenden Arbeiten zum Thema Niederschlagsklassifizierung bzw. -quantifizierung liegt vor allem in der Auswahl der statistischen Methoden und mathematischen Werkzeuge sowie des Umfangs der Untersuchungsdaten.
Wurde die Niederschlagsklassifizierung in bisherigen Arbeiten vor allem durch Wahl von Schwellwerten verschiedener Radarparameter - vor allem sei hier die maximale Reflektivität zu nennen - durchgeführt, kommen in der vorliegenden Arbeit mit der Cluster- und Hauptkomponentenanalyse Methoden der multivariaten Statistik zum Einsatz. Anhand dieser Verfahren kann eine (mikro-)physikalisch plausible Unter- und Einteilung der Niederschläge erreicht werden. Ein weiterer Unterschied zwischen der vorliegenden Arbeit und älteren Veröffentlichungen zu diesem Thema besteht darin, dass die Niederschlagsklassifizierung anhand eines zweiten Datensatz verifiziert wurde. Dazu wurden die Niederschläge des Jahres 2006 gemäß des korrelativen Abstands der Faktorenwerte eingeteilt und ebenfalls schlüssige Eigenschaften der Niederschlagsklassen erhalten.

Außer durch die Methode der Klassifizierung der Niederschläge unterscheidet sich die vorliegende Arbeit von bisherigen Publikationen (siehe Einleitung), die eine Ableitung der Niederschlagsintensitäten anhand von neuronalen Netzen thematisieren, dadurch, dass sich die Untersuchungen nicht lediglich auf einige wenige Wochen beziehen. Vielmehr werden die Niederschläge je eines kompletten Jahres als Trainings- und eines weiteren Jahres als Validierungsdatensatz verwendet. Des Weiteren werden in der vorliegenden Arbeit nicht nur die Reflektivität Z, sondern auch noch weitere Parameter, die aus dem Reflektivitätsfeld abgeleitet wurden, als Eingangsparameter verwendet. Diese beiden Punkte grenzen die vorliegende Arbeit von bisherigen Untersuchungen der Niederschlagsquantifizierung anhand neuronaler Netze ab und stellen einen Fortschritt dar.

Für anschließende Arbeiten sollte das Auswertegebiet, das bisher aus Gründen der entfernungsabhängigen Fehler des Niederschlagsradars auf einen Umkreis von 60 km um das IMK-C-Band-Radar beschränkt wurde, auf das vollständige Messgebiet dieses Radars ausgedehnt werden. Zu diesem Zweck müssten, verglichen mit der vorliegenden Arbeit, allerdings aufwändigere Korrekturen der Rohwerte, wie z.B. Behebung des Einflusses der Entfernungsabhängigkeit der Radarmessung, vorgenommen werden. Der Vorteil des größeren Auswertebereichs wäre unter anderem, dass eine erhöhte Anzahl an Bodenstationen zur Verfügung stehen würde und somit eine Klassifizierung der einzelnen Gebiete (und nicht lediglich des gesamten Volumenscans) vorgenommen werden könnte. Durch diese feinere Klassifizierung könnte unter Umständen auch eine noch besser angepasste Abbildungsfunktion für die einzelnen Niederschlagsklassen zwischen den lokal abgeleiteten Parametern und der Niederschlagsrate am Boden entwickelt werden. Des Weiteren könnten die Untersuchungen dieser Arbeit auch z.B. auf die 16 Radare im Verbund des Deutschen Wetterdienst ausgedehnt werden - dafür müssten vom Deutschen Wetterdienst allerdings neben den Produkten auch die Rohdaten aufgezeichnet werden. Diese Daten werden bisher allerdings noch nicht gespeichert.

Anhang A

Statistische Methoden

Im folgenden Kapitel werden die statistischen Methoden, die zur Kategorisierung der Niederschlagsereignisse verwendet wurden, beschrieben. Eine ausführliche Beschreibung der verwendeten Methoden findet sich in Bortz (2005) und Bahrenberg et al. (1992) zur Cluster und Hauptkomponentenanalyse beziehungsweise Zell (2004) zur Anwendung künstlicher neuronaler Netze.

A.1 Clusteranalyse

Die Unterteilung von Stichproben in eine oder mehrere Klassen ist ein wichtiges statistisches Arbeitsprinzip. Dabei werden die Daten der Stichprobe nach Ähnlichkeitsmerkmalen in eine beliebige Anzahl von Klassen eingeteilt. Die resultierenden Klassen werden als Cluster C und die Methodik als Clusteranalyse bezeichnet.
Die Grundidee der Clusteranalyse ist, den Abstand zwischen den, beispielweise in einem zweidimensionalen Koodinatensysem vorliegenden Daten (z.B. Temperatur und Niederschlag), zu bestimmen und als Ähnlichkeitsmaß zu verwenden. Dieses geschieht meistens durch die Wahl eines geeigneten Distanzmaßes D. Die größte Ähnlichkeit zwischen den Datenpunkten besteht dann, wenn D das Minimum annimmt. Im Idealfall ergibt sich eine deutliche Trennung der einzelnen Cluster C_i, die sich auf verschiedene Bereiche des Koordinatensystems verteilen.

A.1.1 Hierarchische Clusteranalyse

Im Folgenden soll die verbreitete hierarchische Clusteranalyse in Kürze beschrieben werden. Der Nachteil dieser Methode ist, dass entstandene Cluster, auch wenn sich durch eine anderer Partitionierung bessere Lösungen ergeben

würden, nicht wieder getrennt werden können.
Da die hierarchische Clusteranalyse in dieser Arbeit keine Verwendung findet, soll diese Methode lediglich der Vollständigkeit halber erwähnt, und die Arbeitsschritte somit lediglich allgemein formuliert werden.

- In der feinsten Partition werden alle Daten separat erfasst und den Koordinaten zugeordnet.
- Berechnung aller Distanzwerte zwischen allen Daten. Liegen die Daten in einer Form einer Matrix a_{ij}, mit Einflüssen $i = 1, \cdots, m$ und Einzeldaten $j, k = 1, \cdots, n$ vor, und werden als Ähnlichkeitsmaße die Distanzen der Daten bezüglich des Koordinatensystems verwendet, so ist dafür die Euklidische Distanz

$$ED = \sqrt{\sum_{i=1}^{m} (x_{ij} - x_{ik})^2} \tag{A.1}$$

geeignet.
- Aufsuchen der beiden Datenwerte mit dem minimalen Distanzwert $D_{pq} = \min(D_{ij})$.
- Fusionierung der betreffenden beiden Datenwerte a_p und a_q zum 1. Cluster, der hier als C_q(neu) bezeichnet wird. Durch diese Bildung des ersten Clusters reduziert sich die Datenzahl um eins. Formal werden auch alle verbleibenden Daten als Cluster bezeichnet.
- Neuberechnung der Distanzwerte zwischen C_q(neu) und den übrigen Clustern.
- Fortsetzung dieser Methodik, bis alle Daten in einem einzigen Cluster vereinigt sind.
- Rückwendung bis zu der Partitionsebene, die, nach dem jeweiligen fachlichen Hintergrund, als sinnvoll erscheint.

A.1.2 k-means-Clustering

Der Algorithmus des k-means-Clusterings besteht aus folgenden Schritten, die wiederholt durchzuführen sind:

1. Erzeugung einer Anfangspartition mit k Clustern.

2. Beginnend mit dem 1. Objekt des 1. Clusters wird für jedes Objekt die euklidische Distanz, die für zwei Raumeinheiten j und k bei m Variablen durch

$$d_{jk} = \sqrt{\sum_{i=1}^{m} (x_{ij} - x_{ik})^2} \tag{A.2}$$

definiert ist, zu allen Clusterschwerpunkten bestimmt.

3. Trifft man auf ein Objekt, das zum Schwerpunkt des eigenen Clusters eine größere Distanz als zum Schwerpunkt eines anderen Clusters aufweist, so wird dieses Objekt in den entsprechenden Cluster verschoben.

4. Die Schwerpunkte der durch diese Verschiebung neu entstandenen Cluster werden neu berechnet.

5. Die Schritte 2 bis 4 werden wiederholt, bis sich jedes Objekt in dem Cluster befindet, zu dem es, verglichen mit den übrigen Clustern, die geringste Entfernung zum Schwerpunkt aufweist.

Die gebildeten k Cluster werden bei der k-means-Methode also durch ihre Schwerpunkte repräsentiert. Vorteil dieser Methode ist, dass eine einmal vorgenommene Zuordnung eines Objekts zu einem Cluster im Unterschied zu hierarchischen Clustermethoden nicht endgültig ist, sondern theoretisch beliebig häufig revidiert werden kann.

A.2 Faktorenanalyse

Mit Hilfe der Faktorenanalyse können Variablen gemäß ihrer korrelativen Beziehungen in voneinander unabhängige Gruppen klassifiziert werden. Je höher die Variabeln miteinander korrelieren, desto ähnlicher sind die durch sie erfasste Informationen, wodurch sich bei hohen Variableninterkorrelationen Messungen bestimmter Variablen vermeiden lassen. Hierdurch ist die Zielsetzung der Faktorenanalyse verdeutlicht, ausgehend von der hohen Korrelation zwischen den Variablen wird eine „synthetische" Variable konstruiert, die mit allen Variablen so hoch wie möglich korreliert und als Faktor bezeichnet wird.
Wird der Faktor aus den Variablen herauspartialisiert, ergeben sich Partialkorrelationen, die diejenigen Variablenzusammenhänge erfassen, die nicht durch den Faktor erklärt werden können. Diese Zusammenhänge werden

durch Einführung eines weiteren Faktors erklärt, der vom ersten Faktor unabhängig ist und die verbleibenden korrelativen Zusammenhänge möglichst gut erfasst. Durch Herauspartialisieren weiterer wechselseitig unabhängiger Faktoren werden alle Restkorrelationen (bis auf einen Messfehler bedingten Rest) erklärt.
Diese Zusammenhänge verdeutlichen eine wichtige Eigenschaft der Faktorenanalyse, nämlich dass korrelierende Variable ohne signifikanten Informationsverlust durch wenige voneinander unabhängige Variable ersetzt werden können. Somit führt die Faktorenanalyse zu einer Daten- und Dimensionsreduktion.

Eine Beobachtung, die von verschiedenen Parametern abhängig ist, die wiederum unterschiedlich mit der Beobachtung korreliert sind, kann durch

$$x_{m1} = f_{m1}a_{i1} + f_{m2}a_{i2} + \ldots + f_{mq}a_{iq} \tag{A.3}$$

$$= \sum_{j=1}^{q} f_{mj}a_{ij} \tag{A.4}$$

mit der Korrelation a_{ij} zwischen der Beobachtung x_{mi} und dem Parameter f_{mj} beschrieben werden. Gleichung A.4 kann in Matrixschreibweise als

$$\mathbf{X} = \mathbf{F}\mathbf{A}' \tag{A.5}$$

geschrieben werden.
Für Gleichung A.5 lassen sich unendlich viele Lösungen finden, eine dieser Lösungen führt zu den Faktoren der Hauptkomponentenanalyse (HKA), die durch folgende Eigenschaften gekennzeichnet sind:

- Sie sind wechselseitig voneinander unabhängig.
- Sie erklären sukzessiv maximale Varianz.

Bevor die rechnerische Durchführung der HKA im nächsten Abschnitt skizziert wird, sollen zunächst die Kennwerte, die eine HKA charakterisieren, erläutert sowie eine Aussage über die benötigten Beobachtungen getätigt werden.

Faktorwerte Der Faktorwert f_{mj} einer Beobachtung m kennzeichnet die Position dieser Beobachtung auf dem Faktor j. Er gibt darüber Auskunft, wie stark die in einem Faktor zusammengefassten Merkmale bei dieser Beobachtung ausgeprägt sind.

Faktorladung Eine Faktorladung a_{ij} entspricht der Korrelation zwischen einer Variablen i und einem Faktor j

Kommunalität Das Quadrat einer Korrelation gibt den Anteil gemeinsamer Varianz zwischen den Messwertreihen an. Somit kennzeichnet die quadrierte Ladung a_{ij}^2 den gemeinsamen Varianzanteil zwischen der Variablen i und dem Faktor j. Dementsprechend gibt die Summe der quadrierten Ladungen den Anteil der Varianz einer Variablen an, die durch die Faktoren erklärt wird. Geht man von Kovarianzen z-standardisierter [1] Variablen aus, so gilt

$$0 \leq h_i^2 = \sum_{j=1}^{q} a_{ij}^2 \leq 1 \tag{A.6}$$

Somit gibt die Kommunalität h^2 einer Variablen i an, in welchen Ausmaß die Varianz dieser Variablen durch die Faktoren erfasst wird.

Eigenwert Werden die Ladungen der Variablen i auf einen Faktor j quadriert, so ergibt sich mit λ_j die Varianz, die durch diesen Faktor aufgeklärt wird. Die Gesamtvarianz aller p Variablen hat für den Fall, dass die Variablen z-standardisiert sind, den Wert p. Somit gilt

$$\lambda_j = \sum_{i=1}^{p} a_{ij}^2 \leq p \tag{A.7}$$

Der Eigenwert λ_j eines Faktors j gibt daher den Anteil der Gesamtvarianz aller Variablen an, der durch diesen Faktor erfasst wird. Der Eigenwert desjenigen Faktors, der den größten Anteil der Varianz erklärt, ist umso größer, je stärker die Variablen miteinander korrelieren.

Damit die HKA interpretierbar ist, müssen folgende Bedingungen erfüllt sein (siehe Bortz (2005)):

- Entfallen auf jeden Faktor zehn oder mehr Variablen, so ist ein Beobachtungsumfang von $n \approx 150$ ausreichend.
- Laden auf jeden bedeutsamen Faktor mindestens vier Variablen mit mindestens 0.60, so kann die Faktorenstruktur ungeachtet des Beobachtungsumfang interpretiert werden. Das gleiche gilt für Hauptkomponentenanalysen mit Faktoren, auf denen jeweils 10 bis 12 Variablen Ladungen um 0.40 oder darüber aufweisen.

[1] z-standardisierte Variablen weisen einen Mittelwert 1 sowie eine Streuung 0 aus.

- Hauptkomponentenanalysen mit Faktoren, auf denen nur wenige Faktoren geringfügig laden, sollten nur interpretiert werden, wenn die Beobachtungen einen Umfang von $n \geq 300$ haben.

Rechnerische Durchführung der Hauptkomponentenanalyse

Im folgenden Abschnitt soll die Durchführung der Hauptkomponentenanalyse skizziert werden.
Wird in einem p-dimensionalen Raum, dessen Achsen durch p orthogonale Achsen aufgespannt werden, eine Achse X_i in allen (oder einigen) der $p(p-1)/2$ Ebenen des Koordinatensystems zur neuen Achse Y_i rotiert, dann stellt die Linearkombination $y_1 = v_{1j}x_1 + v_{2j}x_2 + \ldots + v_{pj}x_p$ die Koordinate eines Punktes P auf der Y_j-Achse dar, wenn

$$\sum_{i=1}^{P} v_{ij}^2 = 1 \tag{A.8}$$

mit den ursprünglichen Koordinaten $x_1, x_2, \ldots, x_P$ und den Cosinus der Winkel zwischen $X_1, X_2, \ldots, X_P$ und der neuen Y_j-Achse $v_{1j}, v_{2j}, \ldots, v_{Pj}$.
Werden in einem p-dimensionalen Raum, dessen orthogonale Achsen durch die p Variablen gebildet werden, die Achsen X_i und $X_{i'}$ rotiert, dann stehen die rotierten Achsen Y_j und $Y_{j'}$ senkrecht aufeinander, wenn die Summe der Produkte der korrespondierenden Gewichtskoeffizienten in den beiden, die Rotationstransformation bewirkenden Linearkombinationen Null ergibt, also

$$\sum_{i=1}^{P} v_{ij} \cdot v_{ij'} = 0 \tag{A.9}$$

Ist sowohl Gleichung A.8 als auch Gleichung A.9 erfüllt, werden die Linearkombinationen als orthogonale Rotationstransformation bezeichnet. In diesem Zusammenhang bedeutet orthogonale Rotationstransformation nicht die Drehung einer Achse um 90°, sondern dass beide Achsen um denselben Winkel gedreht werden. Durch die Drehung um den gleichen Betrag bleibt die Orthogonalität der beiden Achsen erhalten.
Gleichung A.8 kann als

$$\mathbf{v_j'} \cdot \mathbf{v_j} = \mathbf{1} \tag{A.10}$$

geschrieben werden. Somit können die notwendigen Bedingungen für die orthogonale Rotationstransformation durch

$$\mathbf{V'} \cdot \mathbf{V} = \mathbf{I} \tag{A.11}$$

mit der Einheitsmatrix **I** formuliert werden.
Durch Gleichung A.11 ist noch keine eindeutige orthogonale Rotationstransformation festgelegt, vielmehr wird auch eine Spiegelung zugelassen. Daher muss neben Gleichung A.11 auch noch die Bedingung

$$|\mathbf{V}| = \mathbf{1} \tag{A.12}$$

erfüllt sein. Genügt eine Matrix sowohl Gleichung A.11 als auch A.12, so wird die Matrix als orthogonale Matrix bezeichnet.

Zur Verdeutlichung der nachfolgenden Ausführungen sollen die Zusammenhänge zwischen den Mittwelwerten bzw. der Varianzen und Korrelationen der ursprünglichen Koordinaten sowie der durch Linearkombination transformierten Koordinaten beschrieben werden.
Das arithmetische Mittel homologer Linearkombinationen (Linearkombinationen verschiedener Beobachtungen, die unter Verwendung gleicher Gewichte ermittelt wurden) entspricht der Linearkombination der Mittelwerte der ursprünglichen Variablen.
Für die Gesamtvarianz der p Variablen gilt, dass sie nach der Rotationstransformation, allerdings bei einer anderen Verteilung auf die neuen Achsen, erhalten bleibt.
Das Ziel der HKA kann daher durch die Bestimmung einer neuen Achse Y_1, die von der Gesamtvarianz aller Variablen die maximale Restvarianz erklärt, sowie weiterer Achsen Y_j, die so rotiert werden, dass sie von der jeweils verbleibenden Restvarianz wiederum jeweils maximale Varianz erklären, beschrieben werden.
Gesucht wird daher eine Transformationsmatrix, die die nachfolgenden Eigenschaften erfüllt

- Die Transformationsmatrix muss eine orthogonale Rotationstransformation bewirken, d.h. $\mathbf{V} \cdot \mathbf{V} = \mathbf{I}$ und $|\mathbf{V}| = \mathbf{1}$.

- Die Transformationsmatrix muss so geartet sein, dass die Projektionen der p-Punkte auf den neuen Achsen $Y_1, Y_2, \ldots, Y_p$ sukzessiv maximale Varianz erklären.

Eingeführt werde eine Matrix **D**, in deren Diagonale sich die Summen der quadrierten Abweichungen der individuellen Werte vom Mittelwert befinden. Außerhalb der Diagonale stehen die Summen der Produkte der korrespondierenden Abweichungen der individuellen Werte auf zwei Variablen vom jeweiligen Variablenmittelwert. Somit kann $\mathbf{D}$ als

$$\mathbf{D} = \mathbf{X}' \cdot \mathbf{X} - \overline{\mathbf{X}}' \cdot \overline{\mathbf{X}} \tag{A.13}$$

geschrieben werden. Des Weiteren bezeichnet $\mathbf{D}(x)$ die Matrix der ursprünglichen Variablen und $\mathbf{D}(y)$ die der linearkombinierten Variablen.
Zunächst soll ein Transformationsvektor gefunden werden, der die Varianz der Koordinaten der p Beobachtungen auf der neuen rotierten Y_1-Achse maximal werden lässt. Somit soll das Element $d(y)_{11}$ von $\mathbf{D}(y)$ maximiert werden. Wie beschrieben enthält $d(y)_{11}$ die Summen der quadrierten Abweichungen der individuellen Werte vom Mittelwert, somit unterscheiden sich $d(y)_{11}$ und s_{y1}^2 nur um den Faktor $1/n$. Daher bedeutet die Maximierung von $d(y)_{11}$ gleichzeitig auch die Maximierung von s_{y1}^2. Gesucht wird ein Vektor $\mathbf{v}$, der nach der Bedingung

$$d(y)_{11} = \mathbf{v}' \cdot \mathbf{D}(x) \cdot \mathbf{v} \tag{A.14}$$

und unter Berücksichtigung von A.8 $d(y)_{11}$ maximal werden lässt. Als Beziehung bekommt man

$$(\mathbf{D}(x) - \lambda \cdot \mathbf{I}) \cdot \mathbf{v} = \mathbf{0} \tag{A.15}$$

mit der Diagonalmatrix $\lambda \cdot \mathbf{I}$ mit λ als Eigenwerte.
Damit diese Beziehung eine Lösung hat, darf die Matrix $(\mathbf{D}(x) - \lambda \cdot \mathbf{I})$ keine Inverse besitzen. Somit muss ihre Determinante gleich Null sein. Eine Matrix mit dieser Eigenschaft bezeichnet man als singuläre Matrix. Daher ergibt sich die charakteristische Gleichung zu

$$|(\mathbf{D}(x) - \lambda \cdot \mathbf{I})| = \mathbf{0} \tag{A.16}$$

Alle Nullstellen des Polynoms von λ stellen mögliche λ-Werte dar, die als Eigenwerte bezeichnet werden. Die Anzahl der Eigenwerte, die größer als Null sind, bestimmt den Rang der Matrix. Besitzt eine Matrix ausschließlich positive Eigenwerte, so wird diese Matrix als positiv-definit bezeichnet. Für die Eigenwerte gilt des Weiteren, dass ihre Summe einer Korrelationsmatrix der Anzahl der Variablen p entspricht. Außerdem gilt für singuläre Matrizen $\mathbf{A}$, dass sie aufgrund von

$$|\mathbf{A}| = \prod_{j=1}^{p} \lambda_j \tag{A.17}$$

mit der Determinante $|\mathbf{A}|$, dass mindestens ein Eigenwert Null ist.
Werden die einzelnen Eigenwerte λ_j der Größe nach sortiert, so bewirken die mit den Eigenwerten assoziierten Eigenvektoren v_j Rotationstransformationen, die zu neuen Achsen führen, die sukzessiv maximale Varianz, die mit dem jeweiligen Eigenwert identisch ist, erklären.

In den meisten Anwendungen werden die usrprünglichen Daten z-standardisiert. Durch diese Standardisierung werden alle Variablen bzgl. ihrer Metrik vergleichbar gemacht (Bortz (2005)).
Die Faktorwerte $\mathbf{F}$ ergeben sich aus den Koordinaten $\mathbf{Y}$ durch

$$\mathbf{F} = \mathbf{Y} \cdot \mathbf{\Lambda}^{-1/2} \tag{A.18}$$

In der Diagonalen der Matrix $\mathbf{\Lambda}^{-1/2}$ befinden sich die Reziprokwerte aus den Wurzeln der Eigenwerte. Die Faktoren korrelieren über die Faktorwerte wechselseitig zu 0 miteinander, und es gilt die Beziehung

$$\frac{1}{n}\mathbf{F}' \cdot \mathbf{F} = \mathbf{I} \tag{A.19}$$

Die Konsequenz aus der z-Standardisierung ist, dass alle neuen Y_j-Achsen die gleiche Länge aufweisen. Somit werden die Achsen mit einer Streuung $\sqrt{\lambda_j} < 1$ gestreckt und die Achsen mit einer Streuung $\sqrt{\lambda_j} > 1$ gestaucht.

Wie beschrieben sind sowohl die ursprünlichen Variablen als auch die Faktoren um z-standardisiert, somit wird die Korrelation zwischen einer Variablen z_i und einem Faktor F_j durch

$$\mathbf{r}_{ij} = \frac{1}{n} \sum_{m=1}^{n} f_{mj} z_{mi} \tag{A.20}$$

beschrieben.
Somit sind die Korrelationen r_{ij} zwischen einer ursprünglichen Variablen i und einem Faktor j mit der Ladung a_{ij} der Variablen i auf dem Faktor j identisch.

Anhang B

Künstliche neuronale Netze

Künstliche neuronale Netze sind informationsverarbeitende Systeme, die aus einer großen Anzahl einfacher Einheiten (Zellen, Neuronen) bestehen, die sich Informationen in Form der Aktivierung der Zellen über gerichtete Verbindungen zusenden. Ein wesentliches Element der künstlichen neuronalen Netze ist ihre Lernfähigkeit, d.h. die Fähigkeit, eine Aufgabe (z.B. ein Klassifikationsproblem) selbstständig aus Trainingsbeispielen zu lernen, ohne dass das neuronale Netz dazu explizit programmiert werden muss (Zell 2004).

B.1 Bestandteile neuronaler Netze

Neuronale Netze bestehen im allgemeinen aus folgenden Komponenten

Zellen (Neuronen) Die Zellen haben wieder die folgenden Bestandteile

Der Aktivierungszustand gibt den Grad der Aktivierung der Zelle an.

Die Aktivierungsfunktion f_{act} gibt an, wie sich ein neuer Aktivierungszustand $a_j(t+1)$ des Neurons j aus der alten Aktivierung $a_j(t)$ und der Netzeingabe $net_j(t)$ ergibt.

Die Ausgabefunktion f_{out} bestimmt die Ausgabe o_j der Zelle j aus der Aktivierung der Zelle durch $o_j = f_{out}(a_j)$. Es werden zwei Arten der Aktivierungsfunktion unterschieden

- Bei determinitischen Aktivierungsfunktionen ist das Eregbnis von f_{act} eindeutig durch die Eingabe bestimmt.
- Bei einer stochastischen Eingabefunktion ist das Ergebnis von f_{act} durch eine Zufallsverteilung abhängig von der Eingabe.

Verbindungsnetzwerk der Zellen Ein neuronales Netz kann als gerichteter, gewichteter Graph angesehen werden, in dem die Kanten die gewichte-

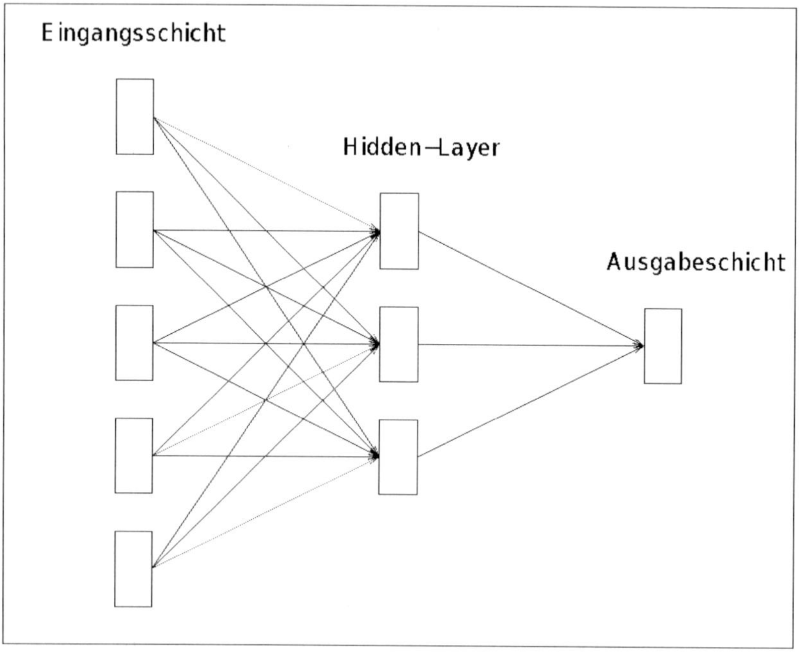

Abbildung B.1: Architektur eines neuronalen Netzes mit einer verdeckten Schicht

ten Verbindungen zwischen den Neuronen darstellen. Das Gewicht der Verbindung von Zelle i nach Zelle j wird durch w_{ij} angegeben. Ist

- $w_{ij} = 0$, so existiert keine Verbindung zwischen Zellen i und j
- $w_{ij} < 0$, so hemmt Zelle i seinen Nachfolger j durch ein Gewicht der Stärke $|w_{ij}|$
- $w_{ij} > 0$, so regt Zelle i seinen Nachfolger j durch ein Gewicht der Stärke w_{ij} an.

Die Propagierungsfunktion gibt an, wie sich die Netzeingabe aus den Ausgaben der anderen Neuronen und den Verbingsgewichten berechnet. Sie hat meistens die Form

$$net_j = \sum_i o_i(t) w_{ij} \tag{B.1}$$

Die Lernregel ist ein Algorithmus gemäß dem das neuronale Netz lernt, für eine gewisse Eingabe eine gewünschte Ausgabe zu produzieren. Das Lernen erfolgt in neuronalen Netzen durch Modifikation der Stärke der einzelnen Verbindungen zur Fehlerminimierung zwischen erwarteter und tatsächlicher Ausgabe.
Die häufigsten Arten des Lernens sind die Entwicklung neuer Verbindungen sowie das Löschen bestehender Verbindungen und die Modifikation der Stärken w_{ij} von Verbindungen. Das Absterben einer existierenden Verbindung kann durch Setzen des Verbindungsgewichts w_{ij} auf Null erreicht werden. Dagegen können neue Verbindungen durch das Setzen von w_{ij} auf einen von Null verschiedenen Wert erreicht werden. Zum Trainieren der Netze werden verschiedene Lernregeln eingesetzt

Die Hebbsche Lernregel besagt:
Wenn Zelle j eine Eingabe von Zelle i erhält und beide gleichzeitig stark aktiviert sind, dann erhöhe das Gewicht w_{ij}.
In der allgemeine Form kann die Hebbsche Regel folgendermaßen formuliert werden

$$\Delta w_{ij} = \eta h(o_i, w_{ij} g(a_j, t_j)) \tag{B.2}$$

Die Gewichtsveränderung Δw_{ij} ist als Produkt zweier Funktionen definiert, eine Funktion $h(o_i, w_{ij})$ hat als Parameter die Ausgabe o_i der Vorgängerzelle und das Gewicht w_{ij} von der Vorgängerzelle i zur Zelle j, die andere Funktion $g(a_j, t_j)$ hat die Aktivierung

a_j der Zelle und die erwartete Aktivierung t_j (*teaching input*) als Parameter.

Die Delta-Regel kann durch

$$\Delta w_{ij} = \eta o_i(t_j - a_j) = \eta o_i \delta_j \tag{B.3}$$

beschrieben werden, δ_j ist die Differenz zwischen der aktuellen Aktivierung a_j und der erwarteten Aktivierung t_j

Die Backpropagation-Regel ist eine Verallgemeinerung der der Delta-Regel für Netze mit mehr als einer Schicht trainierbarer Gewichte und Neuronen mit einer nichtlinearen Aktivierungsfunktion. Die Regel für die Backpropagation-Regel lautet

$$\Delta w_{ij} = \eta o_i(t_j - a_j) = \eta o_i \delta_j \tag{B.4}$$

mit

$$\delta_j = \begin{cases} f_j'(net_j)(t_j - o_j), & \text{falls } j \text{ eine Ausgabezelle ist} \\ f_j'(net_j) \sum_k (\delta_k w_{jk}), & \text{falls } j \text{ eine verdeckte Zelle ist} \end{cases} \tag{B.5}$$

Ein großer Anteil der verwendeten neuronalen Netze hat lediglich Verbindungen in eine Richtung, von den Eingabeneuronen, die die Eingabe über die Zellen einer mittleren, verdeckten Schicht, die der Informationsverarbeitung dienen, in Richtung der Ausgabeneuronen weiterleiten. Ein solcher Typ neuronaler Netze wird als feedforward-Netz bezeichnet. Die feedforward-Netze werden wieder unterteilt in Netze, die nur Verbindungen von einer Schicht zur nächsten ermöglichen sowie Netze, die auch Verbindungen zwischen Neuronen einer Ebene k und Neuronen der Ebene $k + i$ mit $i > 1$ ermöglichen. Diese Netze werden als feedforward-Netze mit shortcut-connections bezeichnet.

Die Klasse der Netze, die auch Rückkopplungen zwischen den einzelnen Schichten erlauben, werden allgemein in vier Klassen unterteilt

Netze mit direkten Rückkopplungen (*direct feedback*) ermöglichen, dass ein Neuron seine eigene Aktivierung zu seinem Eingang verstärkt oder abschwächt.

Netze mit indirekten Rückkopplungen (*indirect feedback*) ermöglichen die Rückkopplung zwischen Neuronen höherer Ebenen zu Neuronen niederer Ebenen.

Netze mit Rückkopplung innerhalb einer Schicht (*lateral feedback*) werden eingesetzt, wenn nur ein Neuron der jeweiligen Ebene aktiv werden soll. Das Neuron mit der stärksten Aktivierung hemmt die anderen Neuronen der Ebene, daher werden Netze dieser Topologie auch als *winner-takes-all*-Netzwerk bezeichnet.

Vollständig verbundene Netze haben Verbindungen zwischen alle Neuronen

B.2 Komponenten neuronaler Modelle

In einem parallelem System ist neben der Art der Eingabe, die die Neuronen erhalten, auch dieser Zeitpunkt bzw. die Reihenfolge entscheidend in der die Neuronen ihre Eingabe erhalten und die entsprechende Ausgabe berechnen. Demzufolge unterscheidet man zwischen zwei verschiedenen Modellen

Synchrone Aktivierung Alle Zellen ändern ihre Werte gleichzeitig, d.h. zunächst berechnen alle Neuronen die Aktivierung ihrer Zellen und danach die entsprechende Ausgabe.

Asynchrone Aktivierung Einzelne Zellen ändern ihre Werte zu verschiedenen Zeitpunkten. Es wird zwischen verschiedenen Modi, die sich aus der Reihenfolge der Zellen (geordnet oder zufällig) ergibt, unterschieden

In den weiteren Ausführungen wird die Aktivierungsfunktion f_{act} und die Ausgabefunktion f_{out} zu einer Funktion f, die auch als Aktivierungsfunktion bezeichnet wird, zusammengefasst. Bei den Aktivierungsfunktionen wird zwischen linearen, binären und sigmoiden Funktionen unterschieden.

Lineare Aktivierungsfunktion Werden lineare Aktivierungsfunktionen f verwendet, so sind Netzwerke mit mehreren Ebenen nicht sinnvoll da die entsprechende Ebenen durch eine einzige Ebene mit veränderten Gewichten substituiert werden kann.

Binäre Aktivierungsfunktion Die binäre Aktivierungsfunktion ist durch

$$o_j = \begin{cases} 1, & \text{falls } net_j \geq \Phi_j \\ 0, & \text{sonst} \end{cases} \tag{B.6}$$

Sigmoide Aktivierungsfunktionen lösen das Problem, dass ein Netzwerk sowohl auf Signale kleiner als auch großer Amplitude reagieren muss. Da die Sensibilität besonders bei kleinen Amplituden groß sein muss, haben sigmoide Aktivierungsfunktionen ihre größte Steigung um den Schwellwert Φ. Die verbreitetsten sigmoiden Aktivierungsfunktionen sind die logistische Funktion $f_{log}(x) = 1/(1 + e^{-x})$ und die Funktion $\tanh(x)$.

Wie bereits beschrieben wird das Lernen in neuronalen Netzen zumeist durch die Modifikation der Verbindungsgewichte erreicht. Ziel des Lernvorgangs ist eine bessere Übereinstimmung zwischen erwünschter und tatsächlicher Ausgabe. Da nicht in allen Anwendungs- bzw. Fragestellungen eine erwünschte Ausgabe bekannt ist bzw. angegeben werden kann, wird zwischen drei Arten des Lernens in neuronalen Netzen unteschieden.
Beim übewachten Lernen steht zu jedem Eingabemuster des Trainingsdatensatzes ein Ausgabemuster zur Verfügung. Ziel des Lernens ist es, die Gewichte des Netzes so zu ändern, dass das Netz nach wiederholter Präsentation der Paare von Ein- und Ausgabemuster selbstständig vornehmen und dieses auch für unbekannte, ähnliche Eingabemuster (*Generaliserung*) kann. Dazu wird aus der erwarteten und der tatsächlichen Ausgabe ein Differenzvektor erstellt und im nächsten Schritt durch Rückwärtspropagierung die Anpassung der Verbindungsgewichte vorgenommen und somit der Fehler verringert.
Beim bestärkenden Lernen wird kein komplettes Ausgangsmuster bereitgestellt sondern lediglich angegeben, ob die Klassifizierung richtig oder falsch erfolgte.
Beim unüberwachten Lernen erfolgt das Lernen durch Selbstorganisation und dem Netz werden nur die Eingabeparameter übergeben. Das Netz versucht durch Lernverfahren ähnliche Gruppen von Eingabemustern in ähnliche Kategorien zu klassifizieren.

B.3 Backpropagation

Die Backpropagation-Regel wurde bereits beschrieben (siehe Gleichung B.4), an dieser Stelle sollen lediglich die Probleme des Lernverfahrens Backpropagation, die sich durch die lokale Ableitung des Fehlers ergeben, verdeutlicht werden.
Der Fehler eines neuronalen Netzes kann als Funktion der Gewichte durch $E(W) = E(w_1, \ldots, w_n)$ angegeben werden. Mit einem Gradientverfahren wird versucht, ein globales Minimum der Fehlerfunktion, d.h. die Konfiguration der Gewichte, bei der die Fehlersumme über alle Trainingsmuster minimal

ist, aufzufinden.
Zur Fehlerminimierung wird eine Änderung aller Gewichte um einen Anteil η des negativen Gradienten der Fehlerfunktion $-\nabla E(W)$ vorgenommen

$$\Delta W = -\eta \nabla E(W) \tag{B.7}$$

Als Fehlerfunktion wird meistens der quadratische Abstand zwischen erwarteter und realer Ausgabe verwendet, somit gilt

$$E = \sum_p \frac{1}{2} \sum_j (t_{pj} - o_{pj})^2 \tag{B.8}$$

Wie erwähnt ergeben sich die Probleme, die im folgenden Abschnitt beschrieben werden sollen, bei Gradientverfahren wie der Backpropagation aus der lokalen Ableitung des Fehlers.

Symmetry Breaking bezeichnet ein Problem bei der Initialisierung der Startgewichte, die bei der Initialisierung nicht alle gleich groß gewählt werden dürfen, vollständig ebenenweise verbundener feedforward-Netze. Werden alle Startgewichte gleich groß initialisiert, so kann das System durch Backpropagation keine unterschiedlichen Gewichte in der der Ausgabeschicht vorgelagerten Schicht mehr annehmen.
Zur Vermeidung des Symmetry Breaking werden die Startgewichte auf eine kleine zufällige Werte gesetzt.

Lokale Minima der Fehlerfläche sind eine suboptimale Lösung der Gradientverfahren. Die Wahrscheinlichkeit, dass ein lokales Minimum anstelle des globalen Minimums aufgefunden wird, steigt mit zunehmender Dimension des Netzes. Für lokale Minima gibt es keine allgemeingültige Lösung, allerdings kann durch eine genügend kleine Schrittweite ein Minimum aufgefunden werden, dass nahe genug am lokalen Minimum liegt.

Flache Plateaus besitzen als Gradienten den Nullvektor, daher stagniert das Lernverfahren an flachen Plateaus und kann keine Anpassung der Gewichte vornehmen.

Osziallation in steilen Schluchten tritt auf wenn der Gradient so groß ist, dass ein Sprung auf die gegenüberliegende Seite der Schlucht erfolgt. Ist der Gradient dort betragsmäßig gleich groß, so erfolgt ein Sprung auf die ursprüngliche Seite der Schlucht.

Die Wahl der Schrittweite η ist entscheidend für das Verhalten der Backpropagation, so bewirken zu große Werte von η starke Sprünge auf der Fehlerfläche und bringen daher das Risiko mit sich, dass zu enge Täler nicht gefunden werden. Da kleine Werte für η dagegen verursachen einen großen Zeitaufwand für das Training.
Da die Wahl der Schrittweite η abhängig vom Problem und der Topologie des Netzes ist, können keine allgemeine Empfehlungen zur Wahl der Schrittweite vorgenommen werden.

Zur Vermeidung der Fehler durch flache Plateaus und Oszillationen wird eine Modifikation des Backpropagation-Algorithmus durch einen Momentum-Term, der die bereits vollzogene Gewichtsänderung zum Zeitpunkt t bei der Berechnung der Änderung zum Zeitpunkt $t+1$ berücksichtigt, vorgenommen. Für die Gewichtsänderung ergibt sich dann

$$\Delta w_{ij}(t+1) = \eta o_i \delta_j + \alpha \Delta w_{ij}(t) \qquad \text{(B.9)}$$

Durch die Einführung des Momentum-Terms wird eine Beschleunigung in weiten Plateaus und ein Abbremsen in stark zerklüfteten Fehlerflächen erreicht. Die Variable α hat üblicherweise Werte zwischen 0.2 und 0.99 (in den meisten Anwendungen werden Werte zwischen 0.6 und 0.99 verwendet).

B.4 Levenberg-Marquard-Algorithmus

Der Levenberg-Marquard-Algorithmus ist ein numerischer Optimierungsalgorithmus auf der Basis des Gauß-Newton-Verfahrens.
Liegt eine Funktion $V(x)$ vor, die in Bezug auf x minimiert werden soll, liefert das Newton-Verfahren

$$\Delta x = -\left[\nabla^2 V(x)\right]^{-1} \nabla V(x) \qquad \text{(B.10)}$$

mit der Hesse-Matrix $\nabla^2 V(x)$ und dem Gradienten $\nabla V(x)$.
Lässt sich $V(x)$ als Summe quadratischer Funktionen schreiben

$$V(x) = \sum_{i=1}^{N} e_i^2(x) \qquad \text{(B.11)}$$

so kann gezeigt werden, dass

$$\nabla V(x) = J^T(x)e(x) \tag{B.12}$$

$$\nabla^2 V(x) = J^T(x)J(x) + S(x) \tag{B.13}$$

mit der Jacobi-Matrix $J(x)$

$$\begin{bmatrix} \frac{\partial e_1(x)}{\partial x_1} & \frac{\partial e_1(x)}{\partial x_2} & \cdots & \frac{\partial e_1(x)}{\partial x_n} \\ \frac{\partial e_2(x)}{\partial x_1} & \frac{\partial e_2(x)}{\partial x_2} & \cdots & \frac{\partial e_2(x)}{\partial x_n} \\ \vdots & \vdots & \ddots & \vdots \\ \frac{\partial e_N(x)}{\partial x_1} & \frac{\partial e_N(x)}{\partial x_2} & \cdots & \frac{\partial e_N(x)}{\partial x_n} \end{bmatrix} \tag{B.14}$$

und

$$S(x) = \sum_{i=1}^{N} e_i(x) \nabla^2 e_i(x) \tag{B.15}$$

Für den Gauss-Newton-Algorithmus wird angenommen, dass $S(x) \approx 0$, somit ergibt sich für Gleichung B.10

$$\Delta x = \left[J^T(x)J(x)\right]^{-1} J^T(x)e(x) \tag{B.16}$$

Mit der Modifikation nach Levenberg und Marquardt gilt

$$\Delta x = \left[J^T(x)J(x) + \mu I\right]^{-1} J^T(x)e(x) \tag{B.17}$$

Der Parameter μ wird mit einem Faktor β multipliziert wenn ein Schritt in einem vergrößerten $V(x)$ resultieren würde und durch β dividiert wenn der Schritt den Wert von $V(x)$ reduzieren würde.
Zusammenfassen kann die Anwendung des Levenberg-Marquardt-Algorithmus auf die folgenden Schritte reduziert werden:

1. Bestimmung der Ausgabe des neuronalen Netzes und der Fehler über alle Eingabeparameter.

2. Berechnung der Jacobi-Matrix mit Hilfe von B.14

3. Lösen von Gleichung B.17

4. Erneute Bestimmung der Summe der quadratischen Fehler durch $x + \Delta x$. Ist diese Fehlersumme kleiner als die in Schritt 1 berechnete, so wird μ durch β reduziert. Wird die Fehlersumme im Vergleich mit Schritt 1 nicht reduziert, so wird μ durch β vergrößert.

5. Es wird angenommen, dass der Algorithmus konvergiert hat, wenn der quadratische Fehler einen Schwellwert unterschritten hat.

Vorteil des Levenberg-Marquard-Algorithmus ist der Geschwindigkeitsvorteil gegenüber sonstigen Backpropgation-Algorithmen bei kleinen neuronalen Netzen mit einigen hundert Gewichten.

Anhang C

Abbildungen

C.1 Die Klassifizierungsparameter für das Jahr 2006

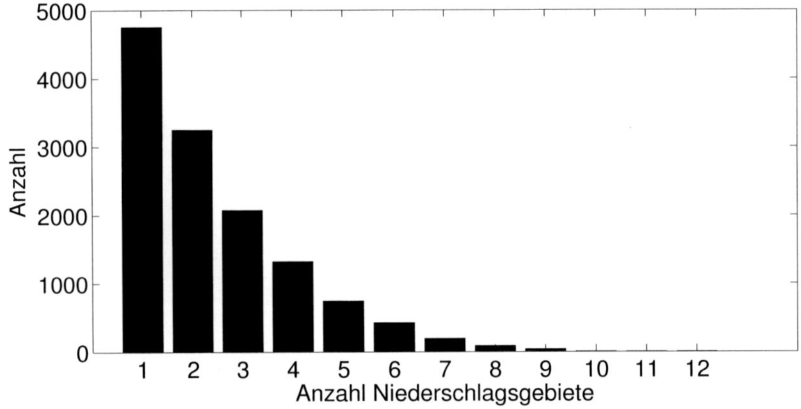

Abbildung C.1: Histogramm der für das Jahr 2006 bestimmten Anzahl zusammenhängender Niederschlagsgebiete pro Volumenscan

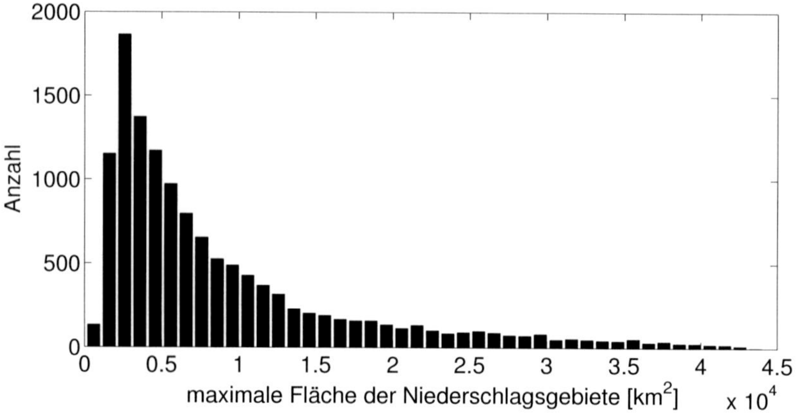

Abbildung C.2: Histogramm der maximalen Fläche zusammenhängender Niederschlagsgebiete pro Volumenscan für das Jahr 2006

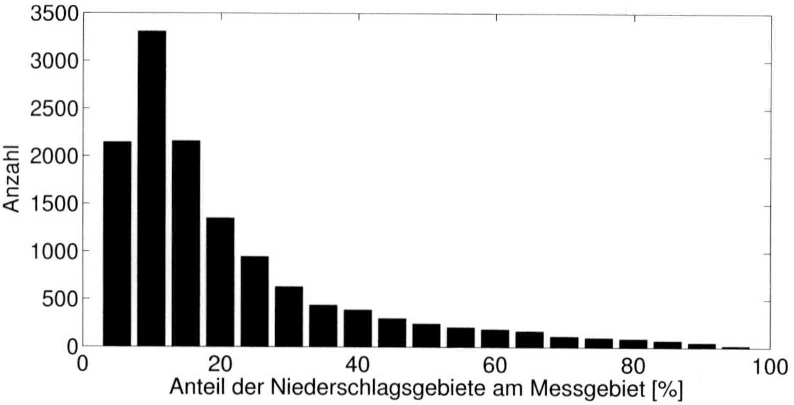

Abbildung C.3: Histogramm des Flächenanteils der Niederschlagsgebiete an der gesamten Messfläche pro Volumenscan für das Jahr 2006

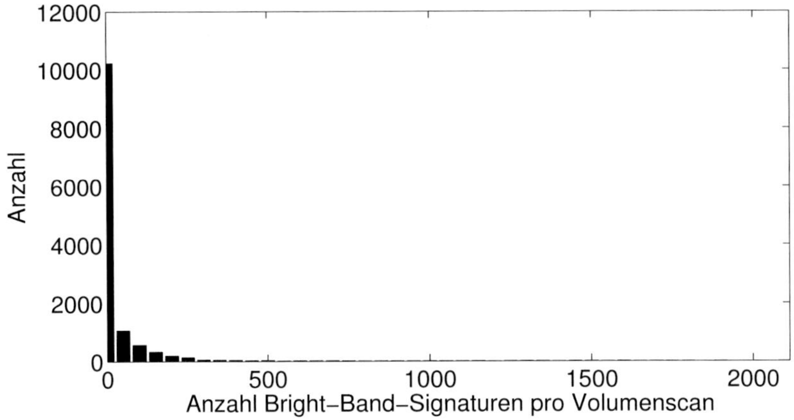

Abbildung C.4: Histogramm der Anzahl der Bright-Band-Signaturen pro Volumenscan für das Jahr 2006

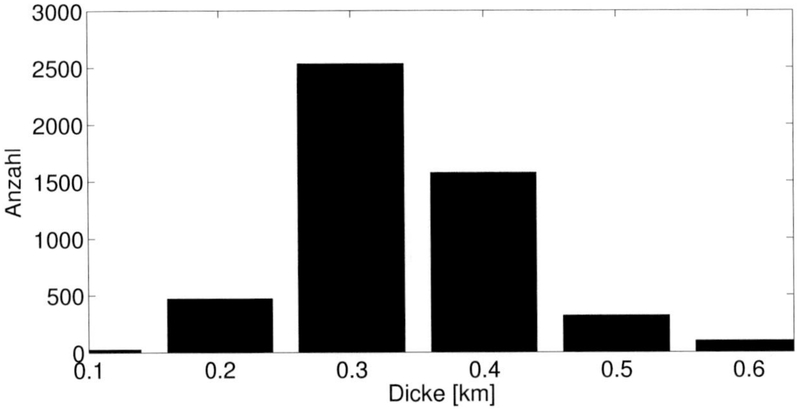

Abbildung C.5: Histogramm der Stärke der gefundenen Bright-Band-Signaturen pro Volumenscan für das Jahr 2006

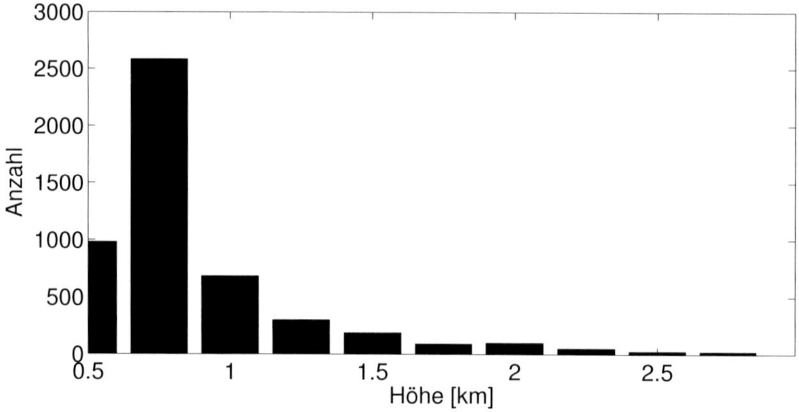

Abbildung C.6: Histogramm der Höhe des Reflektivitätsmaximums der gefundenen Bright-Band-Signaturen pro Volumenscan für das Jahr 2006

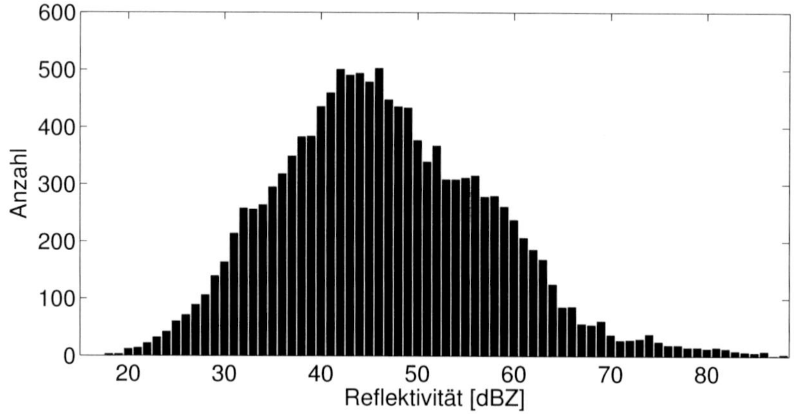

Abbildung C.7: Histogramm der maximalen Reflektivitäten für das Jahr 2006

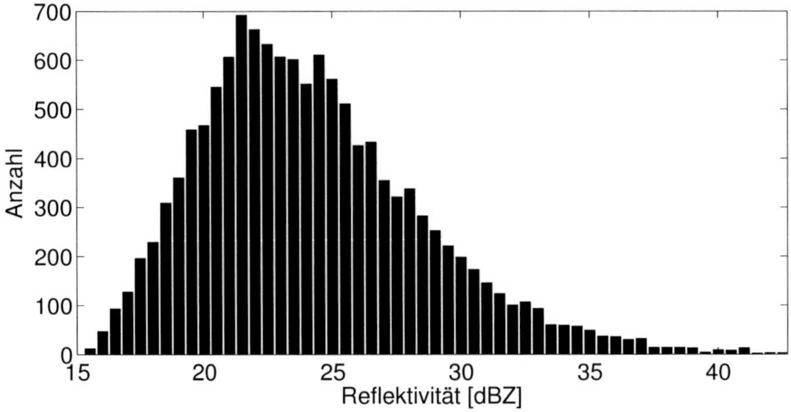

Abbildung C.8: Histogramm der mittleren Reflektivitäten für das Jahr 2006

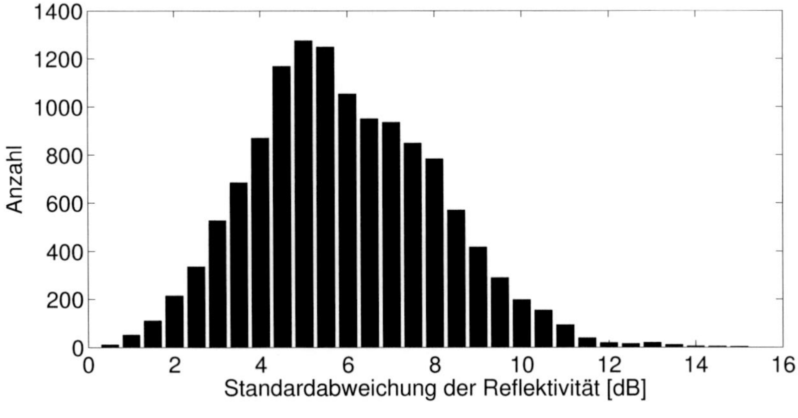

Abbildung C.9: Histogramm der Standarabweichung der Reflektivität für das Jahr 2006

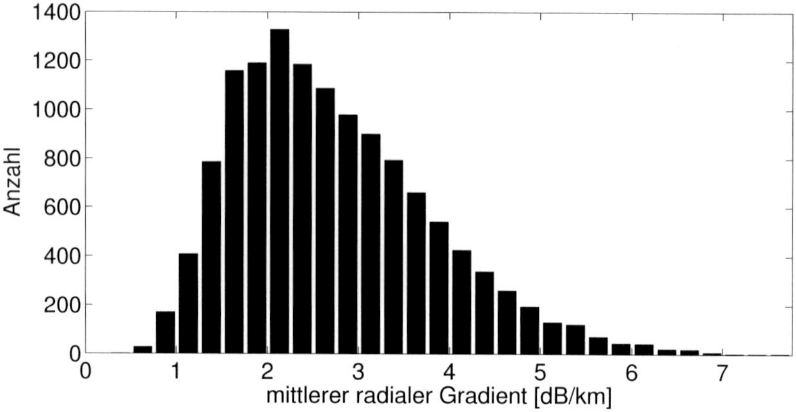

Abbildung C.10: Histogramm des radialen Gradienten der Reflektivität für das Jahr 2006

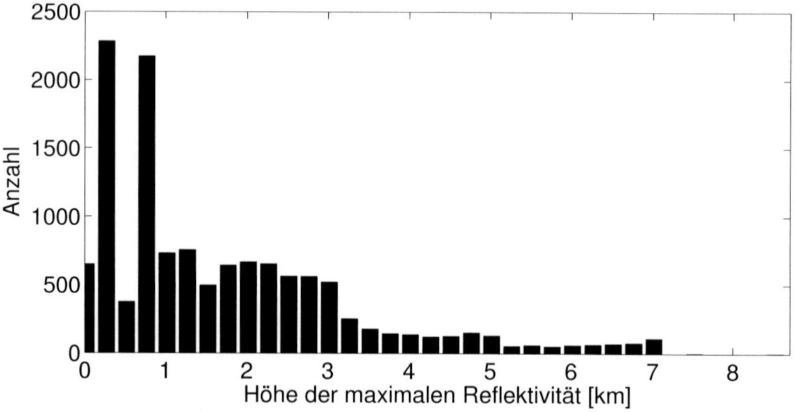

Abbildung C.11: Histogramm der Höhe der maximalen Reflektivität für das Jahr 2006

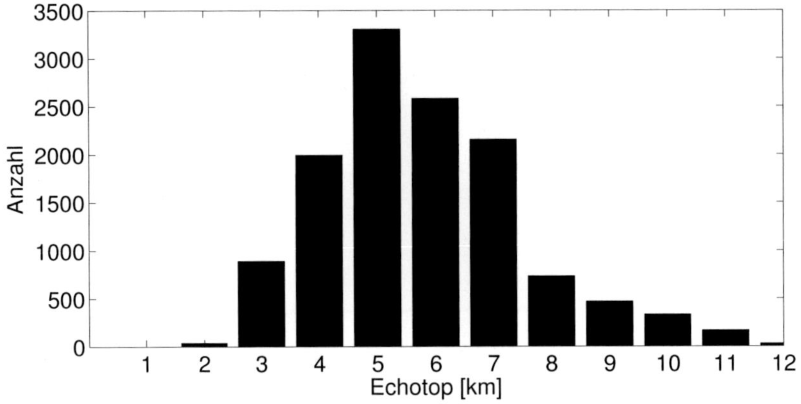

Abbildung C.12: Histogramm der Höhe der Echotops mit dem Schwellwert 15 dBZ für das Jahr 2006

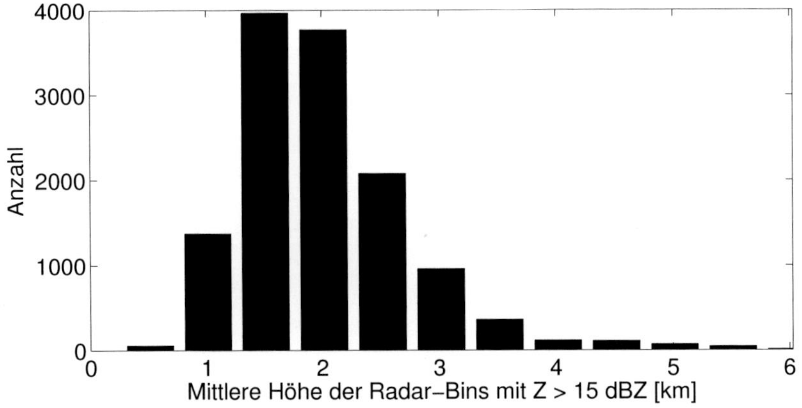

Abbildung C.13: Histogramm der mittleren Höhe der Radar-Bins mit einer Reflektivität von mindestens 15 dBZ für das Jahr 2006

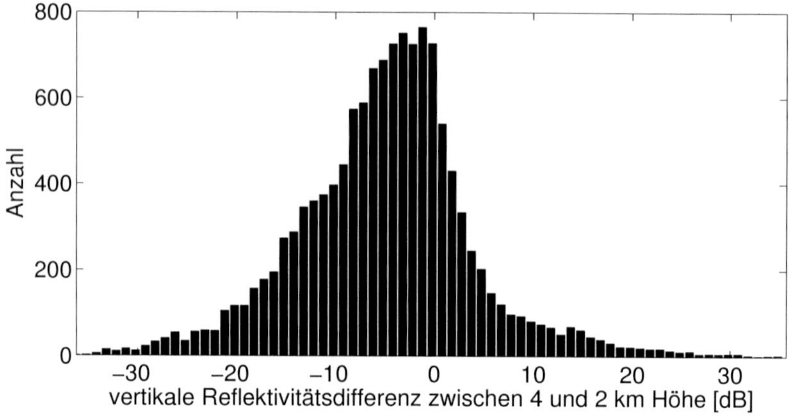

Abbildung C.14: Histogramm der vertikalen Differenzen der Reflektivität zwischen 4 und 2 km Höhe für das Jahr 2006

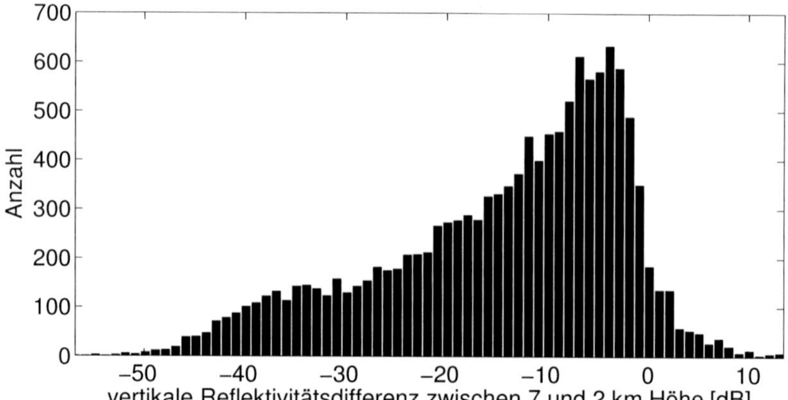

Abbildung C.15: Histogramm der vertikalen Differenzen der Reflektivität zwischen 7 und 2 km Höhe für das Jahr 2006

C.2 Verifizierung der Niederschlagsklassen des Jahres 2006

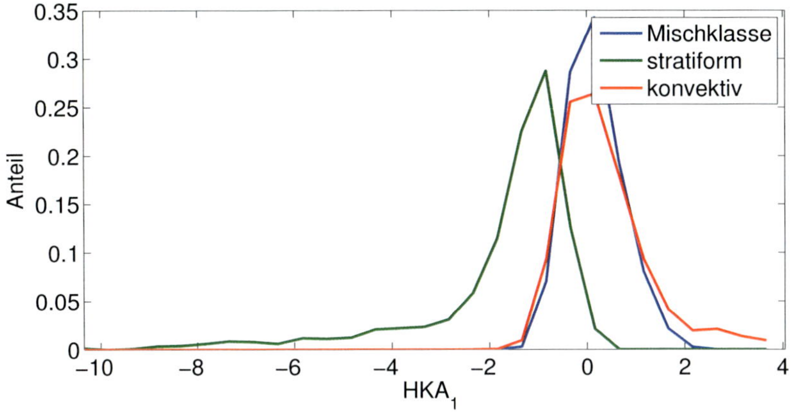

Abbildung C.16: Verteilung der Faktorenwerte der 1. Hauptkomponente für die 3 gebildeten Niederschlagsklassen für das Jahr 2006

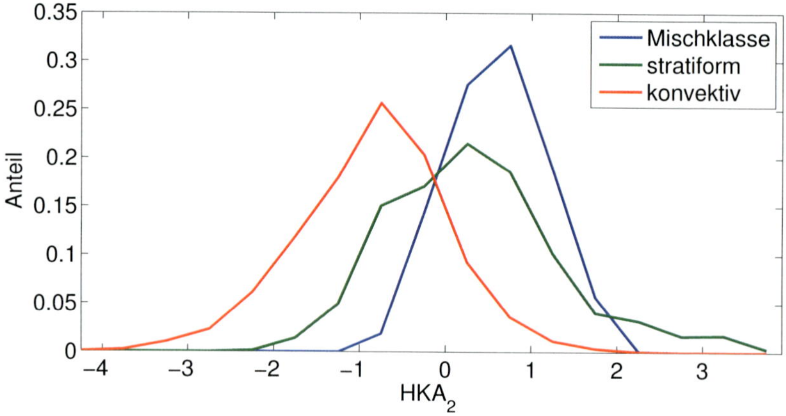

Abbildung C.17: Verteilung der Faktorenwerte der 2. Hauptkomponente für die 3 gebildeten Niederschlagsklassen für das Jahr 2006

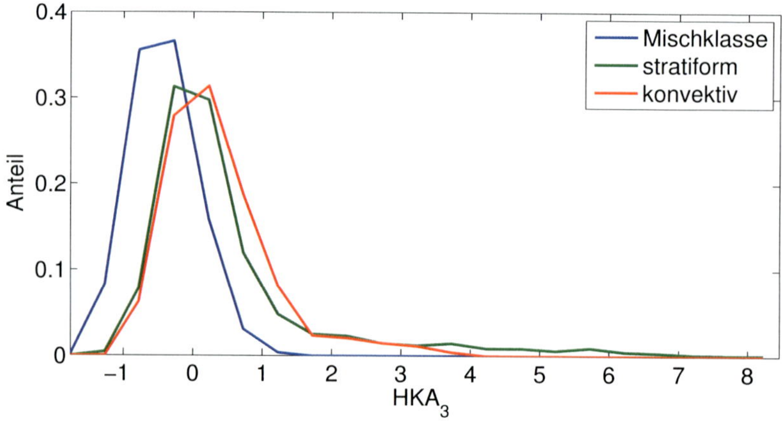

Abbildung C.18: Verteilung der Faktorenwerte der 3. Hauptkomponente für die 3 gebildeten Niederschlagsklassen für das Jahr 2006

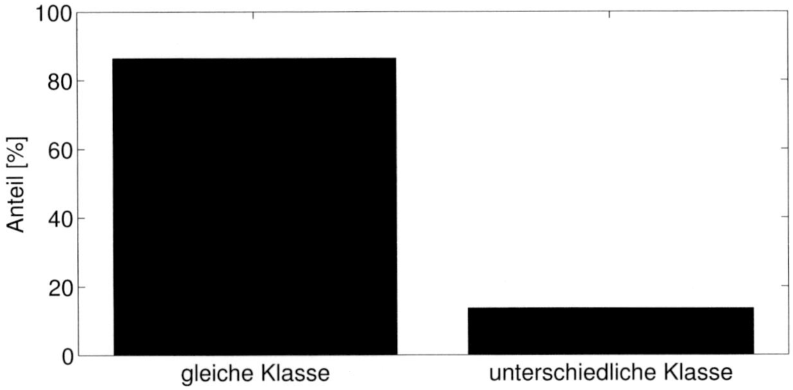

Abbildung C.19: Niederschlagsklassenzugehörigkeit aufeinanderfolgender Volumenscans für das Jahr 2006

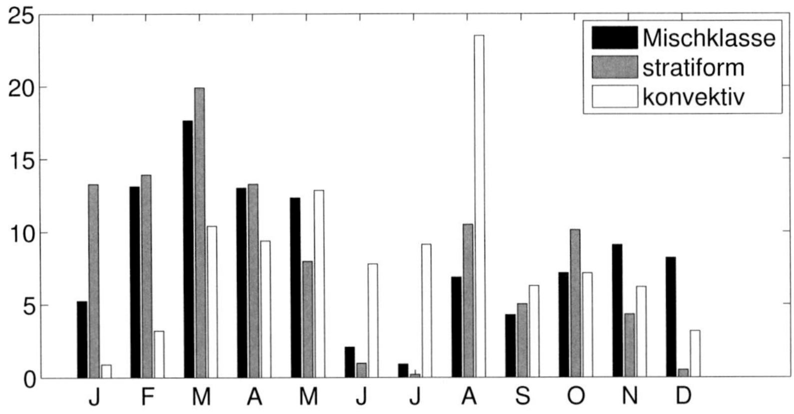

Abbildung C.20: Monatliche Verteilung des Auftretens der drei Niederschlagsklassen für das Jahr 2006

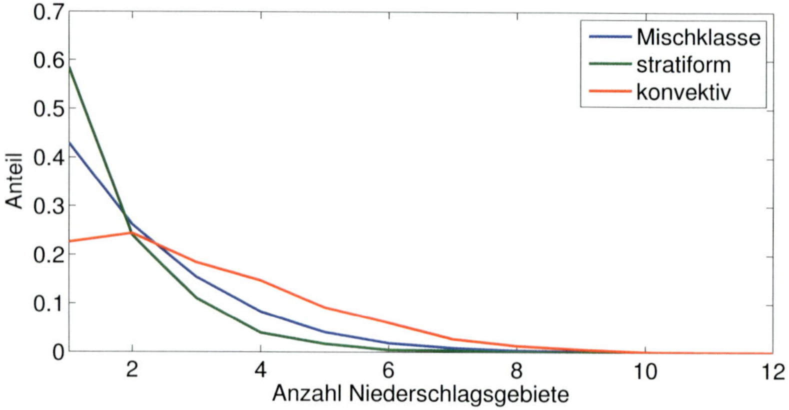

Abbildung C.21: Anteilsverteilungen der Anzahl der gebildeten zusammenhängenden Niederschlagsgebiete für die 3 Niederschlagsklassen für das Jahr 2006

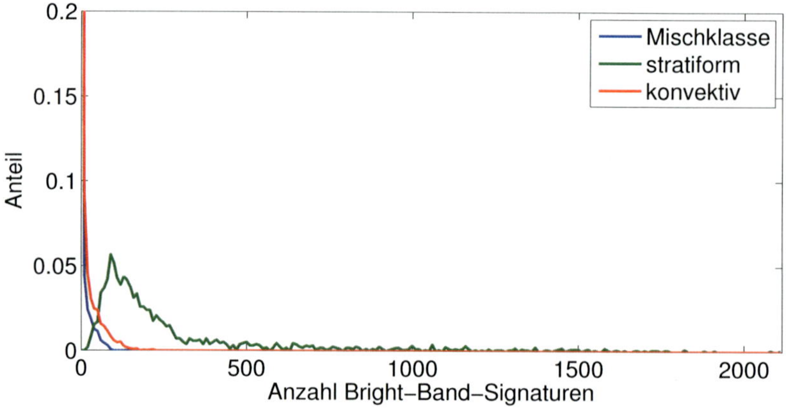

Abbildung C.22: Anteilsverteilungen der Anzahl der Bright-Band-Signaturen für die 3 Niederschlagsklassen für das Jahr 2006

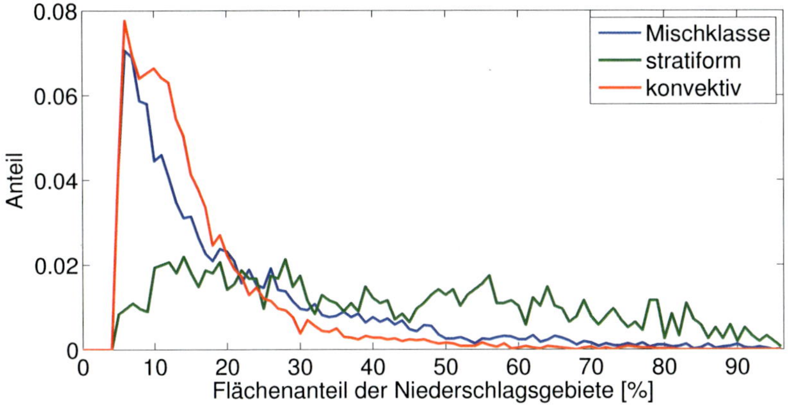

Abbildung C.23: Anteilsverteilungen des Flächenanteils der Niederschlagsgebiete für die 3 Niederschlagsklassen für das Jahr 2006

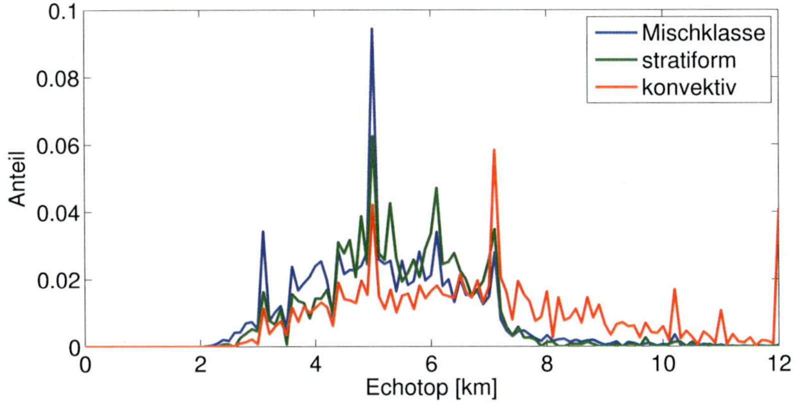

Abbildung C.24: Anteilsverteilungen der Echitops für die 3 Niederschlagsklassen für das Jahr 2006

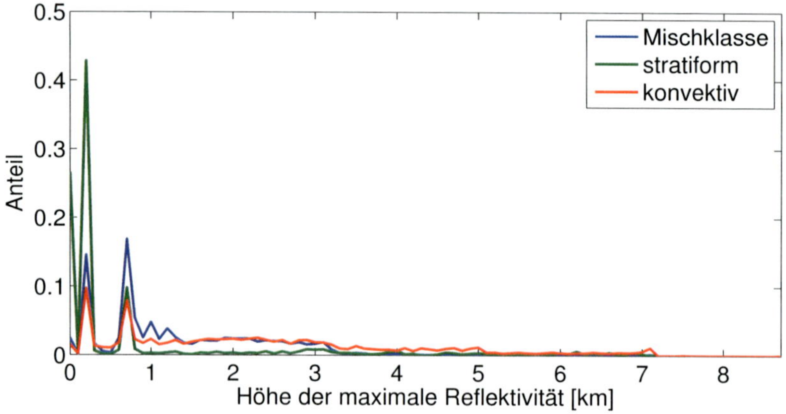

Abbildung C.25: Anteilsverteilungen der Höhe der maximalen Reflektivität für die 3 Niederschlagsklassen für das Jahr 2006

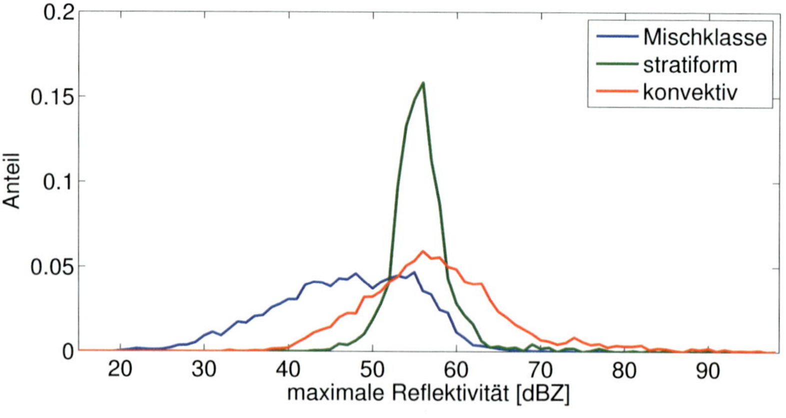

Abbildung C.26: Anteilsverteilungen der maximalen Reflektivität für die 3 Niederschlagsklassen für das Jahr 2006

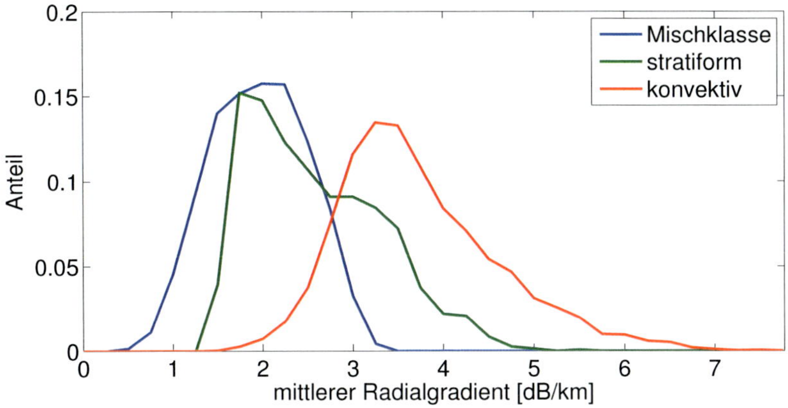

Abbildung C.27: Anteilsverteilungen des mittleren radialen Gradienten für die 3 Niederschlagsklassen für das Jahr 2006

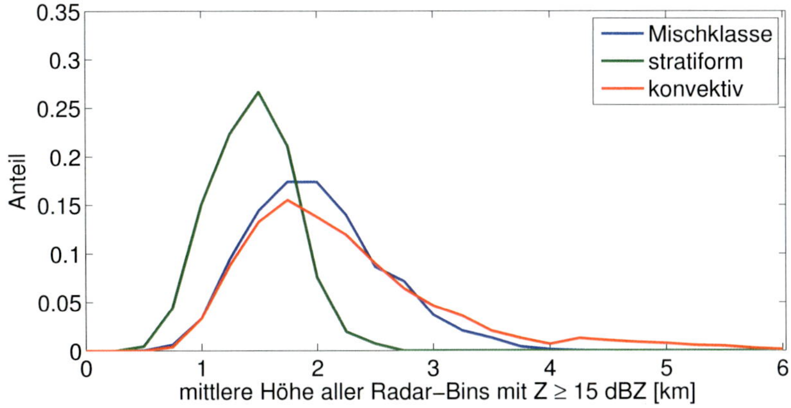

Abbildung C.28: Anteilsverteilungen der mittleren Höhe aller Radar-Bins mit einer Mindestreflektivität von 15 dBZ für die 3 Niederschlagsklassen für das Jahr 2006

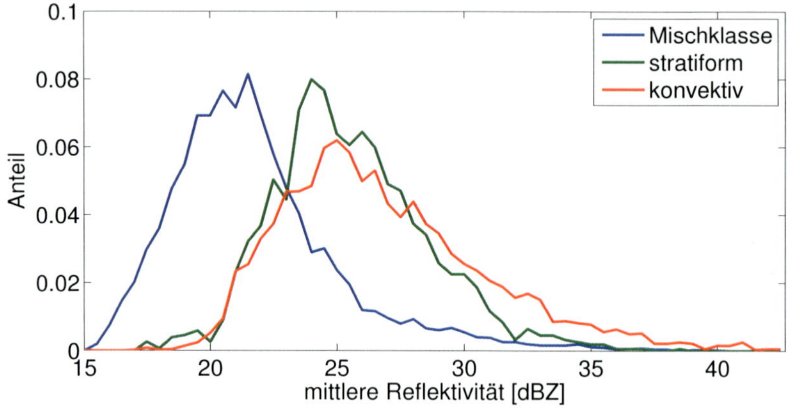

Abbildung C.29: Anteilsverteilungen der mittleren Reflektivität für die 3 Niederschlagsklassen für das Jahr 2006

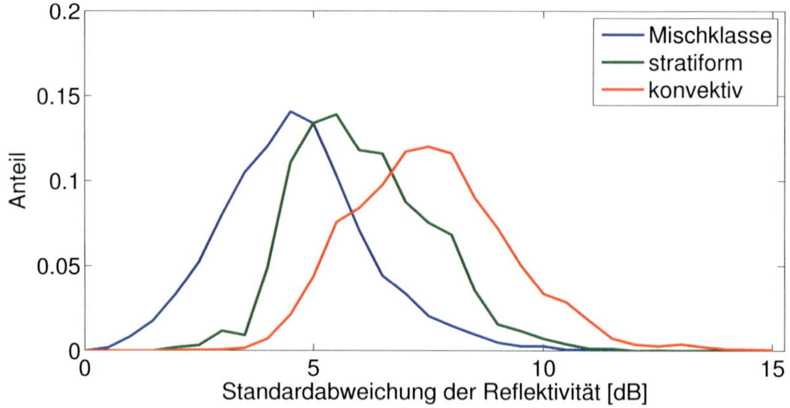

Abbildung C.30: Anteilsverteilungen der Standardabweichung der Reflektivität für die 3 Niederschlagsklassen für das Jahr 2006

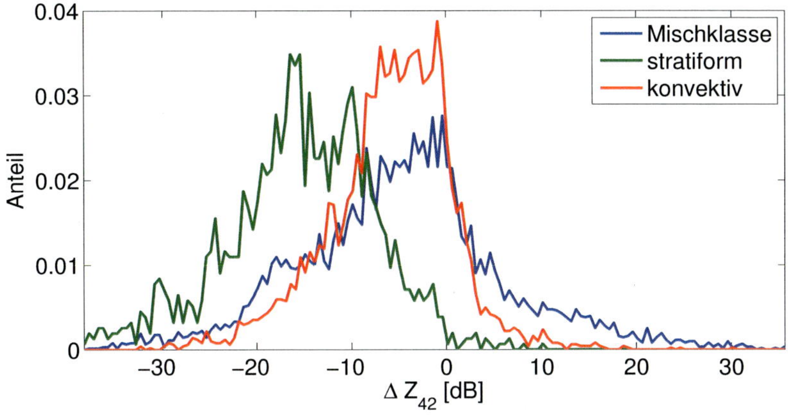

Abbildung C.31: Anteilsverteilungen der Reflektivitätsdifferenz zwischen 4 und 2 km Höhe für die 3 Niederschlagsklassen für das Jahr 2006

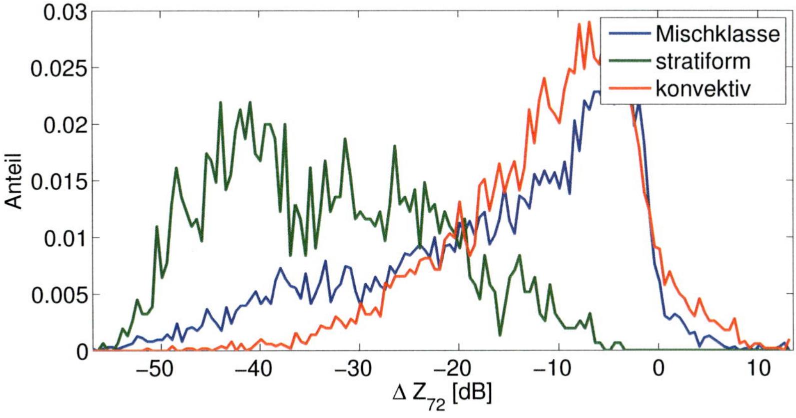

Abbildung C.32: Anteilsverteilungen der Reflektivitätsdifferenz zwischen 7 und 2 km Höhe für die 3 Niederschlagsklassen für das Jahr 2006

C.3 Darstellung der lokal abgeleiteten Parameter für das Jahr 2006

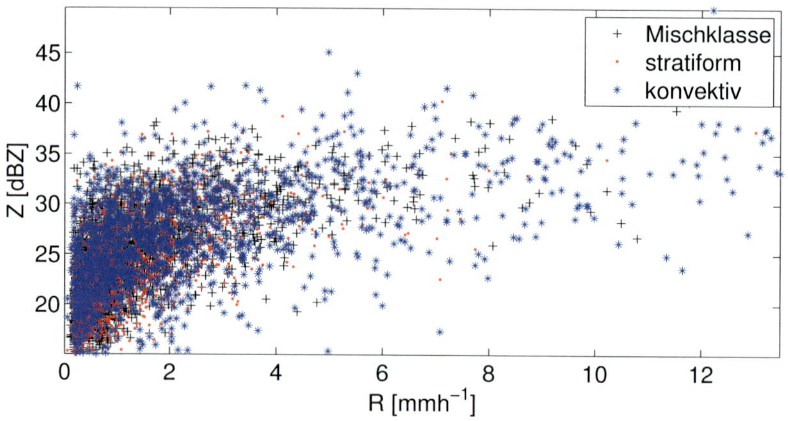

Abbildung C.33: Streudiagramm der Reflektivität Z gegen die Niederschlagsrate R für die drei Niederschlagsklassen für das Jahr 2006

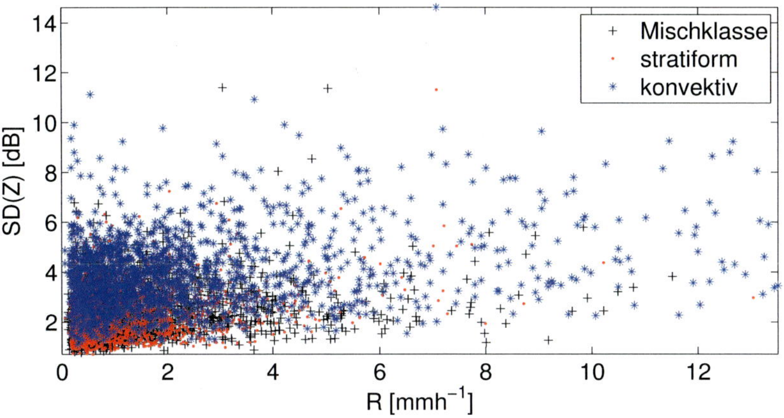

Abbildung C.34: Streudiagramm der Standardabweichung der Reflektivität $SD(Z)$ gegen die Niederschlagsrate R für die drei Niederschlagsklassen für das Jahr 2006

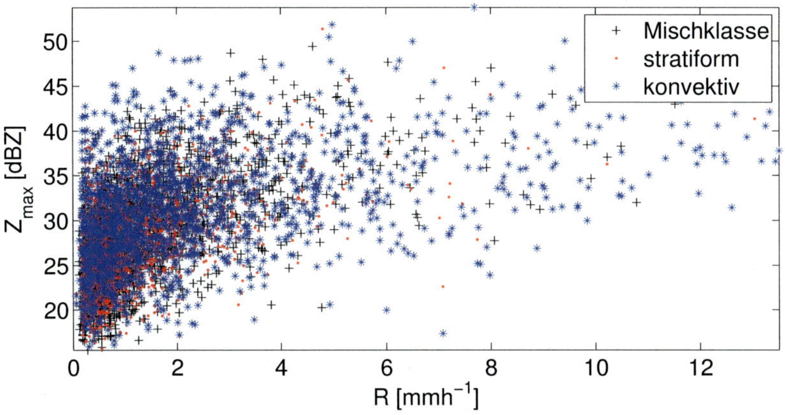

Abbildung C.35: Streudiagramm der maximalen Reflektivität des Vertikalprofils gegen die Niederschlagsrate R für die drei Niederschlagsklassen für das Jahr 2006

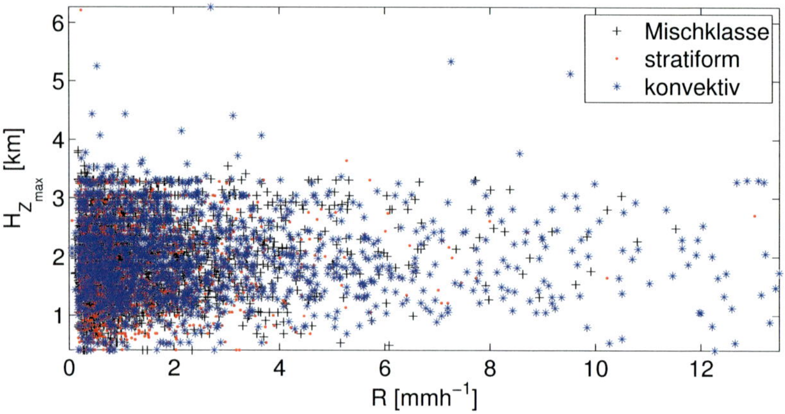

Abbildung C.36: Streudiagramm der Höhe der maximalen Reflektivität gegen die Niederschlagsrate R für die drei Niederschlagsklassen für das Jahr 2006

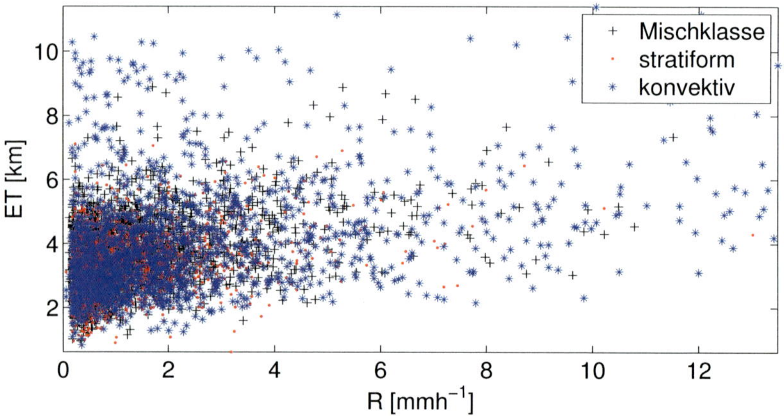

Abbildung C.37: Streudiagramm der Echotops gegen die Niederschlagsrate R für die drei Niederschlagsklassen für das Jahr 2006

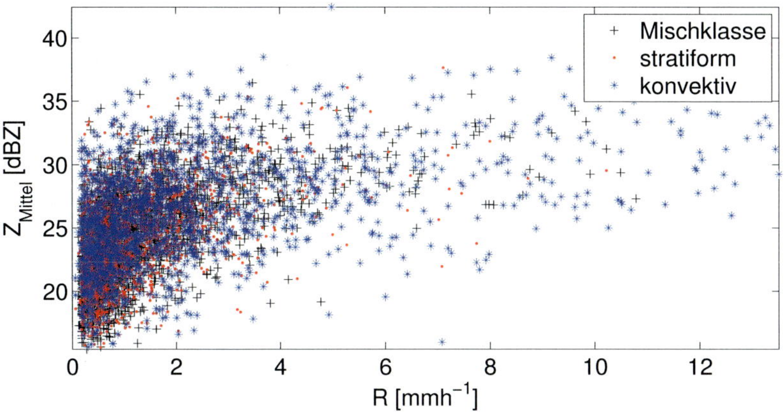

Abbildung C.38: Streudiagramm der mittleren Reflektivität des Vertikalprofils gegen die Niederschlagsrate R für die drei Niederschlagsklassen für das Jahr 2006

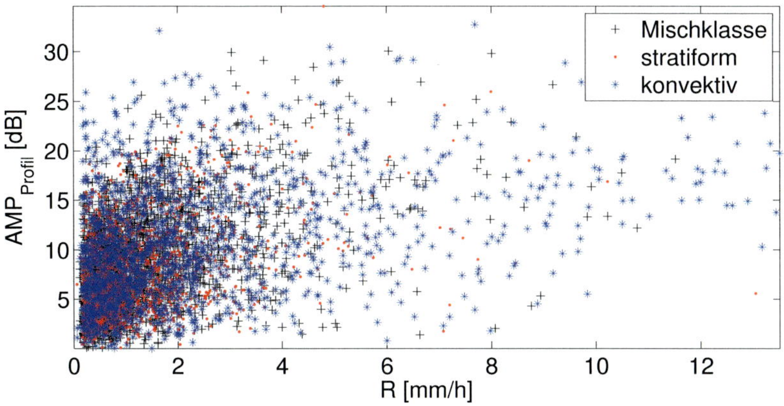

Abbildung C.39: Streudiagramm der Amplitude des Vertikalprofils gegen die Niederschlagsrate R für die drei Niederschlagsklassen für das Jahr 2006

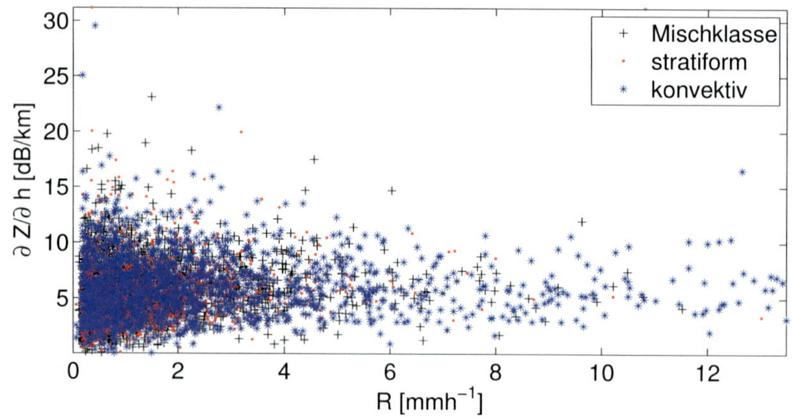

Abbildung C.40: Streudiagramm des Reflektivitätsgradienten gegen die Niederschlagsrate R für die drei Niederschlagsklassen für das Jahr 2006

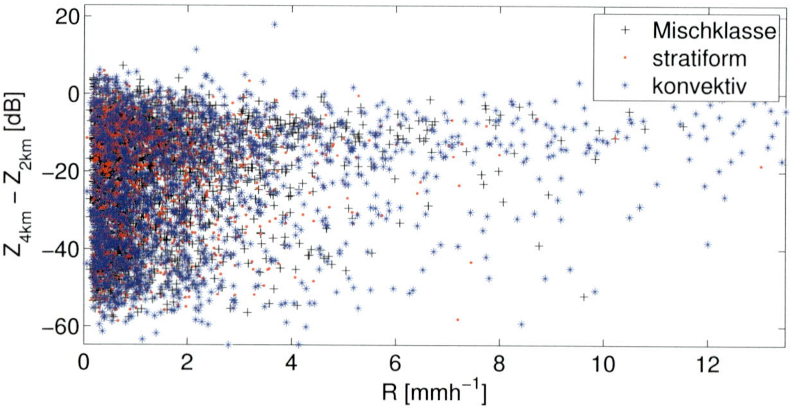

Abbildung C.41: Streudiagramm der Reflektivitätsdifferenz zwischen 4 und 2 km Höhe gegen die Niederschlagsrate R für die drei Niederschlagsklassen für das Jahr 2006

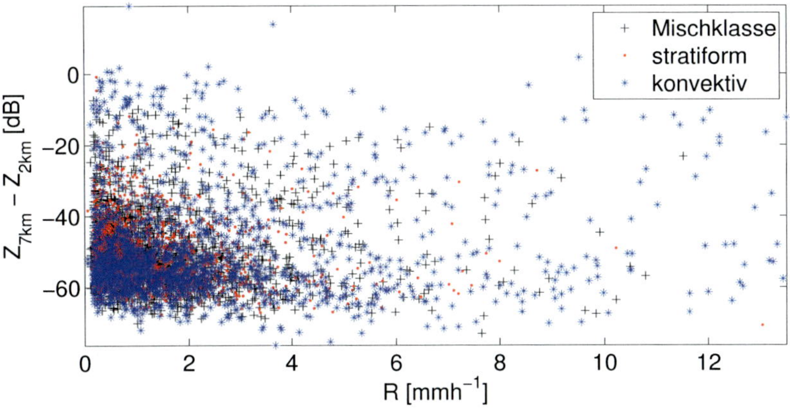

Abbildung C.42: Streudiagramm der Reflektivitätsdifferenz zwischen 7 und 2 km Höhe gegen die Niederschlagsrate R für die drei Niederschlagsklassen für das Jahr 2006

Literaturverzeichnis

Anagnostou, E. N. (2004). A convective/stratiform precipitation classification algorithm for volume scanning weather radar observations. *Meteorol. Appl. 11*, 291 – 300.

Andrieu, H. und J.-D. Creutin (1995). Identification of Vertical Profiles of Radar Reflectivity for Hydrological Applications Using an Inverse Method. Part I: Formulation. *J. Appl. Meteor. 34*, 225 – 239.

Aniol, R. (1975). Mittlere, wetterlagenabhängige Z/R-Beziehungen für Hohenpeissenberg. *Meteor. Rundsch. 28*, 88–93.

Aniol, R., J. Riedl und M. Dieringer (1980). Über kleinräumige und zeitliche Variationen der Niederschlagsintensität. *Meteor. Rundsch. 33*, 50 – 56.

Atlas, D. (1990). *Radar in Meteorology.* Amer. Meteor. Soc., Boston.

Atlas, D. und A. Chmela (1957). Physical-synoptic variations of drop-size parameters. *Proc. 6th Weather Radar Conf., Cambridge, Mass.* 21–30.

Atlas, D., R. Srivastava und R. Sekhon (1973). Doppler radar characteristics of precipitation at vertical incidence. *Rev. Geophys. Space Phys. 11*, 1 – 35.

Atlas, D., C. Ulbrich, F. Marks, E. Amitai und C. Williams (1999). Systematic variations of drop size and radar-rainfall relations. *J. Geophys. Res. 104*, 6155 – 6169.

Austin, P. (1987). Relation between measured radar reflectivity and surface rainfall. *Mon. Weath. Rev. 115*, 1053 – 1070.

Austin, P. und R. Houze, Jr. (1972). Analysis of the structure of precipitation patterns in New England. *J. Appl. Meteor. 11*, 926 – 935.

Awaka, J., T. Iguchi, H. Kumagai und K. Okamoto (1997). Rain type classification algorithm for TRMM precipitation radar. Proceedings of the IEEE 1997 International Geosci. Remote Sen. Symposium, Singapur. 1633 - 1635.

Bahrenberg, G., E. Giese und J. Nipper (1990). *Statistische Methoden in der Geographie, Band 1.* B.G. Teubner, Stuttgart.

Bahrenberg, G., E. Giese und J. Nipper (1992). *Statistische Methoden in der Geographie, Band 2.* B.G. Teubner, Stuttgart.

Barthazy, E., W. Heinrich und A. Waldvogel (1998). Size distribution of hydrometeors through the melting layer. *Atmos. Res. 47*, 193 – 208.

Bashford, F. und J. Adams (1883). *An Attempt to Test the Theory of Capillary Action.* Cambridge Univ. Press, Cambridge.

Battan, L. (1973). *Radar Observation of the Atmosphere.* The University of Chicago Press, Chicago.

Bean, B. und E. Dutton (1966). *Radio Meteorology.* Monograph Nr. 92. National Bureau of Standards, Washington D.C.

Beard, K. und C. Chuang (1987). A new model for the equilibrium shape of raindrops. *J. Atmos. Sci. 44*, 1509 – 1524.

Bellon, A., G. Lee und I. Zawadzki (2005). Error Statistics of VPR Corrections in Stratiform Precipitation. *J. Appl. Meteor. 44*, 998 – 1015.

Berne, A., G. Delrieu, H. Andrieu und J.-D. Creutin (2004). Influence on the Vertical Profile of Reflectivity on Radar-Estimated Rain Rates at Short Time Steps. *J. Hydrometeor. 5*, 296 – 310.

Berry, E. und M. Pranger (1974). Equations for Calculating the Terminal Velocities of Water Drops. *J. Appl. Meteor. 13*, 108 – 113.

Bertram, I., A. Seifert und K. Beheng (2004). The evolution of liquid water/ice contents of a mid-latitude convective storm derived from radar data and results from a cloud-resolving model. *Meteor. Z. 13*, 221 – 232.

Biggerstaff, M. und S. Listemaa (2000). An Improved Scheme for Convective/Stratiform Echo Classification Using Radar Reflectivity. *J. Appl. Meteor. 39*, 2129 – 2150.

Blahak, U. (2004). *Analyse des Extinktionskoeffizienten bei Niederschlagsmessungen mit einem C-Band Radar anhand von Simulation und Messung.* Dissertation, Universität Karlsruhe.

Boccippio, D. (1995). A Diagnostic Analysis of the VVP Single-Doppler Retrieval Technique. *J. Atmos. Oceanic Technol.* *12*, 230 – 244.

Bortz, J. (2005). *Statistik für Human- und Sozialwissenschaftler.* Springer Medizin Verlag.

Burrows, C. und S. Atwood (1949). Radio Wave Propagation, Consolidated Summary Technical Report of the Committee on Propagation, NDRC. Academic Press.

Calheiros, R. und I. Zawadzki (1987). Reflectivity-Rain Rate Relationships for Radar Hydrology in Brazil. *J. Appl. Meteor.* *26*, 118 – 132.

Chuang, C. und K. Beard (1990). A numerical model for the equilibrium shape of electrified raindrops. *J. Atmos. Sci.* *47*, 1374 – 1389.

Chumchean, S., A. Seed und A. Sharma (2004). Application of Scaling Radar Reflectivity for Correcting Range-Dependent Bias in Climatological Radar Rainfall Estimates. *J. Atmos. Oceanic Technol.* *21*, 1545 – 1556.

Churchill, D. und R. Houze, Jr. (1984). Development and structure of winter monsoon cloud clusters on 10 December 1978. *J. Atmos. Sci.* *41*, 933 – 960.

Ciach, G., W. Krajewski und J. Smith (1997). Comments on „The Window Probability Matching Method for Rainfall Measurements with Radar. *J. Climate Appl. Meteor.* *36*, 243 – 246.

Clark, T. (1974). A Study in Cloud Phase Parametrization Using the Gamma Distribution. *J. Atmos. Sci.* *31*, 142 – 155.

Cumstock, K., R. Wood, S. Yuter und C. Bretherton (2004). Reflectivity and rain rate in and below drizzling stratocumulus. *Quart. J. Roy. Meteor. Soc.* *130*, 2891 – 2918.

Davies, C. (1942). Unpublished, Ministry of Supply reports. Zitiert in Lhermitte (2002).

Ding, C. und X. He (2004). K-Means Clustering via Principal Component Analysis. *Proc. of Int. Conf. Machine Learning (ICML 2004), Banff.* 225–232.

Doelling, I., J. Joss und J. Riedl (1998). Systematic variations of Z-R-relationships from drop size distributions measured in northern Germany during seven years. *Atmos. Res. 47 - 48*, 635 – 649.

Dotzek, N. und K. Beheng (2001). The influence of deep convective motions on the variability of the Z-R relations. *Atmos. Res. 59 - 60*, 15 – 39.

Doviak, R. und D. Zrnic (1993). *Doppler Radar and Weather Observations.* Academic Press, San Diego.

Fabry, F., G. Austin und D. Tees (1992). The accuracy of rainfall estimates by radar as a function of range. *Quart. J. Roy. Meteor. Soc. 118*, 435 – 453.

Fabry, F. und I. Zawadzki (1995). Long-Term Radar Observations of the Melting Layer of Precipitation and Their Interpretion. *J. Atmos. Sci. 39*, 838 – 851.

Fage, A. (1937). Aeronautical Research Council Research and Memorandum. Zitiert in Lhermitte (2002).

Feingold, G. und Z. Levin (1986). The lognormal fit to raindrop spectra from frontal convective clouds in Israel. *J. Climate Appl. Meteor. 25*, 1346 – 1363.

Foote, G. und P. DuToit (1969). Terminal velocity of raindrops aloft. *J. Appl. Meteor. 8*, 249 – 253.

Fulton, R., J. Breidenbach, D. Seo und D. Miller (1998). The WSR-88D Rainfall Algorithm. *Wea. Forecasting 13*, 377 – 395.

Geerts, B. und D. Yu (2004). Classification and characterization of tropical precipitation based on high-resolution airborne vertical incidence radar. Part 1: Classification. *J. Climate Appl. Meteor. 43*, 1554 – 1566.

Green, A. (1975). An approximation for the shape of large raindrops. *J. Climate Appl. Meteor. 14*, 1578 – 1583.

Gunn, K. und T. East (1954). The Microwave Properties of Precipitation Particles. *Quart. J. Roy. Meteor. Soc. 80*, 552 – 545.

Gunn, R. und G. Kinzer (1949). The terminal velocity of fall for water droplets in stagnant air. *J. Appl. Meteor. 6*, 243 – 248.

Haddad, Z. und D. Rosenfeld (1997). Optimality of empirical Z-R relations. *Quart. J. Roy. Meteor. Soc. 123*, 1283 – 1293.

Hagen, M. und S. Yuter (2003). Relations between radar reflectivity, liquid-water content, and rainfall rate during the MAP SOP. *Quart. J. Roy. Meteor. Soc. 129*, 477 – 493.

Handwerker, J. (2002). Cell tracking with TRACE3D - a new algorithm. *Atmos. Res. 61*, 15 – 34.

Hannesen, R. (1998). *Analyse konvektiver Niederschläge mit einem C-Band-Dopplerradar in orographisch gegliedertem Gelände.* Dissertation, Universität Karlsruhe.

Harrison, D., S. Driscoll und M. Kitchen (2000). Improving precipitation estimates from weather radar using quality control and correction techniques. *Meteorol. Appl. 7*, 135 – 144.

Hartree, D., J. Michel und P. Nicholson (1946). Practical methods for the solution of the equations of tropospheric refraction. *Meteorological Factors in Radio Wave Propagation.* Physical Society, London, 127 – 168.

Houghton, H. (1968). On Precipitation Mechanisms and their Artificial Modification. *J. Appl. Meteor. 7*, 851 – 859.

Houze, R. (1997). Stratiform Precipitation in Regions of Convection: A Meteorological Paradox. *Bull. Amer. Meteor. Soc. 78*, 2179 – 2196.

Houze, R., Jr. (1973). A climatological study of vertical transports by cumulus-scale convection. *J. Atmos. Sci. 30*, 1112 – 1123.

Houze, R., Jr. (1993). *Cloud Dynamics.* Academic Press, San Diego.

Jones, D. (1959). The shape of raindrops. *J. Appl. Meteor. 16*, 504 – 510.

Joss, J. und A. Waldvogel (1967). Ein Spektrograph fÃ$\frac{1}{4}$r Niederschlagstropfen mit automatischer Auswertung. *Pure Appl. Geophys 68*, 240 – 246.

Joss, J. und A. Waldvogel (1970). A method to improve the accuracy of radar-measured amounts of precipitation. Prepr., 14 th Radar Meteorol. Conf., Tucson. 237-238.

Joss, J. und A. Waldvogel (1990). Precipitation measurement and hydrology. *Radar in Meteorology*. Amer. Meteor. Soc., 577 – 606.

Kessler, E. (1969). On the distribution and continuity of water substance in atmospheric circulations. *Meteorological Monographs*, Bd. 32. Amer. Meteor. Soc., Boston, 84 pp.

Laws, J. (1941). Measurements of the fall velocity of water-drops and raindrops. *Trans. Am. Geophys. Union. 22*, 709–721.

Laws, J. und D. Parsons (1942). The relationship of raindrop size to intensity. *Trans. Am. Geophys. Union. 24*, 452 – 460.

Lee, G. und I. Zawadzki (2005). Variability of Drop Size Distributions: Time Scale Dependence of the Variability and Its Effects on Rain Estimation. *J. Appl. Meteor. 44*, 241 – 255.

Lenard, P. (1904). Über Regen. *Meteor. Z. 6*, 246 – 262.

Lhermitte, R. (2002). *Centimeter and and Millimeter Wavelengths Radar in Meteorology*. Lhermitte Publications, Miami.

Liu, H., V. Chandrasekar und G. Xu (2001). An Adaptive Neural Network Scheme for Radar Rainfall Estimation from WSR-88D Observations. *J. Appl. Meteor. 40*, 2038 – 2050.

Llasat, M.-C., M. Ceperuelo und T. Rigo (2005). Rainfall regionalization on the basis of the precipitation convective features using a raingauge network and weather radar observations. *Atmos. Res. 83*, 415 – 426.

Löffler-Mang, M. und J. Joss (2000). An optical disdrometer for measuring size and velocity of hydrometeors. *J. Atmos. Oceanic Technol. 4*, 355 – 358.

Löffler-Mang, M., M. Kunz und W. Schmid (1999). On the Performance of a Low-Cost K-Band Doppler Radar for Quantitative Rain Measurements. *J. Atmos. Oceanic Technol. 16*, 379 – 387.

Low, T. und R. List (1982). Collision, Coalescence and Breakup of Raindrops. Part I: Experimentally Established Coalescence Efficiencies and Fragment Size Distributions in Breakup. *J. Atmos. Sci. 39*, 1591 – 1606.

Marshall, J., R. Langille und W. Palmer (1947). Measurement of Rainfall by Radar. *J. Appl. Meteor. 4*, 186 – 192.

Marshall, J. und W. Palmer (1948). The distribution of raindrops with size. *J. Appl. Meteor. 5*, 165 – 166.

Michelson, D. (2004). Systematic correction of precipitation gauge observations using analyzed meteorological variables. *J. Hydrometeor. 290*, 161 – 177.

Mie, G. (1908). Beiträge zur Optik trüber Medien, speziell kolloidaler Metallösungen. *Ann. Phys. 25*, 377 – 445.

Nzeukou, A., H. Sauvageot, A. Ochou und C. Kebe (2004). Raindrop Size Distribution and Radar Parameters at Cape Verde. *J. Appl. Meteor. 43*, 90 – 105.

Ohtake, T. (1970). Factors Affecting the Size of Raindrops and Snowflake. *J. Atmos. Sci. 27*, 804 – 813.

Orlandini, S. und I. Morlini (2000). Artificial neural network estimation of rainfall intensity from radar observations. *J. Geophys. Res. 105*, 24849 – 24861.

Peters, G., B. Fischer und T. Andersson (2002). Rain Observations with a Vertically Looking Micro Rain Radar (MRR). *Boreal Environment Research 7*, 353 – 362.

Peters, G., B. Fischer, H. Münster, M. Clemens und A. Wagner (2005). Profiles of Raindrop Size Distributions as Retrieved by Microrain Radars. *J. Appl. Meteor. 44*, 1930 – 1949.

Probert-Jones, J. (1962). The radar equation in meteorology. *Quart. J. Roy. Meteor. Soc. 88*, 485 – 495.

Pruppacher, H. und J. Klett (1997). *Microphysics of Clouds and Precipitation.* Kluwer Academic Publishers, Dordrecht.

Pruppacher, H. und R. Pitter (1971). A semi-empirical determination of the shape of clouds and raindrops. *J. Atmos. Sci. 28*, 86 – 94.

Rogers, R. (1979). *A Short Course in Cloud Physics.* Pergamon Press, New York.

Rosenfeld, D. und E. Amitai (1998). Comparison of WPMM versus Regression for Evaluating Z-R Relationships. *J. Appl. Meteor. 37*, 1241 – 1249.

Rosenfeld, D., E. Amitay und D. Wolff (1995a). Classification of Rain Regimes by the Three-Dimensional Properties of Reflectivity Fields. *J. Appl. Meteor. 34*, 198 – 211.

Rosenfeld, D., E. Amtai und D. Wolff (1995b). Improved Accuracy of Radar WPMM Estimated Rainfall upon Application of Objective Classification Criteria. *J. Appl. Meteor. 34*, 212 – 223.

Rosenfeld, D., D. Wolff und E. Amitai (1994). The Window Probability Matching Method for Rainfall Measurements with Radar. *J. Appl. Meteor. 33*, 682 – 693.

Ryde, J. (1946). The attenuation and radar echoes at centimetre wavelengths by various meteorological phenomena. *Meteorological Factors in Radio Wave Propagation.* Phys. Soc., 169 – 188.

Sanchez-Diezma, R., I. Zawadzki und D. Sempere-Torres (2000). Identification of the bright band through the analysis of volumetric radar data . *J. Geophys. Res. 105*, 2225 – 2236.

Sauvageot, H. (1992). *Radar Meteorology.* Artech House, Norwood.

Sekhon, R. und R. Srivastava (1970). Snow size spectra and radar reflectivity. *J. Atmos. Sci. 27*, 299 – 307.

Skolnik, M. (1990). *Radar Handbook.* McGraw-Hill Publishing Company, New York.

Srivastava, R. (1971). Size Distribution of Raindrops Generated by their Breakup and Coalescence. *J. Atmos. Sci. 28*, 410 – 415.

Steiner, M., R. Houze, Jr. und S. Yuter (1995). Climatological Characterization of Three-Dimensional Storm Structure from Operational Radar and Rain Gauge Data. *J. Appl. Meteor. 34*, 1978 – 2007.

Steiner, M. und J. Smith (2002). Use of Three-Dimensional Reflectivity Structure for Automated Detection and Removal of Nonprecipitating Echoes in Radar-Data. *J. Atmos. Oceanic Technol. 19*, 673 – 686.

Steiner, M., J. Smith und R. Uijlenhoet (2004). A Microphysical Interpretation of Radar Reflectivity-Rain Rate Relationships. *J. Atmos. Sci. 61*, 1114 – 1131.

Teschl, R., W. Randeu und F. Teschl (2007). Improving weather radar estimates of rainfall using feed-forward neural networks. *Neural Networks 20*, 519 – 527.

Ulbrich, C. (1983). Natural Variations in the Analytical Form of the Raindrop Size Distribution. *J. Climate Appl. Meteor. 22*, 1764 – 1775.

Ulbrich, C. und D. .Atlas (2002). On the Separation of Tropical Convective and Stratiform Rains. *J. Appl. Meteor. 41*, 188 – 195.

Vignal, B., H. Andrieu und J. Creutin (1999). Identification of Vertical Profiles of Reflectivity from Volume Scan Radar-Data. *J. Appl. Meteor. 38*, 1214 – 1228.

Vignal, B., G. Galli, J. Joss und U. Germann (2000). Three Methods to Determine Profiles of Reflectivity from Volumentric Radar Data to Correct Precipitation Estimates. *J. Appl. Meteor.* , 1715 – 1726.

Waldteufel, P. und H. Corbin (1979). On the Analysis of Single-Doppler Radar Data. *J. Appl. Meteor. 18*, 532 – 542.

Waldvogel, A. (1974). The N_0 jump of raindrop spectra. *J. Atmos. Sci. 31*, 1067 – 1078.

Walther, A. und R. Bennartz (2006). Radar-based precipitation type analysis in the Baltic area. *Tellus 58*, 331 – 343.

Wang, P. und H. Pruppacher (1977). Acceleration to terminal velocity of clouds and raindrops. *J. Appl. Meteor. 16*, 275 – 280.

Wexler, R. (1955). An evaluation of the physical effects in the melting layer. *Proc. 5th Weather Radar Conf., Asbury Park, NJ.* 329–334.

White, A., D. Gottas, E. Stream, F. Ralph und P. Neimann (2002). An Automated Brightband Height Detection Algorithm for Use with Doppler Radar Spectral Moments. *J. Atmos. Oceanic Technol. 19*, 687 – 697.

Xiao, R. und V. Chandrasekar (1997). Development of a neural network based algorithm for rainfall estimation. *IEEE Trans. Geosci. Remote Sens. 35*, 160 – 171.

Zell, A. (2004). *Simulation neuronaler Netze.* Oldenbourg Verlag, München.

Zha, H., C. Ding, M. Gu, X. He und H. Simon (2001). Spectral relaxation for k-means clustering. *Neural Info. Processing Systems (NIPS 2001)* .

Danksagung

Die vorliegende Arbeit wurde am Institut für Meteorologie und Klimaforschung der Universität (TH) Karlsruhe und des Forschungszentrums durchgeführt. Gefördert wurde die Arbeit von der Deutschen Forschungsgemeinschaft (DFG).

Mein erster Dank an dieser Stelle geht an meinen Referenten Herrn Prof. Dr. Klaus D. Beheng, der mir diese Arbeit anvertraut hat und nicht zuletzt durch das intensive Korrekturlesen zum Gelingen beigetragen hat. Über die Vorliebe für einen bestimmten Fußballverein in der Nähe Leverkusens lässt sich allerdings streiten...

Für die bereitwillige Übernahme des Korreferats und des Interesses an der Arbeit bedanke ich mich ganz herzlich bei Hernn Prof. Dr. Christoph Kottmeier.

Natürlich möchte ich auch meinen Kollegen aus der Arbeitsgruppe „Radarmeteorologie und Wolkenphysik" für die angenehme Arbeitsatmosphäre sowie ein ständig verfügbares offenes Ohr danken. Hier sind besonders Dr. Jan Handwerker [auch wenn mir die Erklärungen manchmal ein bisschen zu schnell gingen], Dr. Ulrich Blahak [für die konstruktive Kritik, aber das versprochene „Moin Moin" nach der Prüfung ging Dir nicht über die Lippen...] und Dr. Heike Noppel [wenn ausserhalb der Radarmeteorologie mal ein Problem anstand] genannt.
Daneben möchte ich natürlich meine Zimmerkollegen Dr. Winfried Straub und Jens Grenzhäuser nicht vergessen und mich für die angenehme Atmosphäre in und außerhalb des Büros bedanken.
Bei der ganzen Arbeitsgruppe möchte ich mich außerdem für die ständige Wiederholung meines Prüfungsvortrags enstchuldigen und mich im gleichen Atemzug für die aufgebrachte Geduld bedanken.
Nicht vergessen werden darf Gabi Klinck, die des öfteren für die Beseitigung von Rechnerproblemen benötigt wurde und - auch wenn es fachlich mal nicht erforderlich war - immer ein gern gesehener Gast im Büro war.

Des Weiteren geht mein Dank natürlich an die weiteren Kollegen [vor allem die der fünften Ebene], die - besonders während der letzten anderthalb Jahre - für vielseitige Abwechslung während und außerhalb der Bürozeiten sorgten.
Besonders hervorheben möchte ich an dieser Stelle Dr. Tanja Stanelle mit der ich so manche Fahrt in die „gelobte Stadt" Hamburg unternommen [auf ewig werde ich mich an die 12-Stunden-Fahrt im November 2006 erinnern] und mich in unzähligen Stunden auch auf die Promotionsprüfung vorbereitet habe.

Zum Abschluss möchte ich meinem Bruder Jan Peters sowie meinen Eltern Christiane und Reinhard Peters für die vielfältige Hilfe vor, während und auch für die Zeit nach der Promotion danken.

Wissenschaftliche Berichte des Instituts für Meteorologie und Klimaforschung des Karlsruher Instituts für Technologie (0179-5619)

Bisher erschienen:

Nr. 1: *Fiedler, F. / Prenosil, T.*
Das MESOKLIP-Experiment. (Mesoskaliges Klimaprogramm im Oberrheintal).
August 1980

Nr. 2: *Tangermann-Dlugi, G.*
Numerische Simulationen atmosphärischer Grenzschichtströmungen über langgestreckten mesoskaligen Hügelketten bei neutraler thermischer Schichtung.
August 1982

Nr. 3: *Witte, N.*
Ein numerisches Modell des Wärmehaushalts fließender Gewässer unter Berücksichtigung thermischer Eingriffe.
Dezember 1982

Nr. 4: *Fiedler, F. / Höschele, K. (Hrsg.)*
Prof. Dr. Max Diem zum 70. Geburtstag.
Februar 1983 (vergriffen)

Nr. 5: *Adrian, G.*
Ein Initialisierungsverfahren für numerische mesoskalige Strömungsmodelle.
Juli 1985

Nr. 6: *Dorwarth, G.*
Numerische Berechnung des Druckwiderstandes typischer Geländeformen.
Januar 1986

Nr. 7: *Vogel, B.; Adrian, G. / Fiedler, F.*
MESOKLIP-Analysen der meteorologischen Beobachtungen von mesoskaligen Phänomenen im Oberrheingraben.
November 1987

Nr. 8: *Hugelmann, C.-P.*
Differenzenverfahren zur Behandlung der Advektion.
Februar 1988

Nr. 9: *Hafner, T.*
Experimentelle Untersuchung zum Druckwiderstand der Alpen.
April 1988

Nr. 10: *Corsmeier, U.*
Analyse turbulenter Bewegungsvorgänge in der maritimen atmosphärischen Grenzschicht.
Mai 1988

Nr. 11: *Walk, O. / Wieringa, J.(eds)*
Tsumeb Studies of the Tropical Boundary-Layer Climate.
Juli 1988

Nr. 12: *Degrazia, G. A.*
Anwendung von Ähnlichkeitsverfahren auf die turbulente Diffusion in der konvektiven und stabilen Grenzschicht.
Januar 1989

Nr. 13: *Schädler, G.*
Numerische Simulationen zur Wechselwirkung zwischen Landoberflächen und atmophärischer Grenzschicht.
November 1990

Nr. 14: *Heldt, K.*
Untersuchungen zur Überströmung eines mikroskaligen Hindernisses in der Atmosphäre.
Juli 1991

Nr. 15: *Vogel, H.*
Verteilungen reaktiver Luftbeimengungen im Lee einer Stadt – Numerische Untersuchungen der relevanten Prozesse.
Juli 1991

Nr. 16: *Höschele, K.(ed.)*
Planning Applications of Urban and Building Climatology – Proceedings of the IFHP / CIB-Symposium Berlin, October 14-15, 1991.
März 1992

Nr. 17: *Frank, H. P.*
Grenzschichtstruktur in Fronten.
März 1992

Nr. 18: *Müller, A.*
Parallelisierung numerischer Verfahren zur Beschreibung von Ausbreitungs- und chemischen Umwandlungsprozessen in der atmosphärischen Grenzschicht.
Februar 1996

Nr. 19: *Lenz, C.-J.*
Energieumsetzungen an der Erdoberfläche in gegliedertem Gelände.
Juni 1996

Nr. 20: *Schwartz, A.*
Numerische Simulationen zur Massenbilanz chemisch reaktiver Substanzen im mesoskaligen Bereich.
November 1996

Nr. 21: *Beheng, K. D.*
Professor Dr. Franz Fiedler zum 60. Geburtstag.
Januar 1998

Nr. 22: *Niemann, V.*
Numerische Simulation turbulenter Scherströmungen mit einem Kaskadenmodell.
April 1998

Nr. 23: *Koßmann, M.*
Einfluß orographisch induzierter Transportprozesse auf die Struktur der atmosphärischen Grenzschicht und die Verteilung von Spurengasen.
April 1998

Nr. 24: *Baldauf, M.*
Die effektive Rauhigkeit über komplexem Gelände – Ein Störungstheoretischer Ansatz.
Juni 1998

Nr. 25: *Noppel, H.*
Untersuchung des vertikalen Wärmetransports durch die Hangwindzirkulation auf regionaler Skala.
Dezember 1999

Nr. 26: *Kuntze, K.*
Vertikaler Austausch und chemische Umwandlung von Spurenstoffen über topographisch gegliedertem Gelände.
Oktober 2001

Nr. 27: *Wilms-Grabe, W.*
Vierdimensionale Datenassimilation als Methode zur Kopplung zweier verschiedenskaliger meteorologischer Modellsysteme.
Oktober 2001

Nr. 28: *Grabe, F.*
Simulation der Wechselwirkung zwischen Atmosphäre, Vegetation und Erdoberfläche bei Verwendung unterschiedlicher Parametrisierungsansätze.
Januar 2002

Nr. 29: *Riemer, N.*
Numerische Simulationen zur Wirkung des Aerosols auf die troposphärische Chemie und die Sichtweite.
Mai 2002

Nr. 30: *Braun, F. J.*
Mesoskalige Modellierung der Bodenhydrologie.
Dezember 2002

Nr. 31: *Kunz, M.*
Simulation von Starkniederschlägen mit langer Andauer über Mittelgebirgen.
März 2003

Nr. 32: *Bäumer, D.*
Transport und chemische Umwandlung von Luftschadstoffen im Nahbereich von Autobahnen – numerische Simulationen.
Juni 2003

Nr. 33: *Barthlott, C.*
Kohärente Wirbelstrukturen in der atmosphärischen Grenzschicht.
Juni 2003

Nr. 34: *Wieser, A.*
Messung turbulenter Spurengasflüsse vom Flugzeug aus.
Januar 2005

Nr. 35: *Blahak, U.*
Analyse des Extinktionseffektes bei Niederschlagsmessungen mit einem C-Band Radar anhand von Simulation und Messung.
Februar 2005

Nr. 36: *Bertram, I.*
Bestimmung der Wasser- und Eismasse hochreichender konvektiver Wolken anhand von Radardaten, Modellergebnissen und konzeptioneller Betrachtungen.
Mai 2005

Nr. 37: *Schmoeckel, J.*
Orographischer Einfluss auf die Strömung abgeleitet aus Sturmschäden im Schwarzwald während des Orkans „Lothar".
Mai 2006

Nr. 38: *Schmitt, C.*
Interannual Variability in Antarctic Sea Ice Motion: Interannuelle Variabilität antarktischer Meereis-Drift.
Mai 2006

Nr. 39: *Hasel, M.*
Strukturmerkmale und Modelldarstellung der Konvektion über Mittelgebirgen.
Juli 2006

Ab Band 40 erscheinen die Wissenschaftlichen Berichte des Instituts für Meteorologie und Klimaforschung bei KIT Scientific Publishing (ISSN 0179-5619).

Die Bände sind unter www.ksp.kit.edu als PDF frei verfügbar oder als Druckausgabe bestellbar.

Nr. 40: *Lux, R.*
Modellsimulationen zur Strömungsverstärkung von orographischen Grundstrukturen bei Sturmsituationen. (2007)
ISBN 978-3-86644-140-8

Nr. 41: *Straub, W.*
Der Einfluss von Gebirgswellen auf die Initiierung und Entwicklung konvektiver Wolken. (2008)
ISBN 978-3-86644-226-9

Nr. 42: *Meißner, C.*
High-resolution sensitivity studies with the regional climate model COSMO-CLM. (2008)
ISBN 978-3-86644-228-3

Nr. 43: *Höpfner, M.*
Charakterisierung polarer stratosphärischer Wolken mittels hochauflösender Infrarotspektroskopie. (2008)
ISBN 978-3-86644-294-8

Nr. 44: *Rings, J.*
Monitoring the water content evolution of dikes. (2009)
ISBN 978-3-86644-321-1

Nr. 45: *Riemer, M.*
Außertropische Umwandlung tropischer Wirbelstürme: Einfluss auf das Strömungsmuster in den mittleren Breiten. (2012)
ISBN 978-3-86644-766-0

Nr. 46: *Anwender, D.*
Extratropical Transition in the Ensemble Prediction System of the ECMWF: Case Studies and Experiments. (2012)
ISBN 978-3-86644-767-7

Nr. 47: *Rinke, R.*
Parametrisierung des Auswaschens von Aerosolpartikeln durch Niederschlag. (2012)
ISBN 978-3-86644-768-4

Nr. 48: *Stanelle, T.*
Wechselwirkungen von Mineralstaubpartikeln mit thermodynamischen und dynamischen Prozessen in der Atmosphäre über Westafrika. (2012)
ISBN 978-3-86644-769-1

Nr. 49: *Peters, T.*
Ableitung einer Beziehung zwischen der Radarreflektivität, der Niederschlagsrate und weiteren aus Radardaten abgeleiteten Parametern unter Verwendung von Methoden der multivariaten Statistik. (2012)
ISBN 978-3-86644-323-5

FSC
www.fsc.org
MIX
Papier | Fördert
gute Waldnutzung
FSC® C083411

Kolibri 360 GmbH
Ferdinand-Jühlke-Straße 7
99095 Erfurt, Deutschland
produktsicherheit@kolibri360.de